普通高等教育"十一五"国家级规划教材

高等职业教育技能型紧缺人才培养教材

数控机床故障诊断与维修

（第二版）

编　著　郑小年　杨克冲

参　编　孙　博　彭　李　孙海亮

U0303276

华中科技大学出版社

中国·武汉

图书在版编目(CIP)数据

数控机床故障诊断与维修/郑小年,杨克冲编著. —2 版. —武汉:华中科技大学出版社,2013.2
(2022.7重印)
　ISBN 978-7-5609-8670-8

　Ⅰ.①数… Ⅱ.①郑… ②杨… Ⅲ.①数控机床-故障诊断-高等职业教育-教材 ②数控
机床-维修-高等职业教育-教材 Ⅳ.①TG659

中国版本图书馆 CIP 数据核字(2013)第 108812 号

数控机床故障诊断与维修(第二版)　　　　　郑小年　　杨克冲　编著

责任编辑:万亚军
封面设计:刘　卉
责任校对:代晓莺
责任监印:张正林
出版发行:华中科技大学出版社(中国·武汉)　　　电话:(027)81321913
　　　　　武汉市东湖新技术开发区华工科技园　　　邮编:430223
录　　排:华中科技大学惠友文印中心
印　　刷:广东虎彩云印刷有限公司
开　　本:710 mm×1000 mm　1/16
印　　张:17
字　　数:300 千字
版　　次:2022 年 7 月第 2 版第 8 次印刷
定　　价:49.80 元

内 容 简 介

本书为普通高等教育"十一五"国家级规划教材,主要介绍了数控机床维护维修基础、数控机床安装调试与验收、数控机床 CNC 单元常见故障诊断与维修、数控机床进给驱动系统常见故障诊断与维修、数控机床主轴驱动系统故障诊断与维修、数控机床机械部件的维修与调整、数控机床干扰故障及处理等内容。

本书可作为高职高专、成人教育、中等职业学校的数控技术、机械制造、机电一体化及其他机械类专业的教材,也可供有关教师与工程技术人员参考。为了方便教学,本书还配有相关电子教案,如有需要,可与我社联系(电话:027-87548431,邮箱:171447782@qq.com)。

高等职业教育技能型紧缺人才培养教材

数控技术应用专业系列教材编委会

序

为实现全面建设小康社会的宏伟目标，使国民经济平衡、快速发展，迫切需要培养大量不同类型和不同层次的人才。因此，党中央明确地提出人才强国战略和"造就数以亿计的高素质劳动者，数以千万计的专门人才和一大批拔尖创新人才"的目标，要求建设一支规模宏大、结构合理、素质较高的人才队伍，为大力提升国家核心竞争力和综合国力、实现中华民族的伟大复兴提供重要保证。

制造业是国民经济的主体，社会财富的 60%~80% 来自于制造业。在经济全球化的格局下，国际市场竞争异常激烈，中国制造业正由跨国公司的加工组装基地向世界制造业基地转变。而中国经济要实现长期可持续高速发展，实现成为"世界制造中心"的愿望，必须培养和造就一批掌握先进数控技术和工艺的高素质劳动者和高技能人才。

教育部等六部委启动的"制造业和现代服务业技能型紧缺人才培训工程"，是落实党中央人才强国战略，培养高技能人才的正确举措。针对国内数控技能人才严重缺乏，阻碍了国家制造业实力的提高，数控技能人才的培养迫在眉睫的形势，教育部颁布了《两年制高等职业教育数控技术应用专业领域技能型紧缺人才培养指导方案》（以下简称《两年制指导方案》）。对高技能人才培养提出具体的方案，必将对我国制造业的发展产生重要影响。在这样的背景下，华中科技大学出版社策划、组织华中科技大学国家数控系统技术工程研究中心和一批承担数控技术应用专业领域技能型人才培养培训任务的高等职业院校编写两年制"高等职业教育数控技术应用专业系列教材"，为《两年制指导方案》的实施奠定基础，是非常及时的。

与普通高等教育的教材相比，高等职业教育的教材有自己的特点，编写两年制教材更是一种新的尝试，需要创新、改革，因此，希望这套教材能够做到：

体现培养高技能人才的理念。教育部部长周济院士指出：高等职业教育的主要任务就是培养高技能人才。何谓"高技能人才"？这类人才既不是"白领"，也不是"蓝领"，而是应用型"白领"，可称之为"银领"。这类人才既要能动脑，更要能动手。动手能力强是高技能人才最突出的特点。本套系列教材将紧扣该方案中提出的教学计划来编写，在使学生掌握"必需够用"理论知识的同时，力争在学生技能的培养上有所突破。

突出职业技能培养特色。"高职高专教育必须以就业为导向"，这一点已为人们所广泛共识。目前，能够对劳动者的技能水平或职业资格进行客观公正、科学规范评价和鉴定的，主要是国家职业资格证书考试。随着我国职业准入制度的完善和劳动就业市场的规范，职业资格证书将是用人单位招聘、录用劳动者必备的依据。以"就业为导向"，就是要使学校培养人才与企业需求融为一体，互相促进，能够使学生毕业时就具备就业的必备条件。这套系列教材的内容将涵盖一定等级职业考试大纲的要求，帮助学生在学完课程后就有能力获得一定等级的职业资格证书，以突出职业技能培养特色。

面向学生。使学生建立起能够满足工作需要的知识结构和能力结构，一方面，充分考虑高职高专学生的认知水平和已有知识、技能、经验，实事求是；另一方面，力求在学习内容、教学组织等方面给教师和学生提供选择和创新的空间。

两年制教材的编写是一个新生事物，需要不断地实践、总结、提高。欢迎师生对本系列教材提出宝贵意见。

高等职业教育数控技术应用专业系列教材编委会主任

国家数控系统技术工程研究中心主任　陈吉红

华中科技大学　教授、博士生导师

2004 年 8 月 18 日

前　言

当前,机械制造业发展的一个明显趋势是越来越广泛地应用数控技术。普通机械逐渐被高效率、高精度的数控机械所代替,数控机床则是数控机械的典型代表。

1946 年,世界上诞生了第一台电子计算机,它标志着人类创造了可部分代替脑力劳动的工具。与人类在生产活动中创造的那些只是改善或减轻体力劳动的工具相比,人类的劳动工具发生了质的变化,为人类进入信息社会奠定了基础。1952年,在美国,计算机技术被应用到机床上,诞生了第一台数控机床。从此,传统机床发生了质的变化。20 世纪 80 年代以后,随着计算机技术的飞速发展,数控技术得到了迅速发展,数控系统的性能和品质也有了极大的提高,从而保证了数控机床的稳定性和可靠性。但是,数控机床是机电一体化的高度复杂的设备,在使用过程中难免出现故障,而一些用户又不能及时而正确地判断和排除故障,严重制约数控机床的使用,影响企业的生产。因此培养掌握数控机床故障诊断与维修的技术人员成为当务之急。本书正是为满足这种需要而编写的。

本书介绍了数控机床各部件常见的故障,并深入地进行分析和阐述故障的排除方法。书中列举了大量的实例,力求使读者通过学习,切实掌握故障诊断技术及其排除方法。

本书可作为高职高专、成人教育、中等职业学校的数控技术、机械制造、机电一体化及其他机械类专业的教材,也可供有关教师与工程技术人员参考。

本书第 1 章、第 3 章、第 4 章、第 5 章和第 7 章由郑小年教授、彭李工程师、孙海亮工程师共同编写,第 2 章、第 6 章由孙博工程师、杨克冲教授编写。全书由郑小年教授、杨克冲教授统稿和定稿。在成书过程中,华中数控股份有限公司开发一部的胡博、柯万宇参加了部分工作,国家数控系统技术工程研究中心主任陈吉红教授给予了热情的支持和指导,编者在此对他们致以衷心的感谢!

限于编者水平,书中难免存在错误和不足之处,恳请广大读者批评、指正,以利改进。

编　者

2012 年 10 月

目　　录

第1章 数控机床的维护维修基础

数控技术(属机电一体化技术范畴)是一门综合性、实用性极强的技术。熟悉和掌握数控技术既需要机械方面的知识,又需要电工、电子和计算机方面的知识,还需要控制理论方面的知识。

本章首先介绍数控机床的一些基本概念,这是最基础的知识;然后介绍数控机床维修的基本要求,这些是维修工作所必须具备的;接着介绍常见故障的分类,了解故障性质,也就更便于维修;紧接着介绍排除故障的思路和原则,有了正确的思路,问题就能迎刃而解;最后介绍维修的基本步骤以及机床的维护。

1.1 数控机床概述

1.1.1 数控技术与数控机床

1. 数控技术

数控技术常称为数控(Numerical Control,简称 NC),它是应用数字化信息对机械运动及加工过程进行控制的一种方法。由于现代数控技术采用以计算机为核心的数控系统对机械运动及加工过程进行控制,因此,也可以称其为计算机数控(Computerized Numerical Control,简称 CNC)。

为了对机械运动及加工过程进行数字化信息控制,必须具备相应的硬件和软件。用来实现数字化信息控制的硬件和软件的整体称为数控系统(Numerical Control System),数控系统的核心是数控装置(Numerical Controller)。

采用数控技术进行控制的机床,称为数控机床(NC 机床)。它是一种综合应用了计算机技术、自动控制技术、精密测量技术和机床设计技术等先进技术的典型机电一体化产品,是现代制造技术的基础。数控机床是数控技术应用最早、最广泛的领域,因此,数控机床的性能代表了当前数控技术的水平和发展方向。

2. 数控机床

数控机床种类繁多,有钻铣镗床类、车削类、磨削类、电加工类、锻压类、激光加工类和其他特殊用途的专用数控机床等,凡是采用了数控技术进行控制的机床统称为数控机床。

带有自动换刀装置(Automatic Tool Changer,简称ATC)的数控机床(具有回转刀架的数控车床除外)称为加工中心(Machine Center,简称MC)。加工中心通过刀具的自动交换,工件经一次装夹后便可完成多工序的加工,实现了工序的集中和工艺的复合,从而缩短了辅助加工时间,提高了机床的效率;它减少了工件安装、定位次数,从而提高了机床的加工精度。加工中心是目前应用最广泛的数控机床。

在加工中心的基础上,通过增加多工作台(托盘)自动交换装置(Auto Pallet Changer,简称APC)以及其他相关装置组成的加工单元称为柔性加工单元(Flexible Manufacturing Cell,简称FMC)。它不仅实现了工序的集中和工艺的复合,而且因工作台(托盘)的自动交换和较完善的自动监测、监控功能而使其可以在一定时间内实现无人化加工,从而进一步提高了设备的加工效率。它既是柔性制造系统(Flexible Manufacturing System,简称FMS)的基础,又可以作为独立的自动化加工设备使用,因此其发展速度较快。

在柔性加工单元和加工中心的基础上,通过增加物流系统、工业机器人以及其他相关设备,并由中央控制系统进行集中统一控制和管理,这样的制造系统称为柔性制造系统(FMS)。柔性制造系统不仅可以实现较长时间的无人化加工,而且可以实现多品种零件的加工和部件装配,实现车间制造过程的自动化,是一种高度自动化的先进制造系统。

为了适应市场需求多变的形势,对现代制造业来说,不仅需要发展车间制造过程的自动化,而且要实现从市场预测、生产决策、产品设计、产品制造直到产品销售的全面自动化。将这些要求构成的完整的生产制造系统,称为计算机集成制造系统(Computer Integrated Manufacturing System,简称CIMS)。它将一个周期更长的生产、经营活动进行了有机的集成,实现了高效益、高柔性的智能化生产,是当今自动化制造技术发展的最高阶段。在计算机集成制造系统中,不仅是生产设备的集成,更主要的是以信息为特征的技术集成和功能集成。计算机是集成的工具,以计算机为核心的自动化单元技术是集成的基础,信息和数据的交换及共享是集成的桥梁,最终形成的产品可以看成是信息和数据的物质体现。

1.1.2 数控系统及其组成

1. 数控系统的基本组成

数控系统是所有数控设备的核心。数控系统的主要控制对象是坐标轴的位移(包括移动速度、方向、位置等),其控制信息主要来源于数控加工程序或运动控制程序。数控系统最基本的组成包括输入/输出装置、数控装置、伺服驱动装置等三部分。

1) 输入/输出装置

输入/输出装置的作用是用于数控加工或运动控制程序、加工与控制数据、机床参数以及坐标轴位置、检测开关的状态等数据的输入/输出。键盘和显示器是数控设备必备的最基本的输入/输出装置。此外,根据数控系统的不同,还可以配备光电阅读机、磁带机或软盘驱动器等。作为数控系统的外围设备,台式计算机和便携式计算机是目前常用的输入/输出装置之一。

2）数控装置

数控装置是数控系统的核心。它由输入/输出接口线路、控制器、运算器和存储器等组成。数控装置的作用是将输入装置输入的数据通过内部的逻辑电路或控制软件进行编译、运算和处理后,输出各种信息和指令,用以控制机床的各部分进行规定的动作。

在这些控制信息和指令中,最基本的是经插补运算后生成的坐标轴的进给速度、进给方向和进给位移量等指令,并提供给伺服驱动装置,经驱动器放大后,最终控制坐标轴的位移。这些控制信息和指令直接决定了刀具或坐标轴的移动轨迹。

此外,上述控制信息和指令随数控系统和设备的不同而不同,如在数控机床上,还可能有主轴的转速、转向和启、停指令,刀具的选择和交换指令,冷却、润滑装置的启、停指令,工件的松开、夹紧指令,工作台的分度等辅助指令。在数控系统中,这些控制指令通过接口以信号的形式提供给外部辅助控制装置,由外部辅助控制装置对以上信号进行必要的编译和逻辑运算,经放大后驱动相应的执行器,带动机床机械部件、液压气动等辅助装置完成指令规定的动作。

3）伺服驱动装置

伺服驱动装置通常由伺服放大器(亦称驱动器、伺服单元)和执行机构等部分组成。在数控机床上,一般都采用交流伺服电动机作为执行机构。目前,在先进的高速加工机床上已经开始使用直线电动机。另外,在20世纪80年代以前生产的数控机床上有采用直流伺服电动机的;简易数控机床中,也有用步进电动机作为执行机构的。伺服放大器的形式决定于执行机构,它必须与驱动电动机配套使用。

以上简单介绍了数控系统最基本的组成部分。随着数控技术的发展和机床性能水平的提高,用户对数控系统功能的要求也在不断提高。为了满足不同机床的多种控制要求,保证数控系统的完整性和统一性,并方便用户使用,常用较先进的数控系统,一般都带有内部可编程控制器作为机床的辅助控制装置。此外,在金属切削机床上,主轴驱动装置也可以成为数控系统的一个部分;在闭环数控机床上,测量、检测装置也是数控系统必不可少的。先进的数控系统采用了计算机作为数控系统的人机界面和数据的管理、输入/输出设备,从而使数控系统的功能更强、性能更完善。

总之,数控系统的组成体现了控制系统的性能,根据不同设备的具体控制要求,数控系统的配置和组成有很大的区别。除输入/输出装置、数控装置、伺服驱动装置这三个最基本的组成部分外,还可能有更多的控制装置。图 1-1 所示的虚线框部分表示计算机数控系统。

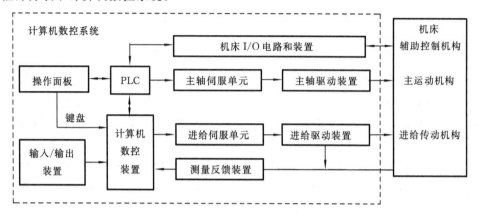

图 1-1　数控机床的组成

2. NC(CNC)、SV、PLC 的概念

NC(CNC)、SV、PC(PLC、PMC)是数控系统中最常用的英文缩写,在实际使用中,在不同的场合具有不同的含义。

1) NC(CNC)

NC、CNC 分别是数控(Numerical Control)与计算机数控(Computerized Numerical Control)的常用英文缩写。由于现代数控系统都采用了计算机,因此,可以认为 NC 和 CNC 的含义完全等同。在工程应用上,根据使用场合的不同,NC(CNC)通常有三种不同的含义:在广义上代表一种控制技术——数控技术,在狭义上代表一种控制系统的实体——数控系统,还可以代表一种具体的控制装置——数控装置。

2) SV

SV 是伺服驱动(Servo Drive,简称伺服)的常用英文缩写。日本 JIS 标准规定,它是"以物体的位置、方向、状态作为控制量,追踪目标值的任意变化的控制机构"。简而言之,它是一种能够自动跟随目标位置等物理量的控制装置。

在数控机床上,伺服驱动装置的作用主要有两个方面:一是使坐标轴按照数控装置给定的速度运行;二是使坐标轴按照数控装置给定的位置定位。

伺服驱动装置的控制对象通常是机床坐标轴的位移和速度;执行机构是伺服电动机。对输入指令信号进行控制和功率放大的部分称为伺服放大器(亦称为驱动器、放大器、伺服单元等),它是伺服驱动装置的核心。

伺服驱动装置不仅可以和数控装置配套使用,而且还可以单独作为一个位置(速度)系统使用,故常称为伺服系统。在早期的数控系统上,位置控制部分一般与

CNC做成一体,伺服驱动装置只进行速度控制。因此,伺服驱动装置又常称为速度控制单元。

3）PC

PC是可编程序控制器（Programmable Controller）的英文缩写。随着个人计算机的日益普及,为了避免和个人计算机（亦称PC）混淆,现在一般都将可编程序控制器称为可编程序逻辑控制器（Programmable Logic Controller,简称PLC）或可编程序机床控制器（Programmable Machine Controller,简称PMC）。因此,在数控机床上,PC、PLC、PMC等具有完全相同的含义。

PLC具有响应快、性能可靠、使用方便、编程和调试容易等特点,并可直接驱动部分机床电器,因此,被广泛用来作为数控系统的辅助控制装置。目前,大多数数控系统都具备内部PLC功能,用来处理数控机床的辅助指令,从而大大简化了机床的辅助控制装置。此外,在很多场合中,通过PLC的轴控制模块、定位模块等特殊功能模块,可以直接实现点位控制、直线控制以及简单的轮廓控制,组成数控专用机床或数控生产线。

1.1.3 数控机床的组成与加工原理

1. 数控机床的基本组成

数控机床是最典型的数控设备。为了了解数控机床的基本组成,首先需要分析数控机床加工零件的工作过程。在数控机床上进行零件的加工,可以通过如下步骤进行。

（1）根据被加工零件的图纸与工艺方案,用规定的代码和程序格式将刀具的移动轨迹、加工工艺过程、工艺参数、切削用量等编写成数控系统能够识别的指令形式,即编写加工程序。

（2）将所编写的加工程序输入数控装置。

（3）数控装置对输入的程序（代码）进行译码、运算处理,并向各坐标轴的伺服驱动装置和辅助机能控制装置输出相应的控制信号,以控制机床各部件的运动。

（4）在运动过程中,数控系统需要随时检测机床的坐标轴位置、行程开关的状态,并与程序的要求相比较,以决定下一步的动作,直到加工出合格的零件为止。

（5）操作者可以随时对机床的加工情况、工作状态进行观察、检查,必要时还需要对机床动作和加工程序进行调整,以保证机床安全、可靠地运行。

由此可知,数控机床的基本组成应包括输入/输出装置、数控装置、伺服驱动装置和测量反馈装置、辅助控制装置以及机床本体等部分,如图1-1所示。

下面再简要介绍其他组成部分。

1）测量反馈装置

测量反馈装置是闭环（半闭环）数控机床的检测环节,其作用是通过现代化的测量元件(如脉冲编码器、旋转变压器、感应同步器、光栅、磁尺和激光测量仪等),将执行元件或工作台等的实际位移的速度和位移量检测出来,反馈给伺服驱动装置或数控装置,补偿进给速度或执行机构的运动误差,以达到提高运动机构精度的目的。测量检测装置检测信号反馈的位置,取决于数控系统的结构形式。伺服内装式脉冲编码器、测速机以及直线光栅等都是较常用的检测部件。

先进的伺服驱动装置采用了数字式伺服驱动技术(简称数字伺服),伺服驱动装置和数控装置之间采用了总线连接,反馈信号在大多数场合都是与伺服驱动装置进行连接,并通过总线传送到数控装置。只有在少数场合或采用模拟量控制的伺服驱动装置(俗称模拟伺服)时,反馈装置才需要直接和数控装置进行连接。

2)辅助控制机构

辅助控制机构指介于数控装置与机床机械、液压部件之间的控制部件,其主要作用是接收数控装置输出的主轴转速、转向和启/停指令,刀具选择交换指令,冷却、润滑装置的启/停指令,工件和机床部件的松开、夹紧指令,工作台转位等辅助指令信号,以及机床上检测开关的状态等信号,经必要的编译、逻辑判断、功率放大后直接驱动相应的执行元件,带动机床机械部件、液压气动等辅助装置完成指令规定的动作。它通常由 PLC 和强电控制回路构成。PLC 在结构上可以与 CNC 一体化(内置式 PLC),也可以相对独立(外置式 PLC)。

3)机床本体

机床本体就是数控机床的机械结构件,由主传动系统、进给传动系统、床身、工作台,以及辅助运动装置、液压/气动系统、润滑系统、冷却装置、排屑、防护系统等部分组成。为了满足数控技术的要求,充分发挥机床性能,数控机床与普通机床相比较,机床本体在总体布局、外观造型、传动系统结构、刀具系统以及操作性能方面已发生了很大的变化。机床本体的机械部件包括床身、箱体、立柱、导轨、工作台、主轴、进给机构、刀具交换机构等。

2. 数控加工原理

在传统的金属切削机床上,操作者在加工零件时,根据图纸的要求,需要不断地改变刀具的运动轨迹和运动速度等参数,使刀具对工件进行切削加工,最终加工出合格零件。

数控机床的加工,其实质是应用了"微分"原理,其工作原理与过程(见图 1-2)简述如下。

(1)数控装置根据加工程序要求的刀具轨迹,将轨迹按机床对应的坐标轴,以最小移动量(脉冲当量)为单位进行微分,如图 1-2 中所示的 ΔX、ΔY,并计算出各坐标轴需要移动的脉冲数。

（2）通过数控装置的"插补"软件或"插补"运算器，将要求的轨迹用以"最小移动量"为单位的等效折线进行拟合，并找出最接近理论轨迹的拟合折线。

（3）数控装置根据拟合折线的轨迹，给相应的坐标轴连续不断地分配进给脉冲，并通过伺服驱动使机床坐标轴按分配的脉冲运动。

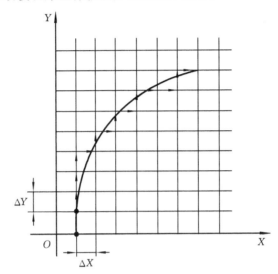

图 1-2　数控机床加工原理示意图

由上可得出以下结论：① 只要数控机床的最小移动量（脉冲当量）足够小，所用的拟合折线就可以等效代替理论曲线；② 只要改变坐标轴的脉冲分配方式，即可以改变拟合折线的形状，从而达到改变加工轨迹的目的；③ 只要改变分配脉冲的频率，即可改变坐标轴（刀具）的运动速度。

这样就实现了数控机床控制刀具移动轨迹的根本目的。

根据给定的数学函数，在理想轨迹（轮廓）的已知点之间通过数据点的密化，计算并确定中间点的方法，称为插补；能同时参与插补的坐标轴数，称为联动轴数。显然，数控机床的联动轴数越多，机床加工轮廓的性能就越强。因此，联动轴的数量是衡量数控机床性能的重要技术指标。

1.2　数控机床维修的基本要求

数控机床是一种综合应用计算机技术、自动控制技术、精密测量技术和机床设计理论等先进技术的典型机电一体化产品，其控制系统复杂、价格昂贵，因此数控机床对维修人员的素质、维修资料的准备、维修仪器的使用等方面提出了比普通机床更高的要求。

1.2.1　维修人员的素质要求

维修工作要达到高的效率和好的效果,均取决于维修人员的素质。为了迅速、准确判断故障原因,并进行及时、有效的处理,恢复机床的动作、功能和精度,要求维修人员应具备以下基本素质。

（1）工作态度要端正。

应有高度的责任心和良好的职业道德。

（2）具有较广的知识面。

由于数控机床是集机械、电气、液压、气动等为一体的加工设备,机床的各个部分之间具有密切的联系,其中任何一个部分发生故障,都有可能影响其他部分的正常工作。根据故障现象,对故障的真正原因和故障部位进行判断是数控机床维修的第一步,这是维修人员必须具备的素质;如何快速地判断故障对维修人员素质也提出了很高的要求。对数控机床维修人员主要有如下方面的要求。

① 掌握或了解计算机原理、电子技术、电工原理、自动控制与电动机拖动、检测技术、机械传动及机械加工工艺方面的基础知识。

② 既要懂电气方面(包括强电和弱电)的知识,又要懂机械方面(包括机械、液压和气动)的知识。维修人员还必须经过数控技术方面的专门学习和培训,掌握数字控制、伺服驱动及 PLC 的工作原理,懂得 NC 和 PLC 编程。

③ 维修时为了对某些电路与零件进行现场测试,数控机床维修人员还应当具备一定的工程识图能力。

（3）具有一定的外语基础和专业外语基础。

一个高素质的维修人员要能对国内、外多种数控机床进行维修。但国外数控系统的配套说明书、资料往往使用外文资料,数控系统的报警文本显示亦以外文居多。为了能根据说明书所提供的信息与系统的报警提示迅速确认故障原因,加快维修进程,数控机床维修人员应具备专业外语的阅读能力,以便分析、处理问题。

（4）勤于学习,善于学习,善于思考。

一个数控机床维修人员不仅要注重分析问题与积累经验,而且还应当勤于学习,善于学习,善于思考。国外、国内的数控系统种类繁多,而且数控系统说明书的内容通常也很多,包括操作、编程、连接、安装调试、维护维修、PLC 编程等多种说明。资料的内容多,不勤于学习,不善于学习,就很难对各种知识融会贯通。每台数控机床内部各部分之间的联系紧密,故障涉及面很广,而且有些现象不一定真实反映了故障的原因。数控机床维修人员一定要透过故障的表象,针对各种可能产生故障的原因,通过分析故障产生的过程,仔细思考分析,这样才能迅速找出发生故障的根本原因并予以排除。应做到"多动脑,慎动手",切忌草率下结论,盲目更换元器件。

（5）有较强的动手能力和实验技能。

数控系统的维修离不开实际操作，数控机床维修人员不仅能熟练操作机床，而且能进入一般操作者无法进入的特殊操作模式，如机床以及硬件设备自身参数的设定与调整，利用 PLC 编程器监控等。此外，为了判断故障原因，维修过程可能需要编制相应的加工程序，对机床进行必要的运行试验与工件的试切削，还应该能熟练使用维修所必需的工具、仪器和仪表。

（6）应养成良好的工作习惯。

数控机床维修人员要胆大心细，动手时必须有明确的目的、完整的思路，进行细致的操作。数控机床维修人员在维修时需要注意以下几个方面。

① 维修前应仔细思考、观察，找准切入点。

② 维修过程要做好记录，尤其是对电器元件的安装位置、导线号、机床参数、调整值等都必须做好明显的标记，以便恢复。

③ 维修完成后，应做好"收尾"工作，如将机床、系统的罩壳、紧固件等安装到位；将电线、电缆整理整齐等。

在维修数控系统时应特别注意：数控系统的某些模块是需要电池保持参数的，对于这些电路板和模块切勿随意插拔，更不可以在不了解元器件功能的情况下，随意调换数控装置、伺服、驱动等部件中的器件、设定端子，调整电位器位置，改变设置参数，更换数控系统软件版本，以避免产生更严重的后果。

1.2.2　必要的技术资料

寻找故障的准确性和寻求较好的维修效果取决于维修人员对数控系统的熟悉程度和运用技术资料的熟练程度。所以，数控机床维修人员在平时应认真整理和阅读有关数控系统的重要技术资料。对于数控机床重大故障的维修，还应具备以下技术资料。

1）数控机床使用说明书

它是由机床生产厂家编制并随机床提供的资料。通常包括以下与维修有关的内容。

（1）机床的操作过程与步骤。

（2）机床电气控制原理图。

（3）机床主要传动系统以及主要部件的结构原理示意图。

（4）机床安装和调整的方法与步骤。

（5）机床的液压、气动、润滑系统图。

（6）机床使用的特殊功能及其说明等。

2）数控系统方面的资料

应有数控装置安装、使用（包括编程）、操作和维修方面的技术说明书，其中包括以下与维修有关的内容。

（1）数控装置操作面板布置及其操作。

（2）数控装置内部各电路板的技术要点及其外部连接图。

（3）系统参数的意义及其设定方法。

（4）数控装置的自诊断功能和报警清单。

（5）数控装置接口的分配及其含义等。

通过上述资料，维修人员可了解 CNC 原理框图、结构布置、各电路板的作用、板上发光管指示的意义；可通过面板对数控系统进行各种操作，进行自诊断检测，检查和修改参数并能做出备份；能熟练地通过报警信息确定故障范围，对数控系统提供的维修检测点进行测试，充分利用随机的系统诊断功能。

3）PLC 的资料

PLC 的资料是根据机床的具体控制要求设计、编制的机床辅助动作控制软件。在 PLC 程序中包含了机床动作的执行过程，以及执行动作所需的条件，它表明了指令信号、检测元件与执行元件之间的全部逻辑关系。

另外，在一些高档的数控系统（如国内的华中数控"世纪星"系列、国外的 FUNAC数控系统、SIEMENS 数控系统）中，利用数控系统的显示器可以直接对 PLC 程序的中间寄存器状态点进行动态监测和观察，为维修提供了极大的便利，因此，在维修中一定要熟悉、掌握这方面的操作和使用技能。PLC 的资料一般包括如下内容。

（1）PLC 装置及其编程器的连接、编程、操作方面的技术说明书。

（2）PLC 用户程序清单或梯形图。

（3）I/O 地址及意义清单。

（4）报警文本以及 PLC 的外部连接图。

4）伺服单元的资料

伺服单元的资料包括进给伺服驱动系统和主轴伺服单元的原理、连接、调整和维修方面的技术说明书，其中包括如下内容。

（1）电气原理框图和接线图。

（2）所有报警显示信息以及重要的调整点和测试点。

（3）各伺服单元参数的意义和设置。

维修人员应掌握伺服单元的原理，熟悉其连接。能从单元板上的故障指示发光管的状态和显示屏上显示的报警号确定故障范围；测试关键点的波形和状态，并能做出比较；检查和调整伺服参数，对伺服系统进行优化。

5）主要配套部分的资料

在数控机床上往往会使用较多的功能部件,如数控转台、自动换刀装置、润滑与冷却系统、排屑器等。这些功能部件的生产厂家一般都提供了较完整的使用说明书,机床生产厂家应将其提供给用户,以便当功能部件发生故障时作为维修的参考。

6）维修记录

维修记录是维修人员对机床维修过程的记录与维修的总结。维修人员应对自己所进行的每一步的维修情况进行详细的记录,而不管当时的判断是否正确。这样不仅有助于今后的维修,而且有助于维修人员的经验总结与提高。

7）其他

有关元器件方面的技术资料也是必不可少的,如数控设备所用的元器件清单、备件清单,以及各种通用的元器件手册。维修人员应熟悉各种常用的元器件和一些专用元器件的生产厂家及订货编号,以便一旦需要,就能够较快地查阅到有关元器件的功能、参数及代用型号。

以上都是在理想情况下应具备的技术资料,但是实际中往往难以做到。因此,在必要时,数控机床维修人员应通过现场测绘、平时积累等方法完善和整理有关技术资料。

1.2.3 必要的维修器具与备件

合格的维修工具是进行数控机床维修的必备条件。数控机床是精密设备,对于不同的故障,所需要的维修工具亦不尽相同。下面介绍常用的维修器具与备件。

1. 常用测量仪器、仪表

（1）万用表。数控设备的维修涉及弱电和强电,万用表不但可用于测量电压、电流、电阻值,还可用于判断二极管、三极管、晶闸管、电解电容等元器件的好坏,并测量三极管的放大倍数和电容值。

（2）示波器。示波器用于检测信号的动态波形,如脉冲编码器、光栅的输出波形,伺服驱动、主轴驱动单元的各级输入、输出波形等,还可用于检测开关电源、显示器的垂直、水平震荡与扫描电路的波形等。用于维修数控机床的示波器通常选用频带宽为 $10\sim100\ \mathrm{MHz}$ 的双通道示波器。

（3）数字转速表。数字转速表用于测量与调整主轴的转速,以及调整数控系统及驱动器的参数,它可以使编程的理想主轴转速与实际主轴转速相符,是主轴维修与调整的测量工具之一。

（4）相序表。相序表主要用于测量三相电源的相序,是进给伺服驱动与主轴驱动维修的必要测量工具之一。

（5）常用的长度测量工具。长度测量工具（如千分表、百分表等）用于测量机床移动距离、反向间隙值等。通过长度测量，可以大致判断机床的定位精度、重复定位精度、加工精度等。根据测量值可以调整数控系统的电子齿轮比、反向间隙等主要参数，用以恢复机床精度。它是机械部件维修、测量的主要检测工具之一。

（6）PLC 编程器。不少数控系统的 PLC 控制器必须使用专用的编程器才能对其进行编程、调试、监控和检查。例如 SIEMENS 的 PG710、PG750、PG865，OMRON 的 GPC01～GPC04，PRO-13～PRO-27 等。这些编程器可以对 PLC 程序进行编辑和修改，监视输入和输出状态及定时器、移位寄存器的变化值，并可在运行状态下修改定时器和计数器的设定值；可强制内部输出，对定时器、计数器和位移寄存器进行置位和复位等。有些带图形功能的编程器还可显示 PLC 梯形图。

（7）IC 测试仪。IC 测试仪可用来离线快速测试集成电路的好坏。当数控系统进行芯片级维修时，它是必需的仪器。

（8）逻辑分析仪和脉冲信号笔。这是专门用于测量和显示多路数字信号的测试仪器，通常分为 8 个、16 个和 64 个通道，即可同时显示 8 个、16 个或 64 个逻辑方波信号。与显示连续波形的通用示波器不同，逻辑分析仪显示的是各被测点的逻辑电平，二进制编码或存储器的内容。

2. 常用维修器具

（1）电烙铁。这是最常用的焊接工具，一般应采用 30 W 左右的尖头、带接地保护线的内热式电烙铁，最好使用恒温式电烙铁。

（2）吸锡器。常用的是便携式手动吸锡器，也可采用电动吸锡器。

（3）扁平集成电路拔放台。这是用于 SMD 片状元件、扁平集成电路的热风拆焊工作台，可换多种喷嘴，并可防静电。

（4）旋具类工具。配备规格齐全的一字和十字螺丝刀各一套。旋具宜采用树脂或塑料手柄为宜。为了方便伺服驱动器的调整与装卸，还应配备无感螺丝刀与梅花形六角旋具各一套。

（5）钳类工具。常用的有平头钳、尖嘴钳、斜口钳、剥线钳、压线钳、镊子等。

（6）扳手类工具。大小活动扳手，各种尺寸的内、外六角扳手等各一套。

（7）化学用品。松香、纯酒精、清洁触点用喷剂、润滑油等。

（8）其他。剪刀、刷子、吹尘器、清洗盘、卷尺等。

3. 常用备件

对于数控系统的维修，备品、备件是一个必不可少的物质条件。若无备件可调换，则"巧妇难为无米之炊"。如果维修人员手头上备有一些电路板的话，将给排除故障带来许多方便。采用电路板交换法，通常可以快速判断出一些疑难故障发生在哪块电路板上。

配置数控系统的备件要根据实际情况来处理。通常一些易损的电气元器件，如各种规格的熔断器、保险丝、开关、电刷，还有易出故障的大功率模块和印刷电路板等，均是应当配备的。

1.3 数控机床常见故障分类

数控机床是一种复杂的机电一体化设备，其故障发生的原因一般都比较复杂，这给故障诊断和排除带来不少困难。为了便于故障分析和处理，本节按故障发生的部位、故障性质及故障原因等对常见故障作如下分类。

1.3.1 按数控机床发生故障的部件分类

1. 机床本体故障

数控机床的机床本体部分，主要包括机械、润滑、冷却、排屑、液压、气动与防护装置。

因机械安装、调试及操作使用不当等原因而引起的机械传动故障和导轨副摩擦过大故障通常表现为传动噪声大，加工精度差，运行阻力大。例如：传动链的挠性联轴器松动，齿轮、丝杠与轴承缺油，导轨塞铁调整不当，导轨润滑不良以及数控系统参数设置不当等原因均可造成以上故障。

尤其应引起重视的是，机床各部位标明的注油点（注油孔）须定时、定量加注润滑油（脂），这是机床各传动链正常运行的保证。

另外，液压、润滑与气动系统的故障主要表现在管路阻塞或密封不良，造成数控机床无法正常工作。

2. 电气故障

电气故障分弱电故障与强电故障。

弱电部分主要指 CNC 装置、PLC 控制器、CRT 显示器以及伺服单元、输入/输出装置等电子电路，这部分又有硬件故障与软件故障之分。硬件故障主要是指上述各装置的印制电路板上的集成电路芯片、分立元件、接插件以及外部连接组件等发生的故障。常见的软件故障有加工程序出错、系统程序和参数的改变或丢失、计算机的运算出错等。

强电故障是指继电器、接触器、开关、熔断器、电源变压器、电磁铁、行程开关等元器件，以及由其所组成的电路发生故障。这一部分的故障十分常见，必须引起足够的重视。

1.3.2　按数控机床发生故障的性质分类

1. 系统性故障

系统性故障通常指只要满足一定的条件或超过某一设定,工作中的数控机床必然会发生的故障。这一类故障现象极为常见。例如:液压系统的压力值随着液压回路过滤器的阻塞而降到某一设定参数时,必然会发生液压系统故障报警使数控机床断电停机。又如:润滑、冷却或液压等系统由于管路泄漏引起游标下降到某一限值,必然会发生液位报警,使数控机床停机。再如:数控机床在加工中因切削用量过大达到某一限值时,必然会发生过载或超温报警,导致数控系统迅速停机。

因此,正确使用与精心维护数控机床是杜绝或避免这类系统性故障的切实保障。

2. 随机性故障

随机性故障,通常指数控机床在同样的条件下工作时偶然发生的一次或两次故障。有的文献上称此为"软故障"。由于此类故障在条件相同的状态下偶然发生一两次,因此,随机性故障的原因分析与故障诊断较其他故障困难得多。一般而言,这类故障的发生往往与安装质量、组件排列、参数设定、元器件品质、操作失误与维护不当,以及工作环境影响等诸因素有关。例如:接插件与连接组件因疏忽未加锁定,印制电路板上的元器件松动变形或焊点虚脱,继电器触点、各类开关触头因污染锈蚀,以及直流电刷接触不良等所造成的接触不可靠等。另外,工作环境温度过高或过低,湿度过大,电源波动与机械振动、有害粉尘与气体污染等原因均可引发此类偶然性故障。

因此,加强数控系统的维护检查,确保电柜门的密封,严防工业粉尘及有害气体的侵袭等,均可避免此类故障的发生。

1.3.3　按数控机床发生故障时有无报警显示分类

1. 有报警显示的故障

这类故障又可分为硬件报警显示与软件报警显示两种。

1) 硬件报警显示的故障

硬件报警显示指各单元装置上的警示灯(一般由 LED 发光管或小型指示灯等组成)有指示。在数控系统中有许多用来指示故障部位的警示灯,如控制操作面板、位置控制印制线路板、伺服控制单元、主轴单元、电源单元等部位以及光电阅读机、穿孔机等外设装置上常设有这类警示灯。一旦数控系统出现了故障后,借助相应部位上的警示灯可大致分析判断出故障发生的部位与性质,这无疑给故障分析、诊断带来极大方便。因此,维修人员在日常维护和排除故障时应认真检查这些警示灯的状态是否正常。

2）软件报警显示的故障

软件报警显示通常是指显示屏（CRT）上显示出来的报警号和报警信息。由于数控系统具有自诊断功能，因此它一旦检测到故障，即按故障的级别进行处理，同时在 CRT 上以报警号的形式显示该故障信息。这类报警显示常见的有存储器警示、过热警示、伺服系统警示、轴超程警示、程序出错警示、主轴警示、过载警示以及短路警示等。通常软件报警类型少则几十种，多则上千种，这无疑为故障判断和排除提供了极大的帮助。

上述软件报警包括来自 NC 的报警和来自 PLC 的报警。NC 报警为数控部分的故障报警，可通过所显示的报警号，对照维修手册中有关 NC 故障报警及说明来确定产生该故障的原因。PLC 的报警大多数属于机床侧的故障报警，显示由 PLC 的报警信息文本所提供，可通过所显示的报警号，对照维修手册中有关 PLC 故障报警信息、PLC 接口说明，以及 PLC 程序等内容检查 PLC 有关接口和内部继电器状态，确定产生故障的原因。通常，PLC 报警发生的可能性要比 NC 报警高得多。

2. 无报警显示的故障

这类故障发生时无任何硬件或软件的报警显示，因此分析诊断难度较大。例如在数控机床通电后，在手动方式或自动方式运行时，X 轴出现爬行现象，且无任何报警显示；又如机床在自动方式运行时突然停止，而 CRT 上无任何报警显示；在运行机床的某轴时发生异常声响，一般也无报警显示等。一些早期的数控系统由于自诊断功能不强，尚未采用 PLC 控制器，无 PLC 报警信息文本，所以出现无报警显示的故障的情况会更多一些。

对于无报警显示故障，通常要具体情况具体分析，要根据故障发生的前后变化状态进行分析判断。例如：X 轴在运行时出现爬行现象，首先判断是数控部分故障还是伺服部分故障。具体做法是：在手摇脉冲进给方式中，可均匀地旋转手摇脉冲发生器，同时分别观察、比较 CRT 上 Y 轴、Z 轴与 X 轴进给数字的变化速率。通常，如数控部分正常，则三个轴的变化速率应基本相同，从而可确定 X 轴的爬行故障是伺服部分还是机械传动所造成。有关伺服系统的进一步检查内容可参阅下文介绍的"交换法"和"隔离法"。

1.3.4　按数控机床发生故障的原因分类

1. 数控机床自身故障

这类故障是由数控机床自身的原因引起的，与外部使用环境条件无关。数控机床所发生的极大多数故障均属此类故障，但应区别有些故障并非由机床本身而是由外部原因所造成的。

2. 数控机床外部故障

这类故障是由外部原因造成的。例如,数控机床的供电电压过低,电压波动过大,电压相序不对或三相电压不平衡;环境温度过高;有害气体、潮气、粉尘侵入数控系统;外来振动和干扰,如电焊机所产生的电火花干扰等均有可能使数控机床发生故障。还有人为因素所造成的故障,如操作不当,手动进给过快造成超程报警,自动切削进给过快造成过载报警。又如由于操作人员不按时按量给机床机械传动系统加注润滑油,易造成传动噪声或导轨摩擦系数过大而使工作台进给超载。据有关资料统计,首次使用数控机床或由技能不熟练的工人来操作数控机床,在使用的第一年内,由操作不当所造成的外部故障要占 1/3 以上。

除上述常见故障分类外,还可按故障发生时有无破坏性分为破坏性故障和非破坏性故障;按故障发生的部位分为数控装置故障,进给伺服系统故障,主轴系统故障,刀架、刀库、工作台故障等。

1.4 数控机床故障排除的思路和原则

1.4.1 数控机床故障排除的思路

数控系统的型号颇多,所产生的故障原因往往比较复杂,下面介绍故障处理的一种思路。

1. 确认故障现象,调查故障现场,充分掌握故障信息

当数控机床发生故障时,维护维修人员对故障的确认是很有必要的,特别是在操作使用人员不熟悉机床的情况下尤为重要。此时,不应该也不能让非专业人士随意开动机床,特别是出现故障后的机床,以免故障的进一步扩大。

在数控系统出现故障后,维护维修人员也不要急于动手,盲目处理。首先要查看故障记录,向操作人员询问故障出现的全过程;其次,在确认通电对数控系统无危险的情况下,再通电亲自观察。特别要注意主要故障信息,包括数控系统有何异常、CRT 显示的报警内容是什么等,具体如下。

(1)在故障发生时,报警号和报警提示是什么?有哪些指示灯和发光管报警?

(2)如无报警,数控系统处于何种工作状态?数控系统的工作方式和诊断结果如何?

(3)故障发生在哪个程序段?执行何种指令?故障发生前进行了何种操作?

(4)故障发生时,进给在何种速度下?机床轴处于什么位置?与指令值的误差量有多大?

(5)以前是否发生过类似故障?现场有无异常现象?故障能否重复发生?

（6）观察数控系统的外观、内部各部分是否有异常之处。

2. 根据所掌握故障信息明确故障的复杂程度,并列出故障部位的全部疑点

在充分调查和现场掌握第一手材料的基础上,把故障问题正确地罗列出来。俗话说,能够把问题说清楚,就已经解决了问题的一半。

3. 分析故障原因,制定排除故障的方案

在分析故障时,维修人员不应仅局限于 CNC 部分,而要对机床强电、机械、液压、气动等方面都做详细的检查,并进行综合判断,制定出故障排除的方案,达到快速确诊和高效率排除故障的目的。

分析故障原因时应注意以下两个方面。

（1）思路一定要开阔,无论是数控系统、强电部分,还是机械、液压、气压传动等,要将有可能引起故障的原因以及每一种解决的方法全部列出来,进行综合判断和筛选。

（2）在对故障进行深入分析的基础上,预测故障原因并拟定检查的内容、步骤和方法,制定故障排除方案。

4. 检测故障,逐级定位故障部位

根据预测的故障原因和预先确定的排除方案,用试验的方法进行验证,逐级来定位故障部位,最终找出发生故障的真正部位。为了准确、快速地定位故障,应遵循"先方案后操作"等原则（在本章 1.4.2 节详细叙述）。

5. 故障的排除

根据故障部位及发生故障的准确原因,应采用合理的故障排除方法,高效、高质量地修复数控机床,尽快让数控机床投入生产。

6. 解决故障后资料的整理

故障排除后,应迅速恢复机床现场,并做好相关资料的整理工作,以便提高自己的业务水平,方便机床的后续维护和维修。

1.4.2 故障排除应遵循的原则

在检测故障的过程中,应充分利用数控系统的自诊断功能,如系统的开机诊断、运行诊断、PLC 的监控功能等,根据需要随时检测有关部分的工作状态和接口信息,同时还应灵活应用数控系统故障检查的一些行之有效的方法,如交换法、隔离法等。在本书后续章节中将介绍这些方法。

另外,在检测、排除故障中还应掌握以下若干原则。

1. 先方案后操作（或先静后动）

维护维修人员碰到机床故障后,应先静下心来,考虑解决方案后再动手。维修人员本身要做到先静后动,不可盲目动手,应先询问机床操作人员故障发生的过程及状态,阅读机床说明书、图样资料后,方可动手查找和处理故障。如果上来就碰这敲那,连此断彼,徒劳的结果也许尚可容忍;若现场的破坏导致误判,或者引入新的故障或导致更严重的后果,则会后患无穷。

2. 先检查后通电

确定方案后,对有故障的机床要秉承"先静后动"的原则,先在机床断电的静止状态下,通过观察、测试、分析,确认为非恶性循环性故障或非破坏性故障后,方可给机床通电;在运行的工况下,进行动态的观察、检验和测试,查找故障。对恶性的破坏性故障,必须先排除危险后方可通电,在运行的工况下进行动态诊断。

3. 先软件后硬件

当发生故障的机床通电后,应先检查数控系统的软件工作是否正常。有些故障可能是软件的参数丢失,或者是操作人员的使用方式、操作方法不当而造成的。切忌一上来就大拆大卸,以免造成更严重的后果。

4. 先外部后内部

数控机床是机械、液压、电气等一体化的机床,故其故障必然要从机械、液压、电气这三个方面综合反映出来。在检修数控机床时,要求维修人员遵循"先外部后内部"的原则。即当数控机床发生故障后,维修人员应先采用望、闻、听、问等方法,由外向内逐一进行检查。比如在数控机床中,外部的行程开关、按钮开关、液压气动元件的连接部位,印制电路板插头座、边缘接插件与外部或相互之间的连接部位,电控柜插座或端子板这些机电设备之间的连接部位,因其接触不良造成信号传递失真是造成数控机床故障的重要因素。此外,由于在工业环境中,温度、湿度变化较大,油污或粉尘对元件及线路板的污染,机械的振动等,都会对信号传送通道的接插件部位产生严重影响。在检修中要重视这些因素,首先检查这些部位就可以迅速排除较多的故障。另外,尽量避免随意启封、拆卸。不适当的大拆大卸,往往会扩大故障,使数控机床丧失精度,降低性能。

5. 先机械后电气

由于数控机床是一种自动化程度高、技术较复杂的先进机械加工设备,一般来讲,机械故障较易察觉,而数控系统故障的诊断则难度要大些。"先机械后电气"的原则就是指在数控机床的检修中,首先检查机械部分是否正常,行程开关是否灵活,气动液压部分是否正常等。从经验来看,很大部分数控机床的故障是由机械动作失灵引起的。所以,在故障检修之前应首先逐一排除机械性的故障,这样往往可以达到事半功倍的效果。

6. 先公用后专用

公用性的问题往往会影响到全局,而专用性的问题只影响局部。如数控机床的几个进给轴都不能运动时,应先检查各轴公用的 CNC、PLC、电源、液压等部分,并排除故障,然后再设法解决某轴的局部问题。又如电网或主电源故障是全局性的,因此一般应首先检查电源部分,看看保险丝是否正常,直流电压输出是否正常等等。总之,只有先解决影响面大的主要矛盾,局部的、次要的矛盾才有可能迎刃而解。

7. 先简单后复杂

当出现多种故障相互交织掩盖、一时无从下手时,应先解决容易的问题,后解决难度较大的问题。常常在解决简单故障的过程中,难度大的问题也可能变得容易,或者在排除简易故障时受到启发,对复杂故障的认识更为清晰,从而也就有了解决的办法。

8. 先一般后特殊

在排除某一故障时,要先考虑最常见的可能原因,然后再分析很少发生的特殊原因。例如当数控车床 Z 轴回零不准时,常常是由降速挡块位置变动而造成的。一旦出现这一故障,应先检查该挡块位置;在排除这一故障常见的可能性之后,再检查脉冲编码器、位置控制等其他环节。

总之,在数控机床出现故障后,要视故障的难易程度,以及故障是否属于常见性故障,合理采用不同的分析问题和解决问题的方法。

1.5 数控机床维修的基本步骤

1.5.1 故障记录

数控机床发生故障时,操作人员应首先停止机床,保护现场,然后对故障进行尽可能详细的记录,并及时通知维修人员。故障的记录可为维修人员排除故障提供第一手材料。记录内容应包括下述几个方面。

1. 故障发生时的情况记录

需要记录的具体内容如下。

(1) 发生故障的机床型号,采用的控制系统型号,系统的软件版本号。

(2) 发生故障的部位以及故障的现象,如有异常声音、烟、异味等。

(3) 故障发生时数控系统所处的操作方式,如 AUTO/SINGLE(自动/单段方式)、MDI(手动数据输入方式)、STEP(步进方式)、HANDLE(手轮方式)、JOG(手动方式)、HOME(回零方式)等。

(4) 若故障发生在自动方式下,则应记录故障发生时的加工程序号,出现故障的程序段号,加工时采用的刀具号以及刀具的位置等。

(5) 若故障发生在精度超差或轮廓误差过大时,则应记录被加工工件号,并保留不合格工件。

（6）在发生故障时，若系统有报警显示，则应记录报警显示情况与报警号。

（7）通过诊断画面，记录机床故障时所处的工作状态。如数控系统是否在执行 M、S、T 等功能，数控系统是否进入暂停状态或是急停状态，数控系统坐标轴是否处于"互锁"状态，进给倍率是否为 0% 等。

（8）记录故障发生时各坐标轴的位置跟随误差的值。

（9）记录故障发生时各坐标轴的移动速度、移动方向，主轴转速、转向等数据。

2. 故障发生的频繁程度的记录

需要记录的具体内容如下。

（1）故障发生的时间与周期，如机床是否一直存在故障，若为随机故障，则一天发生几次，是否频繁发生。

（2）故障发生时的环境情况，如是否总是在用电高峰期发生。故障发生时（如雷击后），周围其他机械设备的工作情况如何。

（3）若为加工工件时发生的故障，则应记录加工同类工件时发生故障的概率。

（4）检查故障是否与"进给速度"、"换刀方式"或"螺纹切削"等特殊动作有关。

3. 故障的规律性记录

需要记录的具体内容如下。

（1）在不危及人身安全和设备安全的情况下，是否可以重现故障现象。

（2）检查故障是否与机床的外界因素有关。

（3）如果是在执行某固定程序段时出现故障，则可利用 MDI 方式单独执行该程序段，检查是否还存在同样的故障。

（4）若机床故障与机床动作有关，在可能的情况下，应在手动方式下执行该动作，检查是否也有同样的故障。

（5）机床是否发生过同样的故障？周围的数控机床是否也发生同一故障等。

4. 故障的外界条件记录

需要记录的具体内容如下。

（1）发生故障时的周围环境温度是否超过允许温度，是否有局部的高温存在。

（2）故障发生时，周围是否有强烈的振动源存在。

（3）故障发生时，数控系统是否受到阳光的直射。

（4）故障发生时，电气柜内是否有切削液、润滑油、水的进入等。

（5）故障发生时，输入电压是否超过了数控系统允许的波动范围。

（6）故障发生时，车间内或线路上是否有使用大电流的设备正在进行启、制动。

（7）故障发生时，机床附近是否存在吊车、高频机械、焊接机或电加工机床等强电磁干扰源。

（8）故障发生时，附近是否正在安装或修理、调试机床，是否正在修理、调试电气和数控系统。

1.5.2 维修前的检查

维修人员在维修故障前，应根据故障现象与故障记录，认真对照数控系统与机床使用说明书进行各项检查，以便确认故障的原因。这些检查包括以下几个方面。

1. 数控机床的工作状况检查

需要记录的具体内容如下。

（1）数控机床的调整状况如何，工作条件是否符合要求。

（2）加工时所使用的刀具是否符合要求，切削参数的选择是否合理、正确。

（3）自动换刀时，坐标轴是否到达了换刀位置，程序中是否设置了刀具偏移量。

（4）数控系统的刀具补偿量等参数设定是否正确。

（5）数控系统的坐标轴的间隙补偿量是否正确。

（6）数控系统的设定参数（包括坐标旋转、比例缩放因子、镜像轴、编程尺寸单位选择等）是否正确。

（7）数控系统的工作坐标系的“零点偏置值”的设置是否正确。

（8）工件安装是否合理，测量手段与方法是否正确、合理。

（9）机械零件是否存在因温度、加工而产生变形的现象等。

2. 数控机床运转情况检查

需要记录的具体内容如下。

（1）数控机床在自动运转过程中是否改变或调整过操作方式，是否插入了手动操作。

（2）数控机床侧是否处于正常加工状态，工作台、夹具等装置是否处于正常工作位置。

（3）数控机床操作面板上的按钮、开关位置是否正确。数控机床是否处于锁住状态，倍率开关是否设定为“0”。

（4）数控机床各操作面板上、数控系统上的“急停”按钮是否处于急停状态。

（5）电气柜内的熔断器是否有熔断现象，自动开关、断路器是否有跳闸现象。

（6）数控机床操作面板上的方式选择开关位置是否正确，进给保持按钮是否被按下等。

3. 数控机床与数控系统之间连接情况的检查

需要记录的具体内容如下。

（1）检查电缆是否有破损，电缆拐弯处是否有破裂、损伤现象。

（2）电源线与信号线布置是否合理，电缆连接是否正确、可靠。

（3）数控机床电源进线是否可靠接地，接地线的规格是否符合要求。

（4）信号屏蔽线的接地是否正确，端子板上接线是否牢固、可靠，数控系统接地线是否连接可靠。

（5）继电器、电磁铁等电磁部件是否装有噪声抑制器（灭弧器）等。

4. CNC 装置的外观检查

需要记录的具体内容如下。

（1）是否在电气柜门打开的状态下运行数控系统，有无切削液或切削粉末进入柜内，空气过滤器清洁状况是否良好。

（2）电气柜内部的风扇、热交换器等部件的工作是否正常。

（3）电气柜内部系统、驱动器的模块、印制电路板是否有灰尘、金属粉末等污染。

（4）在使用纸带阅读机的场合，检查阅读机上是否有污物，阅读机上的制动电磁铁动作是否正常。

（5）电源单元的熔断器是否熔断。

（6）电缆连接器插头是否完全插入、拧紧。

（7）数控系统模块、线路板的数量是否齐全，模块、线路板安装是否牢固、可靠。

（8）数控机床操作面板 MDI/CRT 单元上的按钮有无破损，位置是否正确。

（9）数控系统的总线设置、模块的设定端的位置是否正确等。

总之，在维修时应记录、检查的原始数据、状态越多，记录越详细，维修就越方便。维修人员最好根据本部门的实际情况，编制一份故障维修记录表，在数控机床出现故障时，操作者可以根据表中的要求，及时填入各种原始数据，供维修时参考。

1.5.3 CNC 故障自诊断

功能齐全的 CNC、PLC 装置都配有故障诊断系统，它们可以将由各种开关、传感器反映的油位、温度、油压、电流、速度等状态信息，设置成数百个报警提示，并诊断、指示出发生故障的部位。维修人员在维修时要首先利用自诊断提示进行故障处理。自诊断程序主要包括启动自诊断、在线诊断、离线诊断等主要部分。所谓诊断程序就是对数控机床的各部分，包括 CNC 系统本身进行状态或故障监测的软件，当数控机床出现故障时，可利用该诊断程序诊断出故障范围及其具体位置。

1. 启动自诊断（初始化诊断）

启动自诊断是指在数控系统通电时，由数控系统内部诊断程序自动执行的诊断,它类似于计算机的开机自检。

启动自诊断可以对数控系统中的关键硬件,如 CPU、存储器、I/O 接口单元、CRT/MDI 单元、纸带阅读机、软驱等装置或外部设备进行自动检查,确定数控系统的安装、连接状态与性能。部分数控系统还能对某些重要的芯片,如 RAM、ROM、专用 LSI 等进行诊断。

数控系统的自诊断功能在开机时启动,只有当全部检查项目都被确认无误后,才能进入正常运行准备状态,即 CRT 显示进入正常运行的基本画面(一般为位置显示画面)。如果检查出有错,数控机床则不再转入正常运行状态,而是进入报警状态,它通过 CRT 或硬件(发光二极管)显示报警信息或报警号。诊断的时间取决于数控系统,一般只需数十秒,有的采用硬盘驱动器的数控系统则需要几分钟,如 SINUMER1K 840C 数控系统因要调用硬盘中的文件,诊断时间要略长一些。上述启动自诊断可将故障原因定位到电路板或模块上,甚至可定位到芯片上,如指出哪块 EPROM 出了故障,但在不少情况下仅将故障定位在某一范围内,维修人员需要通过维修手册中所指出的可能造成故障的原因及相应排除方法,经分析、判断后,才能找到真正的故障并加以排除。

在对数控系统进行维修时,维修人员应了解该数控系统的自诊断能力,以及所能检查的内容及范围,才能做到心中有数。在遇到级别较高的故障报警时,可以关机后重新开机,让数控系统启动自诊断,检查数控系统这些关键部分是否正常。下面举例介绍开机自诊断在排除数控系统故障中的应用。

例 1-1 由意大利 F90 钻床改制的大型数控导轨钻床,采用了 FUNAC-6M 数控系统。数控系统通电,进行开机自诊断时,CRT 上出现"SYSTEM ERROR 908"报警信息,数控系统不能进入正常工作状态。

故障分析 908 号报警为磁泡驱动器软件奇偶校验错故障。现对磁泡存储器重新初始化,然而,故障仍存在。将备用磁泡存储器存储板(BMU)调换,调换前将备板的坏环信息记下,以便对其进行初始化时输入新的坏环信息。调换备板并进行初始化后,故障依然存在。初步判断故障不在 BMU 板上。从故障记录上发现,该机在频繁出现 908 号报警时,曾在 CRT 上偶尔出现过 081 号(ROM 故障)报警。因此,可采用调换 ROM 或 ROM 板的方法来排除故障疑点。将备用 ROM 电路板与原 ROM 板调换。调换之后,故障消除。

上述维修实例表明,开机自诊断可保证所检测重要部件的可靠性,一旦发生故障,数控系统会立即禁止机床运行,同时,也为维修人员排除一些疑难故障提供帮助。然而,目前数控系统的自诊断的功能尚存在着局限性,不可能将全部故障原因,准确定位到一个具体的模块上。因此,维修人员思路要开阔,不放过任一故障疑点,逐一排除,最终找出故障的真正原因。

2. 在线诊断(后台诊断)

CNC 机床的在线诊断是指 CNC 系统通过内装程序,在数控系统处于正常运行状态时,对 CNC 系统内部的各种状态以及与其相连的各执行部件进行自动诊断、检查。在线诊断包括 CNC 系统内部设置的自诊断功能和用户单独设计的对加工过程状态的监测与诊断功能,这些功能都是在机床正常运行过程中监视其运行状态的。只要数控系统不断电,在线诊断就一直进行而不停止。

另外,在线诊断采用监控的方式来提示报警,所以也称在线监控。它可分为 CNC 系统内部监控与外部设备监控两种诊断形式。

CNC 系统内部监控是通过 CNC 系统的内部程序,对每一部分的状态进行自动诊断、监视和检查的一种方法。在线监控的范围包括 CNC 系统本身,以及与 CNC 系统相连的伺服单元、伺服电动机、主轴伺服单元、主轴电动机、外部设备等。在线监控功能在 CNC 系统工作过程中始终生效。

数控系统内部监控包括接口信号显示、内部状态显示和故障显示三个方面的内容。

1) 接口信号显示

接口信号显示功能可以显示 CNC 和 PLC、CNC 和机床之间的全部接口信号的现行状态,表示输入/输出数字信号的通断情况,可以用来帮助分析故障。

在维修时,必须了解上述信号所代表的意义,以及信号产生、撤销应具备的各种条件后,才能进行相应的检查。数控系统生产厂家提供的"功能说明书"、"连接说明书"以及机床生产厂家提供的"机床电气原理图"是进行数控机床状态检查的技术指南。

2) 内部状态显示

一般来说,利用内部状态显示功能,可以显示以下几方面的内容。

(1) 显示造成循环指令(加工程序)不执行的外部原因。例如:CNC 系统是否处于"到位检查"中;是否处于"机床锁住"状态;是否处于"等待速度到达"信号接通;在使用主轴每转进给编程时,是否等待"位置编码器"的测量信号;进给速度倍率是否设定为 0% 等。

(2) 复位状态显示。显示数控系统是否处于"急停"状态或是"外部复位"信号接通状态。

(3) 存储器内容是否能被正常读取的显示。

(4) 负载电流的显示。

(5) 位置跟随误差的显示。

(6) 伺服驱动部分的控制信息显示。

(7) 编码器、光栅等位置检测元件的输入脉冲显示等。

3）故障信息显示

在数控系统中,故障信息一般以"报警显示"的形式在 CRT 上显示。报警显示的内容根据数控系统的不同有所区别。这些信息大都以"报警号"加文本形式出现,具体内容以及排除方法在数控系统生产厂家提供的"维修说明"中可以查阅。

外部设备监控是指采用计算机、PLC 编程器等设备,对数控机床的各部分的状态进行自动诊断、检查和监视的一种方法。如:通过计算机、PLC 编程器对 PLC 程序以梯形图或功能图的形式进行动态监测,它可以在机床生产厂家未提供 PLC 程序时,进行 PLC 程序的阅读、检查,从而加快数控机床的维修进度。此外,伺服驱动、主轴驱动系统的动态性能测试、动态波形显示等内容,通常也需要借助必要的在线监控设备进行。

随着计算机网络技术的发展,作为外部设备在线监控方式中的一种,以网络为媒介的远程诊断技术正在进一步普及、完善。通过网络,数控系统生产厂家可以直接对其生产的产品在现场的工作情况进行检测、监控,及时解决数控系统中出现的问题,并可为现场维修人员提供指导和帮助。

在线诊断一旦监视的信息超限,诊断系统就会通过显示器或指示灯等装置发出报警信号,提供报警号,并配以适当注释显示在屏幕上。维修人员可根据这些故障信息,经过分析,确认故障点并及时排除故障。

当然,实际诊断并不是那么容易的,因为系统所提供的报警信息,并非是惟一准确的,而仅仅是故障的可能原因,即仅仅提供了一些查找故障原因的线索。维修人员应结合机床结构,查阅机床维修手册,凭借自己的实践经验,注意排除故障假象,才能找出真正的故障所在。另外,故障现象与故障原因并非存在一一对应关系,往往一种故障所引发的现象是由几种原因引起的,或一种原因引起几种故障,即大部分故障是以综合形式出现的。

CNC 机床自诊断系统功能的强弱是评价一个 CNC 系统性能的一项重要指标。

各种 CNC 机床的自诊断功能报警号不尽完全相同,只能根据具体机床的使用说明书和维修手册进行分析、诊断。不过报警编号的分类方法大同小异,一般是按机床上各元器件的功能分别编号的。例如某型号的 CNC 系统的报警信号编组如下。

(1) 与 CNC 系统硬件(如存储器、伺服系统等)有关的报警编号为 1～99。

(2) 与机械控制有关的报警编号为 100～339。

(3) 与操作失误有关的报警编号为 400～499。

(4) 与外部通信对话有关的报警编号为 500～599。

(5) 与加工程序编制错误有关的报警编号为 600～699。

此外,还有可编程控制器故障,连接方面的故障,温度、压力、液压等不正常,行程开关(或接近开关)状态不正常等都应有对应的编号。在每一类报警范围内,又按故障分类报警,如过热报警类、数控系统故障报警类、存储器故障报警类、伺服系统报警类、行程开关报警类、印制线路板间的连接故障报警类、编程/设定错误报警类、无操作报警类等。

机床自诊断功能的故障报警显示给维修工作带来了极大的方便。故在使用和维修数控机床的过程中,一定要充分重视故障报警显示的状态信息,经分析后加一些必要的测试,最后找出真正的故障原因。

在维修时,要特别重视、注意保护系统软件及系统数据,特别是 CNC 与 PLC 中有关机床的数据、PLC 用户程序、报警文本等随机携带的 CNC 系统的关键技术资料,它们是用电池保存在 RAM 存储器中的。

例 1-2 配置某数控系统的卧式加工中心在工作过程中 Y、Z 轴突然不能动作,并发出 401 号报警,关机后再启动,还能继续工作,此后关机再启动也不起作用(即不动了)。

故障分析 401 号报警内容为 X、Y、Z 轴速度控制"READY"信号断开。据此检查 X、Y、Z 轴的速度控制单元板,发现 Y 轴速度控制单元板(A06B-6045-C001)的 TGLS 报警灯亮,说明是 Y 轴伺服系统的故障。提示可能原因有如下几个方面。

(1)印制电路板设定不合适。

(2)速度反馈电压没给或是断续给。

(3)伺服电动机动力电缆没有接到速度控制单元 T1 板的 5、6、7、8 端子上或动力电缆短路。

经检查,Y 轴伺服电动机因电刷损坏致使动力电缆烧断。更换电刷及电缆,故障排除。

维修实例表明,数控系统的自诊断功能在故障的诊断中起着十分重要的作用,它不但能保证系统的可靠运行,而且是维修人员排除故障的基本手段和方法。

3. 离线诊断

当 CNC 系统出现故障或要判断其是否真正有故障时,往往要停机检查,此时称为离线诊断(或脱机诊断)方法。采用这种方法的主要目的是最终查明故障和进行故障定位,力求把故障定位在尽可能小的范围内,如缩小到某一模块上,某块线路板上或线路板上的某部分电路,甚至某个芯片或元器件。这种诊断方法属于高层次诊断。

数控系统的离线诊断需要专用的诊断软件或专用的测试装置,因此,这种方法只能在数控系统的生产厂家或专门的维修部门使用。随着计算机技术的发展,现在 CNC 的离线诊断软件正在逐步与 CNC 控制软件一体化,有的数控系统已将"专家系统"引入到故障诊断。通过这样的软件,操作者只要在 CRT/MDI 上做一些简单的会话操作,即可诊断出 CNC 系统或机床的故障。例如,美国 A-B 公司 8200 系统在作离线诊断时,只需要把专用的诊断程序读入到 CNC,即可在运行中检查故障。有些数控系统将诊断程序与 CNC 控制程序一同存入 CNC 中,维修人员可随时用键盘调用诊断程序并使之运行,在 CRT 上观察诊断结果。离线诊断可以在现场、维修中心或 CNC 系统制造厂进行操作。

1.5.4　故障诊断与排除的基本方法

当数控机床出现报警、发生故障时,维修人员不要急于动手处理,而应多观察。维修前应遵循下述两条原则。一是充分调查故障现场,充分掌握故障信息,这是维修人员取得第一手材料的一个重要手段。在调查故障现场时,一方面要查看故障记录单,向操作者询问出现故障的全过程,详细了解曾发生过什么现象,采取过什么措施等。另一方面要亲自对现场做细致的勘查,从数控系统的外观到数控系统内部的各个印制线路板都应细心察看,看是否有异常之处。在确认数控系统通电无危险的情况下,方可通电,观察数控系统有何异常,CRT 显示哪些内容。二是认真分析故障的起因,确定检查的方法与步骤。目前所使用的各种数控系统,虽有多种报警指示灯或自诊断程序,但智能化的程度还不是很高(往往同一报警号可以有多种起因),不可能自动诊断出发生故障的确切部位。因此,在分析故障的起因时,一定要开阔思路。往往当数控自诊断出某一部分有故障时,究其起源,却不在数控系统本身,而是在机械部分。所以,分析故障时,无论是 CNC 系统、数控机床强电部分,还是机械系统、液(气)压系统等部分,只要有可能引起该故障的原因,都要尽可能全面地列出来,进行综合判断和筛选,然后通过必要的试验,达到确诊和最终排除故障的目的。

对于数控机床发生的大多数故障,总体上来说可采用下述几种方法来进行故障诊断和排除。

1. 直观法(常规检查法)

直观检查指依靠人的感觉器官并借助于一些简单的仪器来寻找机床故障的原因。这种方法在维修中是常用的,也是首先采用的。"先外后内"的维修原则要求维修人员在遇到故障是应先采取问、看、听、触、嗅等方法,由外向内逐一进行检查。有些故障采用这种方法可迅速找到故障原因,而采用其他方法要花费许多时间,甚至一时解决不了。

例 1-3　配置某系统的 TC1000 型加工中心,控制面板显示消失,经检查面板 MS401 板电源熔丝烧断,而其内部无短路现象,更换熔丝后,故障消失,显示恢复正常。

例 1-4　WY203 型自动换向数控组合机床,Z 轴一启动就出现跟随误差过大而报警停机。经检查发现位置控制环反馈元件光栅电缆由于运动中受力而拉伤断裂,造成丢失反馈信号所致。

例 1-5　TC1000 型加工中心,一启动就发生 114 号报警,经检查发现 Y 轴光栅适配器插头松脱。

例 1-6　TH6350 型加工中心在加工中突然停机,打开电器柜发现 Y 轴电动机主电路保险管烧坏,经检查与 Y 轴有关的元器件发现,Y 轴电动机动力线外表面被划伤,损伤处碰到机床外壳上造成短路而烧断熔丝。

(1)问。指向操作者了解机床开机是否正常,比较故障前后工件的精度和传动系统、走刀系统是否正常,出力是否均匀,吃刀量和走刀量是否减少,润滑油牌号、用量是否合适,机床何时进行过保养检修等内容。

(2)看。就是用肉眼仔细检查有无保险丝烧断、元器件烧焦、烟熏、开裂现象,有无断路现象,以此判断板内有无过流、过压、短路问题。看转速,观察主传动速度快慢的变化,主传动齿轮、飞轮是否跳、摆,传动轴是否弯曲、晃动等。

(3)听。利用人的听觉可探到数控机床因故障而产生的各种异常声响的声源,如电气部分常见的异常声响有:电源变压器、阻抗变换器与电抗器等因为铁心松动、锈蚀等原因引起的铁片振动的吱吱声;继电器、接触器等的磁回路间隙过大,短路环断裂、动静铁心或镶铁轴线偏差,线圈欠压运行等原因引起的电磁嗡嗡声或者触点接触不良的嗡嗡声,以及元器件因为过流或过压运行失常引起的击穿爆裂声。伺服电动机、气控器件或液控器件等发生的异常声响基本上和机械故障方面的异常声响相同,主要表现在机械的摩擦声、振动声与撞击声等。

(4)触,也称敲捏法。CNC 系统由多块线路板组成,板上有许多焊点,板与板之间或模块与模块之间又通过插件或电缆相连。所以,任何一处的虚焊或接触不良,就会成为产生故障的主要原因。在检查数控系统时,用绝缘物(一般为带橡皮头的小锤)轻轻敲打可疑部位(即认为虚焊或接触不良的插件板、组件、元器件等)。如果确实是因虚焊或接触不良而引起的故障,则该故障会重现,有些故障会在敲击后消失,则也可以认为敲击处或敲击作用力波及的范围为故障部位。同样,用手捏压组件、元器件时,如故障消失或故障出现,可以认为捏压处或捏压作用力波及范围为故障部位。

这种"触"的方法常用于检查因虚焊、虚接、碰线、多余物短路、多余物卡触点等原因引起的时好时坏的故障。在敲捏过程中,要实时地观察机床工作状况。在敲捏组件、元器件时,应一个人专门敲捏,另外的人负责观察故障是否消失或故障复现。如果一个人又敲捏、又判断故障现象,一心二用,可能会敲偏漏检。检查时,敲捏的力度要适当,并且应由弱到强,防止引入新的故障。

（5）嗅。在诊断电气设备或故障后产生特殊异味时采用此方法效果较好。因剧烈摩擦,电器元件绝缘处破损短路,使附着的油脂或其他可燃物质发生氧化蒸发或燃烧而产生的烟气、焦煳味,用此法往往可以迅速判断故障的类型和故障部位。

利用外观检查,可有针对性地检查疑似故障的元器件,判断明显的故障,如热继电器脱扣、熔断丝状况、线路板(损坏、断裂、过热等)、连接线路、更改的线路是否与原线路相符等,外观检查的同时,注意获取故障发生时的振动、声音、焦煳味、异常发热、冷却风扇运行是否正常等信息。这种检查很简单,但非常必要。

利用人体的视觉功能可观察到设备内部器件或外部连接的状态变化。如电气方面可观察线路元器件的连接是否松动,短线或铜箔断裂,继电器、接触器与各类开关的触点是否烧蚀或压力失常,发热元器件的表面是否过热变色,电解电容的表面是否膨胀变形,保护器件是否脱扣,耐压元器件是否有明显的电击点以及碳刷接触表面与接触压力是否正常等。另外,对开机发生的火花、亮点等异常现象更应再重点检查。在机械故障方面,主要观察传动链中的组件是否间隙过大,固定锁紧装置是否松动,工作台导轨面、滚珠丝杠、齿轮及传动轴等表面的润滑状况是否正常,以及是否有其他明显的碰撞、磨损与变形现象等。

在现场维修中,利用人的嗅觉功能和触觉功能可检查因过流、过载或超温引起的故障并可通过改变参数设置或 PLC 程序来解决。

例如,某龙门式加工中心在安装调试后不久,Z 轴运动时偶尔出现报警,实际位置与指令不一致。采用直观法发现,Z 轴编码器外壳因被撞而变形,故怀疑该编码器已损坏,调换一个新编码器后上述故障排除。

2. 系统自诊断法

充分利用数控系统的自诊断功能,根据 CRT 上显示的报警信息及各模块上的发光二极管等器件的指示,可判断出故障的大致起因。进一步利用数控系统的自诊断功能,还能显示数控系统与各部分之间的接口信号状态,找出故障的大致部位。它是故障诊断过程中最常用、有效的方法之一。

3. 拔出插入法

拔出插入法是通过相关的接头、插卡或插拔件拔出再插入这个过程,确定拔出插入的连接件是否为故障部位。有的本身就只是接插件接触不良而引起的故障,经过重新插入后,问题就解决了。

在应用拔出插入法时,需要特别注意的是,在插件板或组件拔出再插入的过程中,改变状态的部位可能不只是连接接口。因此,不能因为拔出插入后故障消失,就肯定是接口的接触不良,还存在内部的焊点虚焊恢复接触状态、内部的短路点恢复正常等可能性(虽然这种可能性很小)。

4. 参数检查法

数控系统的机床参数是经过理论计算并通过一系列试验、调整而获得的重要数据,是保证机床正常运行的前提条件,直接影响着数控机床的性能。

参数通常存放在数控系统的存储器(RAM)中,一旦电池电量不足或受到外界的干扰或数控系统长期不通电,可能导致部分参数的丢失或变化,使机床无法正常工作。通过核对、调整参数,有时可以迅速排除故障。特别是在数控机床长期不用的情况下,参数丢失的现象经常发生。因此,检查和恢复机床参数,是维修中行之有效的方法之一。另外,数控机床经过长期运行之后,由于机械运动部件磨损,电器元器件性能变化等原因,也需要对有关参数进行重新调整。

例 1-7　配置某系统的 XK715 型数控立铣床,开机后不久出现 403 伺服未准备好、420、421、422 号(X、Y、Z 各轴超速)报警。

故障分析　这种现象常与参数有关。检查参数后,发现数据混乱。将参数重新输入,上述报警消失。再对存储器重新分配后,机床恢复正常。

在排除某些故障时,对一些参数还需进行调整。因为有些参数(如各轴的漂移补偿值、螺距误差补偿值、KV 系统、反向间隙补偿值、定位允差等)虽安装调整过,但由于受加工的局限、加工要求或控制要求的改变,个别参数会有不适应的情况。同样,由于长时间的运行,机械传动部件会磨损,电器元件性能变化或调换零部件所引起的变化也需要对有关参数进行调整。

在参数调整、修改前,有的系统还要求输入保密参数值。如西门子公司的SINUMERIK 810、840、880 等数控系统应输入 11 号保密值。

5. 功能测试法

所谓功能测试法,是指通过功能测试程序检查机床的实际动作来判别故障的一种方法。可以对数控系统的功能(如直线定位,圆弧插补、螺纹切削、固定循环、用户宏程序等 G、M、S、T、F 功能)进行测试:用手工编程方法编制一个功能测试程序,并通过运行测试程序来检查机床执行这些功能的准确性和可靠性,进而判断出故障发生的原因。

这种方法常常应用于以下场合。

(1) 机床加工造成废品而一时无法确定是编程、操作不当,还是数控系统故障。

(2) 数控系统出现随机性故障,一时难以区别是外来干扰,还是数控系统稳定性不好。如不能可靠执行各加工指令,可连续循环执行功能测试程序来诊断系统的稳定性。

(3) 闲置时间较长的数控机床再投入使用时,或对数控机床进行定期检修时。

例 1-8　在配备 FANUC-7CM 数控系统的加工中心加工中,出现零件尺寸相差甚大,数控系统又无报警时,可使用功能程序测试法,将功能测试代输入数控系统空运行。测试过程如图 1-3 所示。

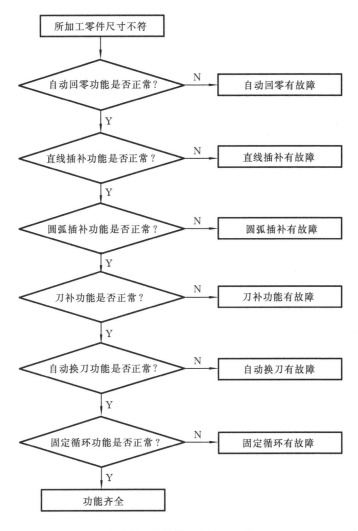

图 1-3 功能程序测试流程图

故障分析 当运行到含有 G01、G02、G03、G18、G19、G41 等指令的四角带圆弧的长方形典型程序时,发现机床运行轨迹与所要求的图形尺寸不符,从而确认机床刀补功能不良。该系统的刀补软件存放在 EPROM 芯片中,调换该集成电路后机床加工恢复正常。

6. 交换部件法(或称部件替换法)

现代数控系统大都采用了模块化设计,按功能不同划分为不同的模块。随着现代数控技术的发展,使用的集成电路的集成规模越来越大,技术也越来越复杂。按照常规的方法,很难将故障定位在一个很小的区域。在这种情况下,交换部件法也是在维修过程中最常用的故障判别方法之一。

所谓部件替换法,就是在大致确认了故障范围,并确认外部条件完全相符的情况下,利用装置上同样的印制电路板、模块、集成电路芯片或元器件来替换有疑点部分的方法。部件交换法简单、易行、可靠,能把故障范围缩小到相应的部件上。

在使用交换部件法时要注意以下几个方面。

(1)在备件交换之前,应仔细检查、确认部件的外部工作条件;在线路中存在短路、过电压等情况时,切不可以轻易更换备件。

(2)有些电路板,例如 PLC 的 I/O 板上有地址开关,交换时要相应改变设置值。

(3)有的电路板上有跳线及桥接调整电阻、电容,应调整到与原板相同时方可交换。

(4)模块的输入、输出必须相同。以驱动器为例,互换时型号要相同,若不同,则要考虑接口、功能的影响,避免故障扩大。

(5)备件(或交换板)应完好。

数控机床的进给模块、检测装置备有多套,当出现进给故障时,可以考虑采用模块互换的方法。

例 1-9 某数控车床,X 轴不动,其他功能正常。故障判断就可以采用交换法进行。X、Z 轴连接如图 1-4 所示。

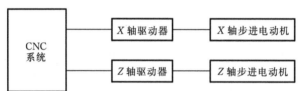

图 1-4 X、Z 轴连接示意图

故障分析 X 轴不能动,故障可能发生在数控系统、驱动器或电动机。将 X、Z 两轴步进电动机驱动电缆交换,发现 X 轴电动机正常,而 Z 轴电动机不动,说明原 X 轴电动机正常,数控系统到驱动器之间信号也正常。由此判断原 X 轴驱动器损坏。后经更换相同型号驱动器,故障排除。

交换部件法是电器修理中常用的一种方法,主要优点是简单和方便。在查找故障的过程中,如果对某部分有怀疑,只要有相同的替换件,换上后故障范围大都能分辨出来,所以,这种方法在电气维修中经常被采用。但是,如果使用不当,也会带来许多麻烦,造成人为的故障。因此,正确认识和掌握交换部件法的使用范围和操作方法,可提高维修工作效率和避免人为故障。

在电气修理中,采用交换部件法来检查判断故障时应注意其使用范围。对一些比较简单的电气元件,如接触器、继电器、开关、保护电气及其他各种单一电气元件,在对其有怀疑而一时又不能确定故障部位的情况下,使用"部件替换"法效果较好。对于由电子元件组成的各种电路板、控制器、功率放大器及所接的负载,替换时应小心谨慎。如果无现成的备件替换,需从相同的其他设备上拆卸时则应慎重从事,以防故障没找到,替换上的新部件又损坏,造成新的故障。

使用部件替换法应注意以下几个方面。

(1) 低压电器的替换应注意电压、电流和其他有关的技术参数,并尽量采用相同规格的替换。

(2) 如果没有相同的替换的电子元件,应采用技术参数相近的,而且主要参数最好能覆盖被替换的元件。

(3) 在拆卸时应做好记录,特别是接线较多的地方,应防止接线错误引起的人为故障。

(4) 在有反馈环节的线路中,更换时要注意信号的极性,以防反馈错误引起其他的故障。

(5) 在需要从其他设备上拆卸相同的备件替换时,要注意方法,不要在拆卸中造成被拆件的损坏。如果替换电路板,在新板换上前要检查一下使用的电压是否正常。

在确认对某一部分要进行替换前,应认真检查与其连接的有关线路和其他相关的电器。在确认无故障后才能将新的备件替换上去,防止外部故障损坏替换上去的部件。

此外,在交换 CNC 系统的存储器或 CPU 板时,通常还要对数控系统进行某些特定的操作,如存储器的初始化操作等,并重新设定各种参数,否则数控系统不能正常工作。这些操作步骤应严格按照数控系统的操作说明书、维修说明书进行。

7. 隔离法

当某些故障(如轴抖动、爬行等),因一时难以区分是数控部分,还是伺服系统或机械部分造成的,常采用隔离法来处理。隔离法将机电分离,数控系统与伺服系统分开,或将位置闭环分开做开环处理等。这样,将复杂的问题就化为简单的问题,就能较快地找出故障原因。

例 1-10 配置某系统的 JCS-018 立式加工中心,Z 轴忽然出现异常振动声,马上停机,将 Z 轴电动机与丝杠分开,试车时仍然振动,可见振动不是由机械传动机构的原因所造成。为区分是伺服单元故障,还是电动机的故障,采用了 Y 轴伺服单元控制 Z 轴电动机的方法,还是振动,所以初步可判断为 Z 轴电动机故障。更换后,故障排除。

8. 升降温法

当设备运行时间比较长或者环境温度比较高时,机床容易出现故障。这时可人为地(例如可用电热器或红外灯直接照射)将可疑的元器件温度升高(应注意器件的温度参数)或降低,加速一些温度特性较差的元器件产生"病症"或使"病症"消除来寻找故障原因。

例 1-11 配有某系统的一台 XK715 型数控立式铣床工作数小时后,液晶显示屏(LCD)中部逐渐变白,直至全部变暗,无显示。关机一定时间,再开机工作数小时后,又"旧病复发"。故障发生时机床其他部分工作正常,估计故障在 LCD 部分,且与温度有关。打开数控系统,故意将内部冷却风扇停转,使温度上升,发现开机后,马上就出现上述故障,可见,该显示器散热参数不符合条件。更换此 LCD 后,故障消除。

9. 电源拉偏法

电源拉偏法就是拉偏(升高或降低电压,但不能反极性)正常电源电压,制造异常状态,暴露故障或薄弱环节,便于查找故障或处于临界状态的组件、元器件位置。

电源拉偏法常用于工作较长时间才出现故障,或怀疑电网波动引起故障等场合。拉偏(升高或降低)正常电源电压,可能导致具有破坏性的结果,所以在使用拉偏法时要先分析整个数控系统是否有降额设计或保险系数,控制拉偏范围(为正常工作电压的 85%～120%),三思而后行。

10. 测量比较法(对比法)

为了调整、维修的便利,在数控系统的印制电路板上,通常都设置有检测用的端子。维修人员利用这些检测端子,可以测量、比较正常的印制电路板和有故障的印制电路板之间的电压或波形的差异,进而分析、判断故障原因及故障所在位置。有时,还可以将正常部分试验性地造成"故障"或报警(如断开连线、拔去组件),看其是否和相同部分产生的故障现象相似,以判断故障原因。

通过测量比较法,有时还可以纠正因在印制电路板上的调整、设定不当而造成的"故障"。

测量比较法使用的前提是维修人员应了解正确的印制电路板关键部位、易出故障部位的正常电压值、正确的波形,这样才能进行比较分析,而且这些数据应随时做好记录并作为资料积累。

例 1-12 某数控立铣床,Y 轴移动时出现振动,快速时尤为明显,甚至伴有大的冲击,而其他轴皆运行正常。将故障轴 Y 与正常轴 X 进行对比,用示波器观察低速时 X 轴和 Y 轴测速发电动机的输出,电压波形如图 1-5 所示。从图中可以看

正常轴(X 轴)

异常轴(Y 轴)

图 1-5 X、Y 轴测速波形

出，Y 轴测速发电动机输出的电压纹波明显大于 X 轴。拆开 Y 轴测速发电动机检查，发现其电枢被碳刷粉末污染。清除碳粉后再测其波形，纹波大为减小。移动 Y 轴，原抖动故障消除。

11. 原理分析法（逻辑线路追踪法）

原理分析法是排除故障的最基本方法之一。当其他检查方法难以奏效时，可从电路的基本原理出发，一步一步进行检查，最终查出故障原因。

所谓原理分析法，是指通过追踪与故障相关联的信号，从中找到故障单元，根据 CNC 系统原理图（即组成原理），从前往后或从后往前地检查有关信号的有无、性质、大小及不同运行方式的状态，并与正常情况比较，看有什么差异或是否符合逻辑关系。对于"串联"线路，当发生故障时，可依次、逐一地找到故障单元位置；对于两个相同的线路，可以对它们进行部分地交换试验，这种方法类似于把一个电动机从其电源上拆下，接到另一个电源上去试验电动机。类似地，也可以在这个电源上另接一个电动机试验电源，这样可以判断出电动机还是电源有问题。但是对数控机床来说，问题就没有这么简单。交换一个单元，一定要保证该单元所处大环节（即位置控制环）的完整性。否则闭环可能受到破坏，保护环节失效，积分调节器输入不平衡等。

硬接线（继电器-接触器）系统具有可见接线、接线端子、测试点等。当出现故障时，可用试电笔、万用表、示波器等简单测试工具测量电压、电流信号的大小、性质、变化状态，电路的短路、断路、电阻值变化等，从而判断出故障的原因。

以上这些检查方法各有特点，维修人员可以根据不同的故障现象加以灵活应用，逐步缩小故障范围，最终排除故障。

数控机床是机、电、液（气）、光等应用技术的结合，在诊断中应紧紧抓住微电子系统与机、液（气）、光等装置的结合点，这些结合点是信息传输的交点，了解此处信号的特征对故障诊断大有帮助，可以很快地初步判断故障发生的区段，如故障可能是在 CNC 系统、PLC、MT，还是液压等部分，以缩小检查范围。

1.6　数控机床维护

1.6.1　预防性维护方法的重要性

顾名思义，所谓预防性维护，就是要将有可能造成设备故障和出了故障后难以解决的因素排除在故障发生之前。

数控机床在运行一定时间之后，某些元器件或机械部件难免会出现一些损坏或故障现象，对这种高精度、高效益且又昂贵的设备，如何延长元器件的寿命和零部件的磨损周期,预防各种事故,特别是将恶性事故消灭在萌芽状态,从而提高系统的平均无故障工作时间和使用寿命,一个重要方面是要做好预防性维护。

数控机床通常是一个企业的关键设备,有时在运行中出现了一些不正常现象,如级别较低的报警,虽然不影响一时的运行,但如果怕停机影响生产,不及时进行维护和排除,而让其长时间"带病"工作,必然会造成"小病不治,大病吃苦"的后果。例如有些地区电网质量差,电压波动大,常造成数控系统跳闸,有些使用者对此现象并不重视,让数控系统继续在恶劣的供电环境中运行,最后造成了主要模块烧坏的严重后果。

总之,做好预防性维护工作是使用好数控机床的一个重要环节,数控机床维修人员、操作人员及管理人员应共同做好这项工作。

1.6.2　预防性维护工作的主要内容

对数控机床的维护要有科学的管理方法,要有计划、有目的地制定相应的规章制度。对维护过程中发现的故障隐患应及时加以清除,避免停机待修,以延长平均无故障工作时间,增加机床的开动率。数控系统的维护保养的具体内容,在随机的使用和维修手册中通常都做了规定。

维护从时间上来看,分为点检与日常维护。

1. 点检

1)点检的概念

所谓点检,就是按有关维护文件的规定,对数控机床进行定点、定时的检查和维护。从点检的要求和内容上看,点检可分为专职点检、日常点检和生产点检三个层次,图 1-6 所示为数控机床点检维修过程示意图。

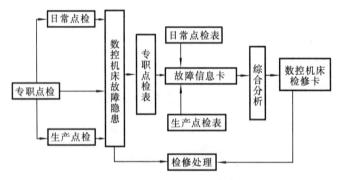

图 1-6　点检维修过程示意图

(1)专职点检。

专职点检人员负责对数控机床的关键部位和重要部位按周期进行重点检查、

设备状态检测与故障诊断,制定点检计划,做好诊断记录,分析维修结果,提出改善设备维护管理的建议。

（2）日常点检。

日常点检人员负责对机床的一般部位进行检查,处理和排除数控机床在运行过程中出现的故障。

（3）生产点检。

生产点检人员负责对生产运行中的数控机床进行检查,并负责润滑、紧固等工作。

2）点检管理

数控机床的点检管理一般包括下述几部分内容。

（1）安全保护装置。

① 开机前检查机床的各运动部件是否在停机位置。

② 检查机床的各保险及防护装置是否齐全。

③ 检查各旋钮、手柄是否在规定的位置。

④ 检查工装夹具的安装是否牢固可靠,有无松动、移位。

⑤ 刀具装夹是否可靠以及有无损坏,如砂轮有无裂缝。

⑥ 工件装夹是否稳定可靠。

（2）机械及气压、液压仪器仪表。

开机后先让机床低速运转3～5分钟,然后检查如下各项目。

① 主轴运转是否正常,有无异味、异声。

② 各轴向导轨是否正常,有无异常现象发生。

③ 各轴能否正常回归参考点。

④ 空气干燥装置中滤出的水分是否已经放出。

⑤ 气压、液压系统是否正常,仪表读数是否在正常值范围之内。

（3）电气防护装置。

① 各种电气开关、行程开关是否正常。

② 电动机运转是否正常,有无异声。

（4）加油润滑。

① 机床低速运转时,检查导轨的供油情况是否正常。

② 按要求的位置及规定的油号加注润滑油,注油后,将油盖盖好,然后检查油路是否畅通。

（5）清洁文明生产。

① 设备外观应无灰尘、无油污,呈现本色。

② 各润滑面无黑油、无锈蚀,应有洁净的油膜。

③ 丝杠应洁净、无黑油,亮泽有油膜。

④ 生产现场应保持整洁有序。

表 1-1 所示的为某加工中心的维护点检表。

表 1-1 某加工中心的维护点检表

序号	检查周期	检 查 部 位	检 查 要 求
1	每天	导轨润滑油箱	检查油标、油量,及时添加润滑油,确认润滑泵能否定时启动及停止
2	每天	X、Y、Z 轴向导轨面	清除切削物及脏物,检查润滑油是否充分,导轨面有无损坏
3	每天	压缩空气气源压力	检查气动控制系统压力是否在正常范围
4	每天	气源自动分水滤气器和自动空气干燥器	及时清理分水器中滤出的水分,保证自动空气干燥器工作正常
5	每天	气液转换器和增压器油面	发现油量不够时及时补足油
6	每天	主轴润滑恒温油箱	工作正常,油量充足并调节温度范围
7	每天	机床液压系统	油箱、液压泵无异常噪声,压力表指示正常,管路及各接头无泄漏,工作油面高度正常
8	每天	液压平衡系统	平衡压力表指示正常,快速移动时平衡阀工作正常
9	每天	CNC 的输入/输出单元	光电阅读机清洁,机械结构润滑良好
10	每天	各种电柜散热通风装置	各电柜冷却风扇工作正常,风道过滤网无堵塞
11	每天	各种防护装置	导轨、机床防护罩等应无松动、泄漏
12	每半年	滚珠丝杠	清洗丝杠上旧的润滑脂,涂上新油脂
13	每半年	液压油路	清洗溢流阀、减压阀、滤油器,清洗油箱箱底,更换或过滤液压油
14	每半年	主轴润滑恒温油箱	清洗过滤器,更换润滑油

序号	检查周期	检查部位	检查要求
15	每年	检查并更换直流伺服碳刷	检查换向器表面,吹净碳粉,去除毛刺,更换长度过短的电刷,并应磨合后才能使用
16	每年	润滑液压泵、滤油器清洗	清理润滑油池底,更换滤油器
17	不定期	检查各轴导轨上镶条、压滚轮松紧状态	按机床说明书调整
18	不定期	冷却水箱	检查液面高度,切削液太脏时需更换并清理水箱底部,经常清洗过滤器
19	不定期	排屑器	经常清理切屑,检查有无卡住等
20	不定期	清理废油池	及时抽走滤油池中废油,以免外溢
21	不定期	调整主轴驱动带松紧	按机床说明书调整

2. 数控系统日常维护

数控系统的维护保养的具体内容,在随机的使用和维修手册中通常都做了规定,现就共同性的问题做以下要求。

(1) 严格遵循操作规程。

数控系统编程、操作和维修人员都必须经过专门的技术培训,熟悉所用数控机床的机械部件、数控系统、强电装置、液压气动装置等部分的使用环境、加工条件等;能按数控机床和数控系统使用说明书的要求正确、合理地使用设备。应尽量避免因操作不当引起的故障。通常,在数控机床使用的第一年内,有 1/3 以上的故障是由于操作不当引起的。

按操作规程要求进行日常维护工作,有些部件需要天天清理,有些部件需要定时加油和定期更换。

(2) 对纸带阅读机或磁盘阅读机的定期维护。

纸带阅读机是老一代数控系统信息输入的一个重要部件,CNC 系统参数、零件程序等数据通过它输入到 CNC 系统的寄存器中。如果阅读机读带部分有污物,会使读入的纸带信息出现错误。所以操作者每天应对阅读头、纸带压板、纸带通道表面进行检查,用纱布蘸酒精擦净污物。对纸带阅读机的运动部分,如主动轮滚轴、导向滚轴、压紧滚轴等每周应定时清理;对导向滚轴、张紧臂滚轴等每半年一次加注润滑油。对于磁盘阅读机中的磁盘驱动器内的磁头应用专用清洗盘定期进行清洗。

（3）防止数控装置过热。

应定期清理数控装置的散热通风系统,应经常检查数控装置上各冷却风扇工作是否正常。应视车间环境状况,每半年或一个季度检查清扫一次。

环境温度过高常会使数控装置内温度超过 55 ℃以上。这在我国南方常会发生这种情况,安装空调装置之后,数控系统的可靠性有比较明显的提高。

（4）经常监视数控系统的电网电压。

通常数控系统允许的电网电压范围在额定值的＋10％～－15％之间,如果超出此范围,轻则使数控系统不能稳定工作,重则会造成重要的电子部件损坏。因此,要经常注意电网电压的波动。对于电网质量比较恶劣的地区,应及时配置数控系统专用的交流稳压电源装置,这将使故障率有比较明显的降低。

（5）防止尘埃进入数控装置内。

① 除了进行检修外,应尽量少开电气柜门。因为柜门常开易使空气中漂浮的灰尘和金属粉末落在印制电路板和电器接插件上,容易造成元件之间的绝缘电阻下降,从而出现故障甚至造成元件损坏。有些数控机床的主轴控制系统安置在强电柜中,强电柜门关得不严是使电器元件损坏、数控系统控制失灵的一个原因。

② 一些已受外部尘埃、油雾污染的电路板和接插件可采用专用电子清洁剂喷洗。

（6）存储器用电池要定期检查和更换。

通常,数控系统存储参数用的存储器采用 CMOS 器件,其存储的内容在数控系统断电期间靠支持电池供电保持。支持电池一般采用锂电池或可充电的镍镉电池,当电池电压下降至一定值时就会造成参数丢失。因此,要定期检查电池电压,当该电压下降至限定值或出现电池电压报警时,应及时更换电池。在一般情况下,即使电池尚未消耗完,也应每年更换一次,以确保数控系统能正常工作。

更换电池时一般要在数控系统通电状态下进行,这样才不会造成存储参数丢失。一旦参数丢失,在调换新电池后,须重新将参数输入。

（7）备用印制线路板的定期通电。

已经购置的备用印制线路板应定期装到 CNC 系统上通电运行。实践证明,印制线路板长期不用时易出故障。

（8）数控系统长期不用时的维护。

应注意数控机床不宜长期封存,购买的机床要尽快投入生产使用。数控机床闲置过长会使电子元器件受潮,加快其技术性能下降或损坏。所以,当数控机床长期闲置不用时,也应定期对数控系统进行维护保养,保证机床每周通电 1～2 次,每次运行 1 小时左右,以防止机床电器元件受潮,并能及时发现有无电池报警信号,避免系统软件参数丢失。

习题与思考题

1. 什么是数控技术和数控机床？
2. 数控系统由哪几部分组成？简述每部分的功能。
3. 叙述常见故障的分类方法。
4. 请简述故障排除的过程。
5. 请列举故障排除的原则。
6. 什么是 CNC 故障自诊断？简述这三套自诊断方法。
7. 列举出故障排除的基本方法。
8. 结合实际，请给某数控机床制定一份维护安排表。

第 2 章　数控机床安装、调试、检测与验收

　　数控机床的正确安装和调试是保证数控机床正常使用,充分发挥其效益的首要条件。数控机床是高精度的机床,安装和调试的失误,往往会造成数控机床精度的丧失,数控机床故障率的增加,因而要引起操作者高度重视。在进行数控机床机械故障的诊断与维护,特别是在加工过程中出现质量问题时,很大程度上就可能属于机床的精度故障,因此精度的检测也就显得十分重要。数控机床的精度一般包括机床的静态几何精度、动态的位置精度及加工时的工作精度。

　　本章首先介绍数控机床的安装与调试;然后介绍数控机床精度的检测与验收;最后介绍数控机床软件补偿原理。通过本章的学习,可以了解提高数控机床精度的有效办法,用较低精度的机床加工出较高精度的产品。

2.1　数控机床的安装

　　数控机床的安装就是按照安装的技术要求将机床固定在基础上,以具有确定的坐标位置和稳定的运行性能。

2.1.1　工作环境

　　良好的工作环境是提高数控机床可靠性的必要条件。

　　精密数控机床要求工作在恒温条件下,以保证机床的可靠运行,保持机床的精度与加工精度。普通数控机床虽不要求工作在恒温条件下,但是环境温度过高会导致机床故障率的增加,这是由于数控系统的电子元器件有工作温度的限制。例如,某些电子元器件的工作温度最高在 $40 \sim 45$ ℃,而当室温达到 35 ℃时,工作中的计算机数控装置(CNC)与电气柜内的温度可能达到 40 ℃,上述电子元器件可能不能正常工作。

　　数控机床对工作车间的洁净度亦有一定的要求。必须保持车间空气流通与干净。油雾和金属粉末会使电子元器件之间的绝缘电阻下降,甚至短路,造成系统故障、元器件损坏。

　　潮湿的环境会使数控机床的印刷电路板、元器件、接插件、电气柜、机械零部件等锈蚀,造成接触不良、控制失灵、机床的机械精度降低。

电网供电要满足数控机床正常运行所需总容量的要求,电压波动按我国标准不能超过+10%～-15%,否则会造成电子元器件的损坏。

为了安全和减少电磁干扰,数控机床要求良好的接地,接地电阻要小于4～7Ω。数控机床的CNC装置、伺服驱动系统虽进行了电磁兼容设计,但其抗干扰能力还是有限度的,强电磁干扰会导致数控系统失控,所以数控机床要远离焊机、大型吊车和产生强电磁干扰的设备。

2.1.2 数控机床的基础处理和落位

机床到货后应及时开箱检查,按照装箱单清点技术资料、零部件、备用件和工具等是否齐全、是否有缺损,核对实物与装箱单及订货合同是否一致。

仔细阅读机床资料中相关机床安装说明书,按照说明书或《动力机器基础设计规范》要求做好安装准备工作。在基础养护期满后,将调整机床水平用的垫铁、垫板等摆放到位,按机床吊装要求,将机床及部件吊装到位,同时将地脚螺栓放进预留孔内,并完成找平工作。应当按机床说明书要求做好相应的液、气准备工作,如液压油、润滑油、冷却液、空气站等的准备工作。

2.1.3 数控机床部件组装

机床落位后,应当由机床生产厂家人员进行机床部件的组装和数控系统的连接。

机床部件的组装是指将分解运输的机床重新组装成整机的过程。组装前应将所有连接面、导轨、定位和运动面上的防锈油清洁干净,并准确可靠地将各部件连接组装成整机。

在完成机床部件的组装后,按照相应部分说明书和电缆、管道接头的标记连接电缆、油管、气管和水管并将其可靠地插接和密封连接到位,不可出现漏油、漏气和漏水的问题,特别注意要避免污染物进入管路,否则将会带来意想不到的问题。总之,机床部件的组装要达到:定位精度高、连接可靠、构件布局合理的安装效果。

数控系统的连接是针对数控装置及其配套的进给和主轴伺服驱动单元进行的,主要包括外部电缆的连接和数控系统电源的连接。

在连接前要认真检查数控装置与MDI/CRT单元、位置显示单元、电源单元、各印刷电路板和伺服单元等。注意是否有损伤和污染,电缆和屏蔽层有无破损或伤痕,脉冲编码器的码盘是否有磕碰痕迹。如有问题应及时进行补救或更换。

数控系统的外部电缆的连接,包括数控装置与MDI/CRT单元、强电柜、操作面板、进给伺服电动机和主轴电动机动力线、反馈信号线的连接等。连接中的插件是否到位,紧固螺钉是否可靠,都应当引起重视。

数控机床要有良好的地线连接,保证设备、人身安全并减少电气干扰。数控柜与强电柜的接地线电缆截面积要求在5.5 mm²以上。伺服单元、伺服变压器和强电柜都要连接保护接地线。

数控系统电源线的连接,是指数控柜电源变压器输入电缆的连接。机床生产厂家为了适应各国不同的供电制式,一般都使数控系统的电源变压器有多个插头,要注意根据本地区供电的具体情况正确连接。

2.2　数控机床的调试

2.2.1　通电试车

数控机床通电试车调整包括粗调数控机床的主要几何精度与通电试运转,其目的是考核数控机床的基础及其安装的可靠性;考核数控机床的各机械传动、电气控制、数控机床的润滑、液压和气动系统是否正常可靠。通电试车前应擦除各导轨及滑动面上的防锈油,并涂上一层干净的润滑油。

数控机床通电试车前应检查以下内容。

(1)检查数控机床与电柜的外观。

数控机床与电柜外部是否有明显碰撞痕迹;显示器是否固定如初,有无碰撞;数控机床操作面板是否碰伤;电柜内部各插头是否松脱;紧固螺钉是否松脱;有无悬空未接的线。

(2)粗调数控机床的主要几何精度。

(3)进行安装前期工作后,再安装数控机床及机械部分。

厂家与用户商定确认电柜、吊挂放置位置以及现场布线方式后,确定数控机床外部线(即电柜至数控机床各部分电器连线;电柜至伺服电动机的电源线、编码器线等)的长度,然后开始进行布线、焊线、接线等安装前期工作。与此同时,可同步进行机械部分的安装(如伺服电动机的安装连接,各个坐标轴的限位开关的安装等)。

(4)通电调试。

① 检查 380 V 主电源进线电压是否符合要求(我国标准为 $380 \times (1+10\%) \sim 380 \times (1-15\%)$,即 418~323 V)后接入电柜。

② 通电检查系统是否正常启动,显示器是否显示正常,将各个轴的伺服电动机不联机械运行,检查其是否运行正常,有无跳动、飞车等异常现象。若无异常,电动机可与机械连接。

③ 检查床身各部分电器开关(包括限位开关、参考点开关、行程开关、无触点开关、油压开关、气压开关、液位开关等)的动作有效性,有无输入信号,输入点是否和原理图一致。

④ 根据丝杠螺距及机械齿轮传动比,设置好相应的轴参数。

松开急停,点动各坐标轴,检查机械运动的方向是否正确,若不正确,应修改轴参数。

以低速点动各坐标轴,使之去压其正、负限位开关,仔细观察是否能压到限位开关,若到位后压不到限位开关,应立即停止点动;若压到,则应观察轴是否立即自动停止移动,屏幕上是否显示正确的报警号,报警号不对应时调换正、负限位的线。

将工作方式选到"手摇"挡,正向旋转手摇脉冲发生器,观察轴移动方向是否为正向;若不对应,调换 A、B 两相的线。

将工作方式选到"回零"挡,令所选坐标轴执行回零操作,仔细观察轴是否能压到参考点开关;若到位后压不到开关,立即按下"急停"按钮;若压到,则应观察回零过程是否正确,参考点是否已找到。

找到参考点后再回到手动方式,点动坐标轴去压正、负限位开关,屏幕上显示的正负数值即为此坐标轴的正负行程,以此为基准减微小的裕量,即可作为正负软极限写入轴参数。按上述步骤依次调整各坐标轴。

回参考点后用手动检查正负软限位是否工作正常。

⑤ 用万用表的欧姆挡检查机床的辅助电动机,如冷却、液压、排屑等电动机的三相是否平衡,是否有缺相或短路,若正常可逐一控制各辅助电动机运行,确认电动机转向是否正确;若不正确,应调换电动机任意两相的接线。

⑥ 用万用表的欧姆挡检查电磁阀等执行器件的控制线圈是否有断路或短路以及控制线是否对地短路,然后依次控制各电磁阀动作,观察电磁阀是否动作正确;若不正确,应检查相应的线或修改 PLC 程序。启动液压装置,调整压力至正常,依次控制各阀动作,观察数控机床各部分动作是否正确到位,回答信号(通常为开关信号)是否反馈回 PLC。

⑦ 用万用表的欧姆挡检查主轴电动机的三相是否平衡,是否有缺相或短路;若正常可控制主轴旋转,检查其转向是否正确。有降压启动的,应检查是否有降压启动过程,星三角切换延时时间是否合适;有主轴调速装置或换挡装置的,应检查速度是否调整有效,各挡速度是否正确。

⑧ 涉及换刀等组合控制的数控机床应进行联调,观察整个控制过程是否正确。

(5)检查有无异常情况。

检查数控机床运转时是否有异常声音,主轴是否有跳动,各电动机是否有过热。

2.2.2 水平调整

一般数控机床的绝对水平调整在 0.04/1 000 mm 的范围之内。对于车床,除了水平和不扭曲达到要求外,还应进行导轨直线度的调整,确保导轨的直线度为凸的合格水平。对于铣床、加工中心机床,应确保运动水平(工作台导轨不扭曲)也在合格范围内。水平调整合格后,才可以进行机床的试运行。

2.3　数控机床的检测与验收

2.3.1　检测与验收的工具

对于数控机床几何精度的检测,主要用的工具有平尺、带锥柄的检验棒、顶尖、角尺、精密水平仪、百分表、千分表、杠杆表、磁力表座等;对于其位置精度的检测,主要用的是激光干涉仪及块规;对于其加工精度的检验,主要用的是千分尺及三坐标测量仪等。测试数控机床运行时的噪声可以用噪声仪,测试数控机床的温升可以用点温计或红外热像仪,测试数控机床外观用的主要用光电光泽度仪等。

2.3.2　噪声温升及外观的检测与验收

主要检测数控机床油漆的表面质量,包括油漆有无损伤、油漆色差、流挂及油漆的光泽度等,一般要求反光率不小于72%。启动数控机床,检查其运行的噪声情况,一般不允许超过83 dB。数控机床不得有渗油、渗水、渗气现象。检查主轴运行温度稳定后的温升情况,一般其温度最高不超过70 ℃,温升不超过32 ℃。

2.3.3　几何精度的检测与验收

数控机床种类繁多,对每一类数控机床都有其精度标准,应按照其精度标准检测验收。现以常用的数控车床、数控铣床为例,说明其几何精度的检测方法。

1. 数控车床几何精度的检测

根据数控车床的加工特点及使用范围,要求其加工的零件外圆圆度和圆柱度、加工平面的平面度在要求的公差范围内;对位置精度也要达到一定的精度等级,以保证被加工零件的尺寸精度和形状公差。因此,数控车床的每个部件均有相应的精度要求,CJK6032数控车床的具体精度要求见表2-1。

2. 数控铣床几何精度的检测

数控铣钻床ZJK7532A的三个基本直线运动轴构成了空间直角坐标系的三个坐标轴,因此三个坐标轴应该互相垂直。铣床几何精度均围绕着"垂直"和"平行"展开,其精度要求见表2-2。

3. 工作精度的验收

机床的质量好与坏,其最终的考核标准还是看该机床加工零件的质量如何,一般来讲,对于机床一般项精度与标准存在一定范围的偏差时,以该机床的加工精度为准。车床、铣床分别以数控车床CJK6032、数控铣钻床ZJK7532A为例进行说明,一般是对一个综合试件的加工质量进行评价,具体要求见表2-1、表2-2。

表2-1 几何精度检验项目及方法（CJK6032-1数控车床）

序号	简图	检验项目	检验工具	允差范围/mm	检验方法
G1	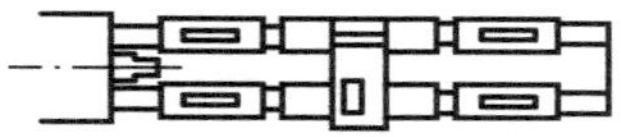	①纵向导轨调平后床身导轨在垂直平面内的直线度	精密水平仪	0.020（凸）	如图所示，水平仪沿 Z 轴向放在溜板上，根据参考文献 4 中直线度的角度值在各位置上检验，沿导轨全长等距离地在各位置上检验，记录水平仪读数，并用作图法计算出床身导轨在垂直平面内的直线度误差
G2	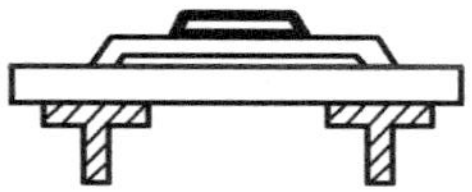	②横向导轨调平后床身导轨在水平面内的平行度	精密水平仪	0.04/1 000	如图所示，水平仪沿 X 轴向放在溜板上，记录水平仪读数，其读数的平行度最大差值即为床身导轨上导轨的平行度误差
	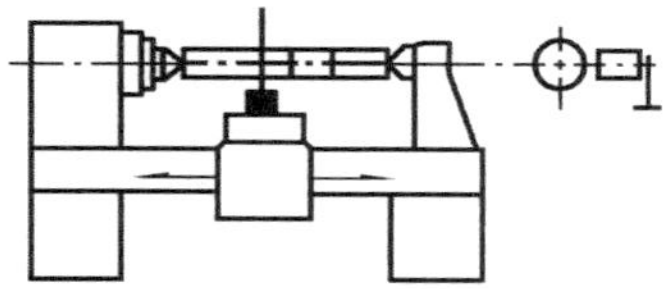	溜板移动在水平面内的直线度	指示器和检验棒，或指示器和平尺（$D_c \leqslant$ 2000 mm）	$D_c \leqslant 500$ 时，0.015；500 $< D_c \leqslant$ 1 000时，0.02	如图所示，将直检验棒顶顶在主轴和尾座顶尖上，检验棒长度最好等于机床最大顶尖距；再将指示器触母线，指示器水平触及检验棒母线，调整尾座，使指示器读数相等，根据参考文献 4 中直线度的平尺测量法检测溜板移动在水平面内的直线度误差

序号	简 图	检验项目	检验工具	允差范围/mm	检验方法
G3	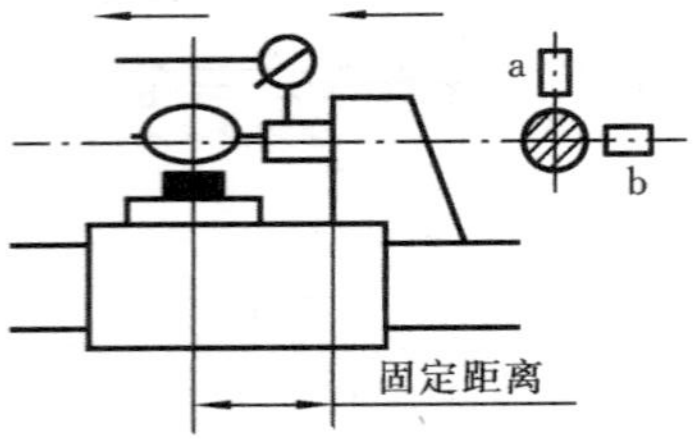 第二指示器用做基准，保持溜板和尾座的相对位置 固定距离 a b	① 垂直平面内尾座移动对溜板移动的平行度	指示器	$D_c \leqslant 1\,500$ 时为 0.03；在任意 500 mm 测量长度上为 0.02	如图所示，将尾座套筒伸出后，按正常工作状态锁紧，同时使尾座尽可能地靠近溜板，把安装在溜板上的第二指示器相对于尾座套筒的端面调整为零；溜板移动时也要手动移动尾座，使尾座和溜板相对距离始终保持不变。按此法使溜板和尾座全行程移动，只要第二指示器读数始终为零，则第一指示器相应指示出平行度误差。或沿行程每隔 300 mm 处记录第一指示器读数。指示器读数的最大差值即为平行度误差。第一指示器单独进行测量，误差单独计算
		② 水平平面内尾座移动对溜板移动的平行度			
G4	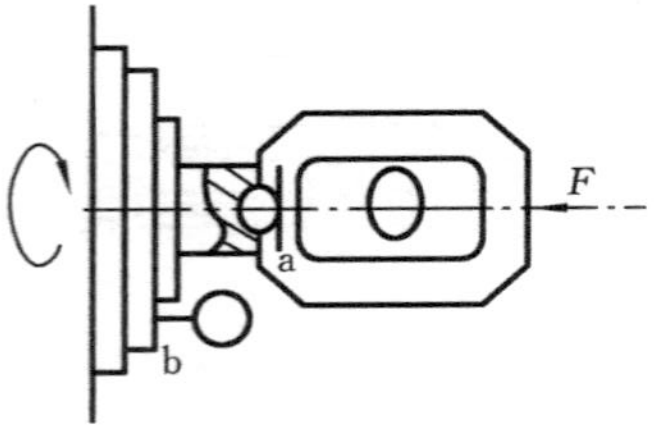 F a b	① 主轴的轴向窜动	指示器和专用装置	0.010（包括周期性的轴向窜动）	如图所示，用专用装置在主轴线上加力 F（F 的值为消除轴向间隙的最小值），然后使指示器测头安装在机床固定部件上，分别触及用装置安装的钢球和主轴轴肩支承面，旋转主轴，指示器测得的最大读数即主轴和主轴轴肩支承面的跳动误差
		② 主轴轴肩支承面的跳动		0.020（包括周期性的轴向窜动）	

序号	简 图	检验项目	检验工具	允差范围/mm	检验方法
G5	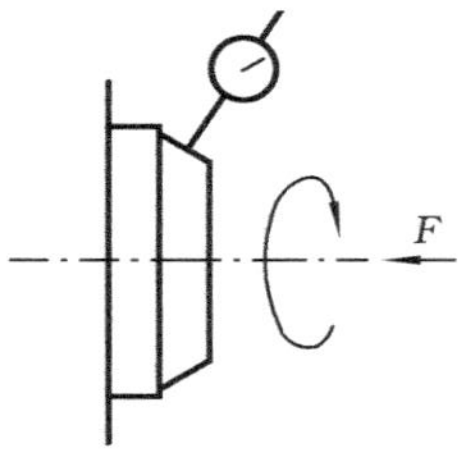	主轴定心轴颈的径向跳动	指示器和专用装置	0.01	如图所示，用专用装置在主轴间隙部件上，用专用装置在主轴轴线上加力 F（F 的值为消除轴向间隙的最小值），把指示器安装在机床固定部件上，使指示器测头垂直于主轴定心轴颈并触及轴颈，旋转主轴，指示器最大读数差值即为主轴定心轴颈的径向跳动误差
G6	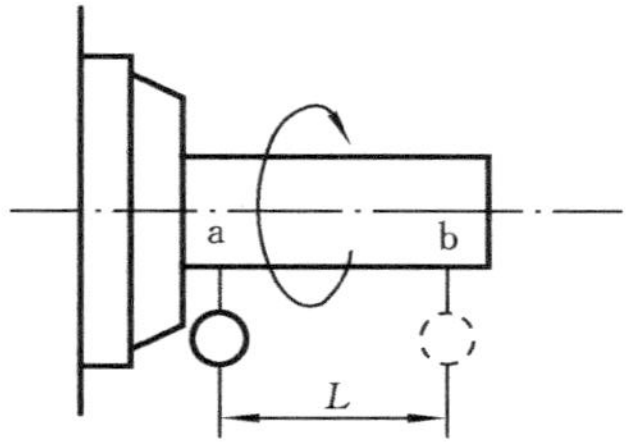	①靠近主轴端面主轴锥孔轴线的径向跳动	指示器和检验棒	0.01	如图所示，将检验棒插在主轴锥孔内，把指示器安装在机床固定部件上，使指示器测头垂直触及被测表面，在 a,b 处分别测量。记录指示器的最大读数差值。标记检验棒与主轴方向的相对位置，取下检验棒，同向旋转检验棒 90°,180°,270° 后重新插入主轴锥孔，在每个位置分别检测。取 4 次检测的平均值即为主轴锥孔轴线的径向跳动误差
		②距主轴端面 L（$L=300$ mm）处主轴锥孔轴线的径向跳动		0.02	

序号	简 图	检验项目	检验工具	允差范围/mm	检 验 方 法
G7	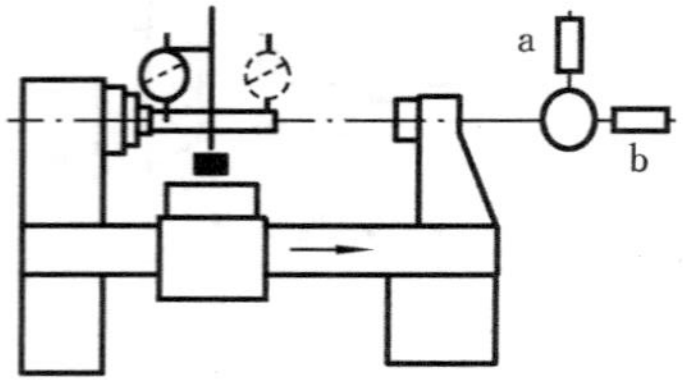	① 垂直平面内溜板移动对主轴轴线的平行度	指示器和检验棒	0.02/300（只许向上偏）	如图所示,将检验棒插在主轴锥孔内,把指示器安装在溜板(或刀架)上,然后:① 使指示器测头在垂直平面内垂直触及被测表面(检验棒),移动溜板,记录指示器的最大读数值及移动方向;旋转主轴180°,重复测量一次,取两次读数的算术平均值作为在垂直平面内主轴轴线对溜板移动的平行度误差;② 使指示器测头在水平平面内垂直触及被测表面(检验棒),按上述①的方法重复测量一次,即得水平平面内主轴轴线对溜板移动的平行度误差
		② 水平平面内溜板移动对主轴轴线的平行度		0.02/300（只许向前偏）	
G8	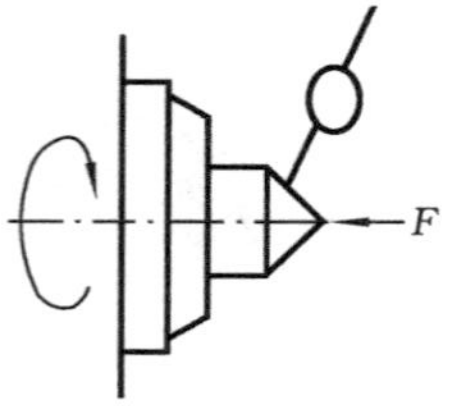	主轴顶尖的跳动	指示器和专用顶尖	0.015	如图所示,将专用顶尖插在主轴锥孔内,用专用装置在主轴轴线上加力(力为F)的值为消除轴向间隙的最小值;把指示器安装在机床固定部件上,使指示器测头垂直触及被测表面,旋转主轴,记录指示器的最大读数差值

序号	简 图	检验项目	检验工具	允差范围/mm	检 验 方 法
G9	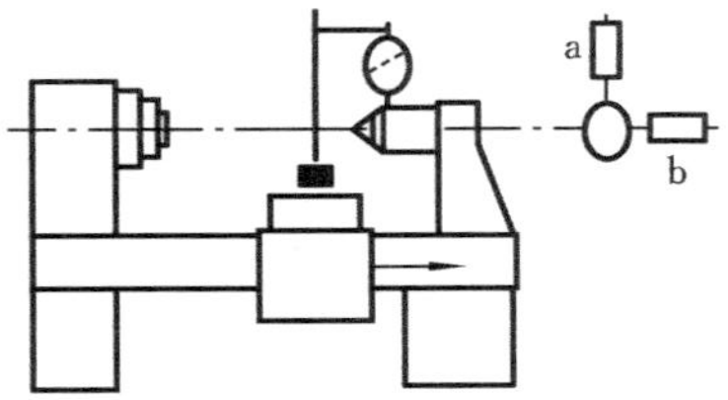	① 垂直平面内尾座套筒轴线对溜板移动的平行度 ② 水平平面内尾座套筒轴线对溜板移动的平行度	指示器	0.015/100 (只许向上偏) 0.01/100 (只许向前偏)	如图所示,将尾座套筒伸出有效长度后,按正常工作状态锁紧。指示器安装在溜板(或刀架)上,然后:① 使指示器测头在垂直平面内触及被测表面(尾座套筒),移动溜板,记录指示器的最大读数数值及方向;即得垂直平面内尾座套筒轴线对溜板移动的平行度误差;② 使指示器测头在水平平面内触及被测表面(尾座套筒),按上述①的方法重复测量一次,即得在水平平面内尾座套筒轴线对溜板移动的平行度误差
G10		① 垂直平面内尾座套筒锥孔轴线对溜板移动的平行度 ② 水平平面内尾座套筒锥孔轴线对溜板移动的平行度	指示器和检验棒	0.03/300 (只许向上偏) 0.03/300 (只许向前偏)	如图所示,尾座套筒不伸出并按正常工作状态锁紧;将检验棒插在尾座套筒锥孔内,指示器安装在溜板(或刀架)上,然后:① 把指示器测头在垂直平面内触及被测表面的最大读数值及方向,记录指示器(尾座套筒),移动溜板,记录指示器的最大读数值及方向;取下检验棒,旋转检验棒180°后重新插入尾座套筒锥孔,重复测量一次,取两次读数的算术平均值作为在垂直平面内尾座套筒锥孔轴线对溜板移动的平行度误差;② 把指示器测头在水平平面内垂直触及被测表面,按上述①的方法重复测量一次,即得在水平平面内尾座套筒锥孔轴线对溜板移动的平行度误差

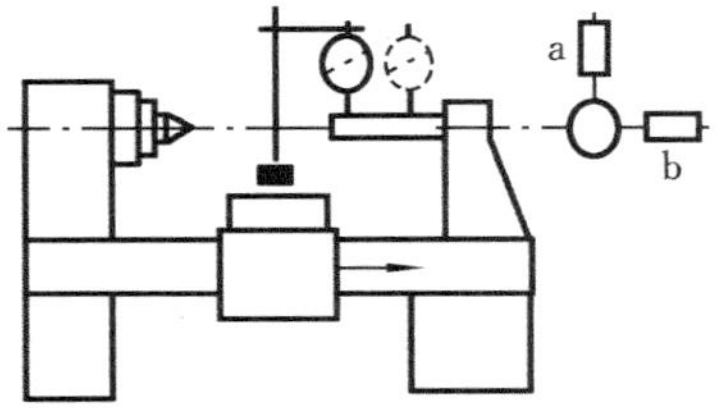

续表

序号	简图	检验项目	检验工具	允差范围/mm	检验方法
G11	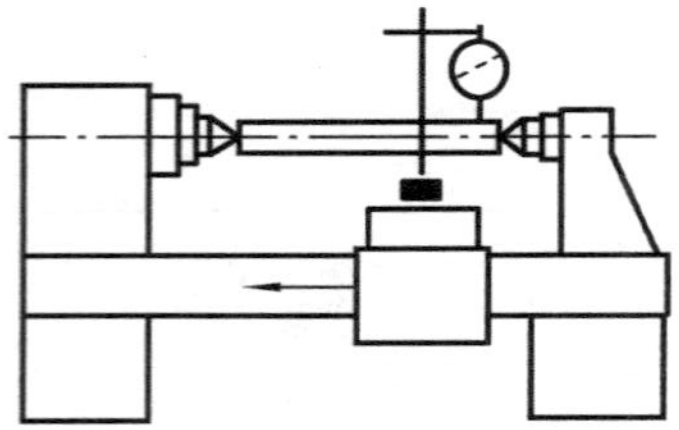	床头和尾座两顶尖的等高度	指示器和检验棒	0.04 （只许尾座高）	如图所示，将检验棒顶在床头和尾座两顶尖上，把指示器安装在溜板（或刀架）上，使指示器测头在垂直平面内垂直触及被测表面（检验棒），然后移动溜板至行程两端，移动小拖板（X 轴），记录指示器在行程两端的最大读数值的差值，即为床头和尾座两顶尖的等高度。测量时注意方向
G12	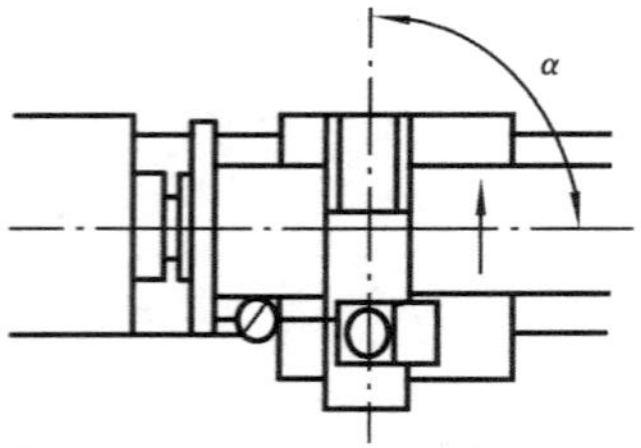	横刀架横向移动对主轴轴线的垂直度	指示器和圆盘或平尺	0.02/300 （$\alpha>90°$）	如图所示，将圆盘安装在主轴锥孔内，指示器安装在刀架上，使指示器测头在水平平面内垂直触及被测表面（圆盘），再沿 X 轴向移动刀架，记录指示器的最大读数差值及方向；将圆盘旋转 180°，重新测量一次，取两次读数的算术平均值作为横刀架横向移动对主轴轴线的垂直度误差
G18	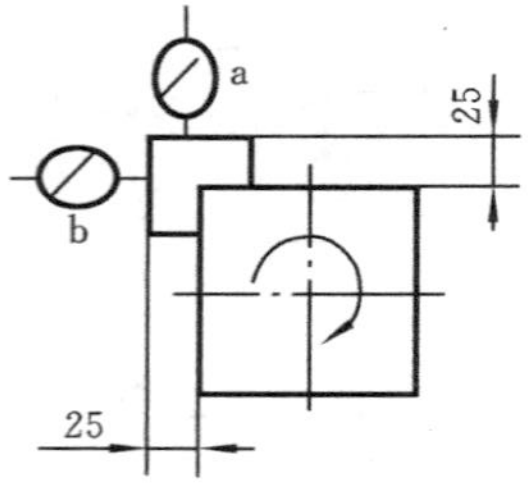	① X 轴方向回转刀架转位的重复定位精度	指示器和检验棒（或检具）	0.005	如图所示，把指示器安装在机床固定部件上，使指示器测头垂直触及被测表面（检具），在回转刀架的中心行程处记录读数，用自动循环程序使刀架退回，转位 360°，最后返回原来的位置，记录新的读数。误差以回转刀架至少回转三周的最大和最小读数差值计。对回转刀架的每一个位置都应重复进行检验，并对每一个位置指示器都应调到零
		② Z 轴方向回转刀架转位的重复定位精度		0.01	

序号	简 图	检验项目	检验工具	允差范围/mm	检验方法
G19	$i=1,2,\cdots,m$; $j=1$, $j=2$, $\cdots$, $j=n$	① Z轴重复定位精度(R)	激光干涉仪(或读数显微镜,或用检具)	0.02	检验方法参照参考文献4中的"实验三十三数控机床位置精度的测试与补偿"
		② Z轴反向差值(B)		0.02	
		③ Z轴定位精度(A)		0.04	
		④ X轴重复定位精度(R)		0.02	
		⑤ X轴反向差值(B)		0.013	
		⑥ X轴定位精度(A)		0.03	
P1		① 精车圆柱试件的圆度(靠近的检验的半径变化)	圆度仪或千分尺	0.005	精车试件(试件材料为45钢,正火处理,刀具材料为YT30)外圆D,用千分尺测量靠近主轴端的检验试件的半径变化,取半径变化最大值作为圆度误差;用千分尺测量每一环带直径之间的变化,取最大差值作为该项误差
		② 切削加工一致性(检验零件的每一个环带直径之间的变化)		300 mm长度上为0.03	

序号	简 图	检验项目	检验工具	允差范围/mm	检 验 方 法
P2	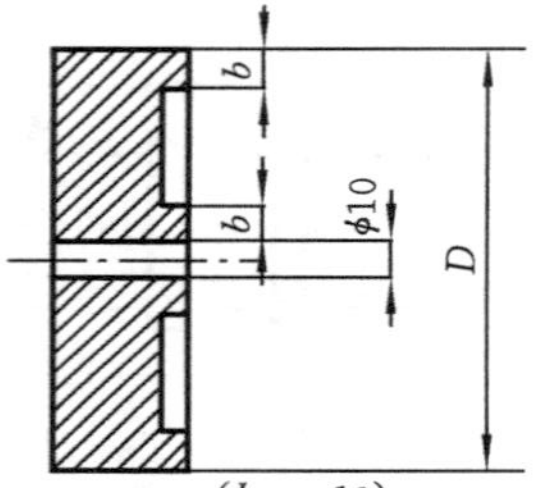 ($b_{min}=10$)	精车端面的平面度	平尺和量块（或指示器）	$\phi300$ mm 上为 0.025（只许回）	精车试件端面（试件材料：HT150,180～200 HB，外形如图；刀具材料：YG8），使刀尖回到车削起点位置，把指示器安装在刀架上，指示器测头在水平面内垂直触及圆盘中间，沿负 X 轴向移动刀架，记录指示器的读数及方向；用终点读数减起点读数时读数以 2 即为精车端面的平面度误差；数值为正，则平面是凹的
P3	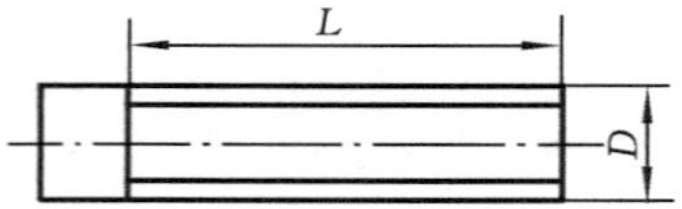	螺距精度	丝杠螺距测量工具或显微镜	任意 50 mm 测量长度上为 0.025	可取外径为 50 mm，长度为 75 mm，螺距为 3 mm 的丝杠作为试件进行检测（加工完成后的试件应充分冷却）
P4	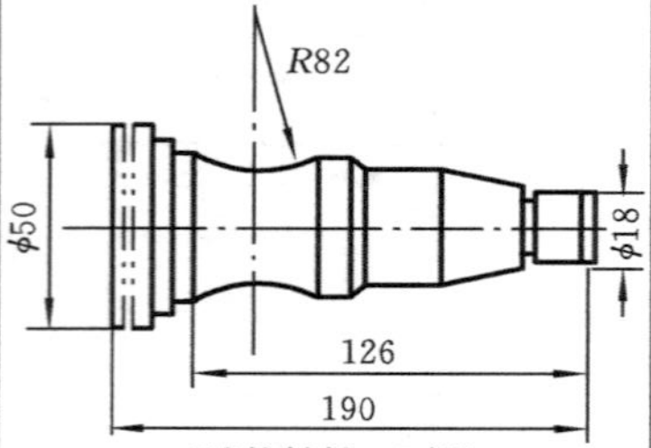 （试件材料：45 钢）	① 精车圆柱形零件的直径尺寸精度（直径尺寸差） ② 精车圆柱形零件的长度尺寸精度	杠杆卡规和测高仪（或其他测量仪）	±0.025 ±0.035	用程序控制加工圆柱形零件（零件轮廓用一把刀精车而成），测量其实际轮廓与理论轮廓的偏差

注：表中检测方法参照铣钻床精度（JB/T7421.1—1994）和机床检验通则（GB/T17421.1—1998）。

表 2-2　几何精度检验项目及方法(ZJK7532A-2 数控铣钻床)

序号	简　　图	检验项目	允差范围/mm	检验工具	检 验 方 法
G0	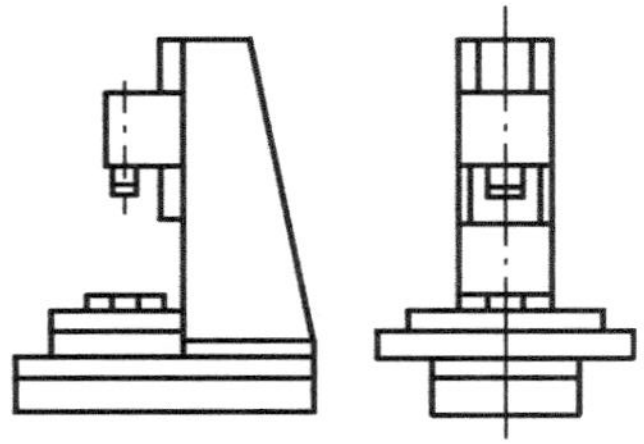	机床调平	0.06/1 000	精密水平仪	将工作台置于导轨行程中间位置,将两个水平仪分别沿 X 和 Y 坐标轴置于工作台中央,调整机床垫铁高度,使水平仪水泡处于读数中间位置;分别沿 Y 和 X 坐标轴全行程移动工作台,观察水平仪读数的变化,调整机床垫铁高度,使工作台沿 Y 和 X 坐标轴全行程移动时水平仪读数的变化范围小于 2 格,且读数处于中间位置即可
G1	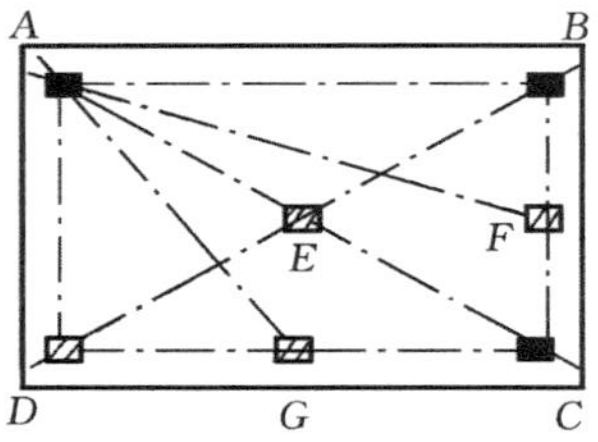	工作台面的平面度	0.08/全长	指示器,平尺,可调量块,等高块,精密水平仪	参照参考文献 4 中用平尺测量平面度的方法检测工作台面的平面度误差
G2	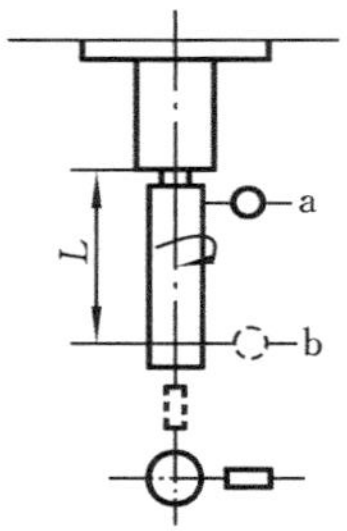	① 靠近主轴端部主轴锥孔轴线的径向跳动	0.01	检验棒,指示器	如图所示,将检验棒插在主轴锥孔内,指示器安装在机床固定部件上,指示器测头垂直触及被测表面,旋转主轴,记录指示器的最大读数差值,在 a、b 处分别测量。标记检验棒与主轴的圆周方向的相对位置,取下检验棒,同向分别旋转检验棒 90°、180°、270°后重新插入主轴锥孔,在每个位置分别检测。取 4 次检测的平均值为主轴锥孔轴线的径向跳动误差
		② 距主轴端部 L($L=100$)处主轴锥孔轴线的径向跳动	0.02		

续表

序号	简图	检验项目	允差范围/mm	检验工具	检验方法
G3	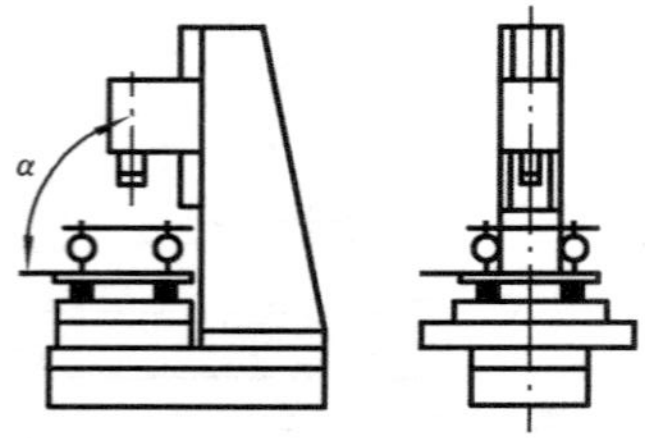	① Y-Z 平面内主轴轴线对工作台面的垂直度	0.05/300 ($\alpha\leqslant 90^\circ$)	平尺，可调量块，指示器，专用表架	参照参考文献 4 中平面对直线垂直度的测量方法检测主轴轴线对工作台面的垂直度误差
		② X-Z 平面内主轴轴线对工作台面的垂直度			
G4	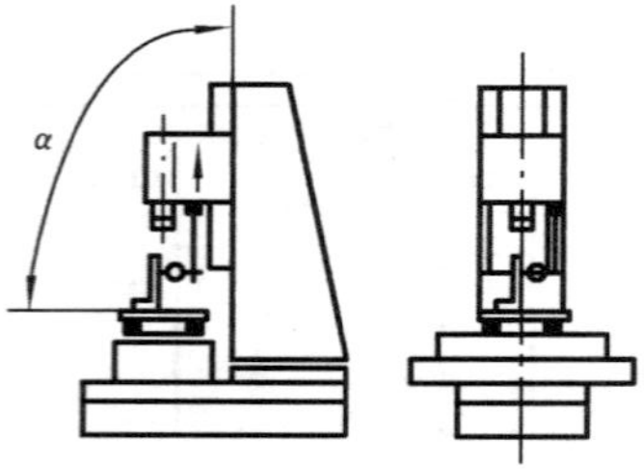	① Y-Z 平面内主轴箱垂直移动对工作台面的垂直度	0.05/300 ($\alpha\leqslant 90^\circ$)	等高块，平尺，角尺，指示器	参照参考文献 4 中互成 90°的两平面的垂直度的测量方法。如图所示，将等高块沿 Y 轴向放在工作台上，平尺置于等高块上，将角尺置于平尺上(在 Y-Z 平面内)，指示器固定在主轴箱上，指示器测头垂直触及角尺，移动主轴箱，记录指示器读数及方向，其读数最大差值即为在 Y-Z 平面内主轴箱垂直移动对工作台面的垂直度误差；同理，将等高块、平尺、角尺置于 X-Z 平面内重新测量一次，指示器读数最大差值即为在 Y-Z 平面内主轴箱垂直移动对工作台面的垂直度误差
		② X-Z 平面内主轴箱垂直移动对工作台面的垂直度	0.05/300		

续表

序号	简 图	检验项目	允差范围/mm	检验工具	检验方法
G5	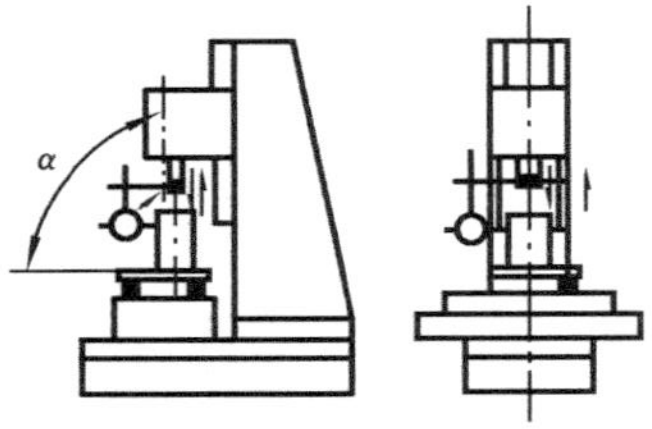	① Y-Z 平面内主轴套垂直筒移动对工作台面的垂直度	0.05/300 (α≤90°)	等高块、平尺、角尺、指示器	参照参考文献 4 中互成 90°的两平面的垂直度的测量方法。如图所示,将等高块沿 Y 轴向放在工作台上,平尺置于等高块上,将圆柱角尺置于平尺上,并调整角尺位置使角尺轴线与主轴线同轴;指示器固定在主轴上,指示器测头在 Y-Z 平面内垂直触主轴,移动主轴,记录指示器读数及角尺,数最大差值即为在 Y-Z 平面内主轴垂直移动对工作台面的垂直度误差;同理,指示器测头在 X-Z 平面内垂直触主轴,重新测量一次,指示器垂直移动对工作台面内的垂直度误差最大差值为在 X-Z 平面内主轴垂直移动对工作台面内的垂直度误差
		② X-Z 平面内主轴套垂直移动对工作台面的垂直度	0.05/300		
G6	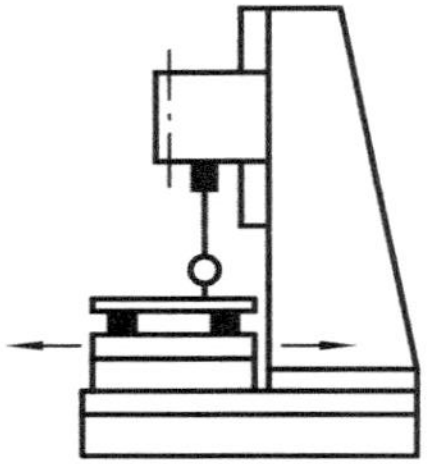	① 工作台 X 坐标轴方向移动对工作台面的平行度	0.056/全长	等高块、平尺、指示器	如图所示,将等高块沿 Y 轴向放在工作台上,平尺置于等高块上,把指示器固定在主轴箱上,使指示器测头垂直触及平尺,Y 轴向移动工作台,记录指示器读数,其读数最大差值即为工作台沿 Y 轴向移动对工作台面的平行度;将等高块沿 X 轴向放在工作台上,X 轴向移动工作台,重复测量一次,其读数最大差值即为工作台沿 X 轴向移动对工作台面的平行度
		② 工作台 Y 坐标轴方向移动对工作台面的平行度	0.04/全长		

序号	简　　图	检验项目	允差范围/mm	检验工具	检验方法
G7	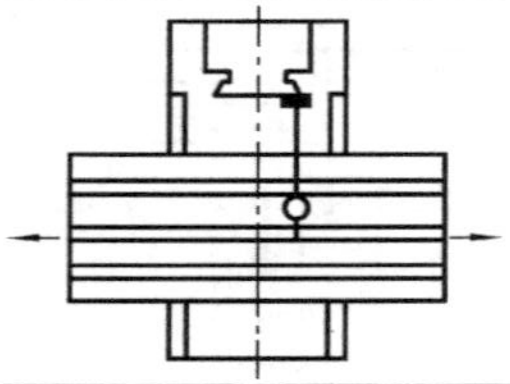	工作台沿 X 坐标轴方向移动对工作台面基准（T 形槽）的平行度	0.03/500	指示器，表架	如图所示，把指示器固定在主轴箱上，使指示器测头垂直触及基准（T 形槽），X 轴向移动工作台，记录指示器读数，其读数最大差值即为工作台沿 X 坐标轴方向移动对工作台面基准（T 形槽）的平行度误差
G8	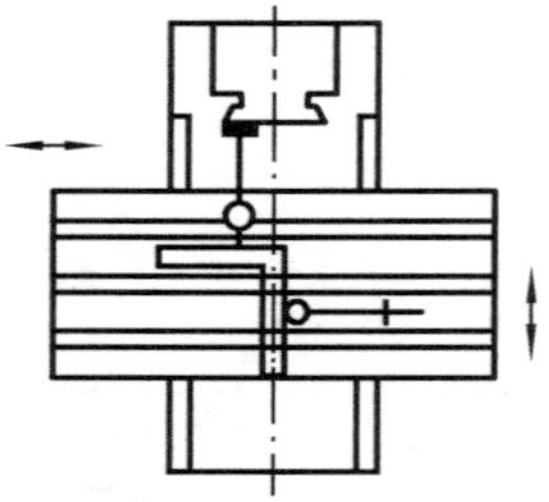	工作台 X 坐标轴方向移动对 Y 坐标轴方向移动的工作垂直度	0.04/500	角尺，指示器	如图所示，工作台处于行程中间位置，将角尺置于工作台上，把指示器固定在主轴箱上，使指示器测头垂直触及角尺（Y 轴向），Y 轴向移动工作台，调整角尺位置，使角尺的一个边与 Y 轴轴线平行，再将指示器测头垂直触及角尺另一边（X 轴向），X 轴向移动工作台，记录指示器读数，其读数最大差值即为工作台 X 坐标轴方向移动对 Y 坐标轴方向移动的工作垂直度误差
G9	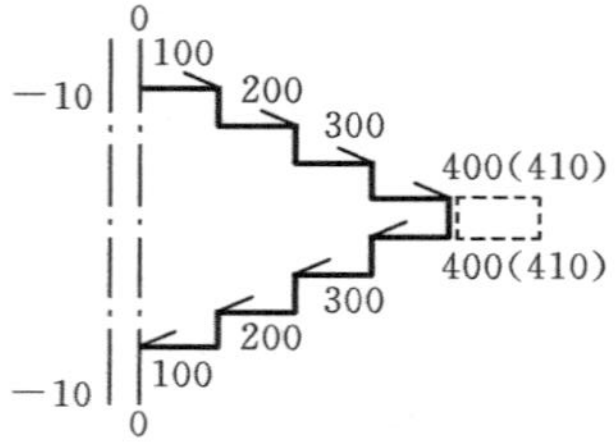	① X 坐标轴直线运动的定位精度（A）	0.06	激光干涉仪（或专用检具）	检验方法参照参考文献 4 中“实验三十三　数控机床位置精度的测试与补偿”
		② X 坐标轴直线运动的重复定位精度（R）	0.03		
		③ X 坐标轴直线运动的反向差值（B）	0.03		

续表

序号	简图	检验项目	允差范围/mm	检验工具	检验方法
G10	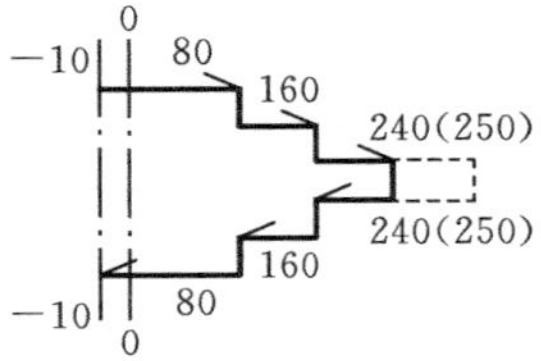 0 80 160 240(250) -10	① Y 坐标轴直线运动的定位精度(A)	0.06	激光干涉仪(或专用检具)	检验方法参照参考文献 4 中的"实验三十三"数控机床位置精度的测试与补偿
		② Y 坐标轴直线运动的重复定位精度(R)	0.03		
		③ Y 坐标轴直线运动的反向差值(B)	0.03		
G11	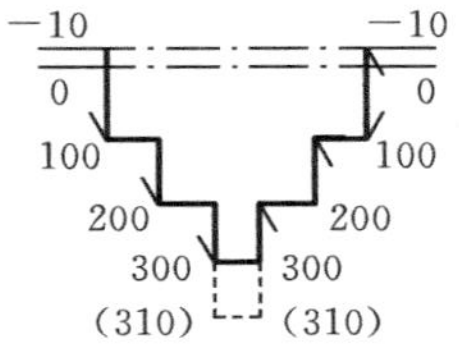 -10 0 100 200 300 (310)	① Z 坐标轴直线运动的定位精度(A)	0.06	激光干涉仪(或专用检具)	检验方法参照参考文献 4 中的"实验三十三"数控机床位置精度的测试与补偿
		② Z 坐标轴直线运动的重复定位精度(R)	0.03		
		③ Z 坐标轴直线运动的反向差值(B)	0.03		

· 59 ·

序号	简 图	检验项目	允差范围/mm	检验工具	检验方法
P1	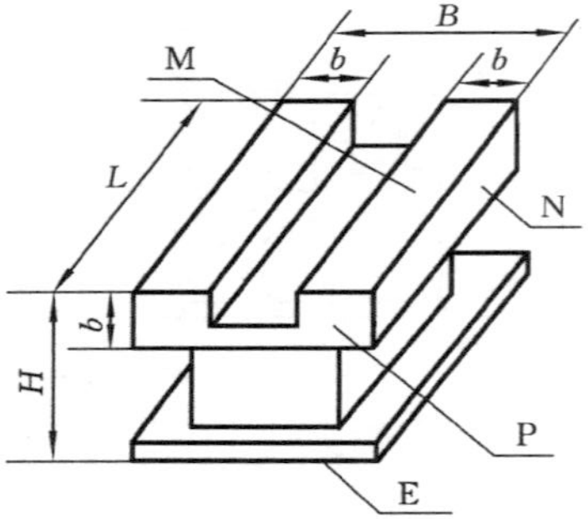 横向和纵向移动工作台进行 M,N,P 面铣削。其中,试件尺寸(整体式):L=(1/3~1/2)纵向行程,B≥L/3,H≥L/3,b≥16 mm。材料:HT150	① M 面平面度	0.025	平尺、块规	M 面平面度的检测参照参考文献 4 中用平尺测量平面度的方法检测工作台面的平面度误差
		② M 面对加工基面 E 的平行度	0.030	千分尺、角尺	M 面与加工基面的平行度的检测参考文献 4 中的"平尺和指示器法"
		③ N 面对 M 面的垂直度 ④ P 面对 M 面的垂直度 ⑤ N 面对 P 面的垂直度	0.030/50	角尺、块规、平板	垂直度的检测参照参考文献 4 中互成 90° 的两平面的垂直度的测量方法
P2①	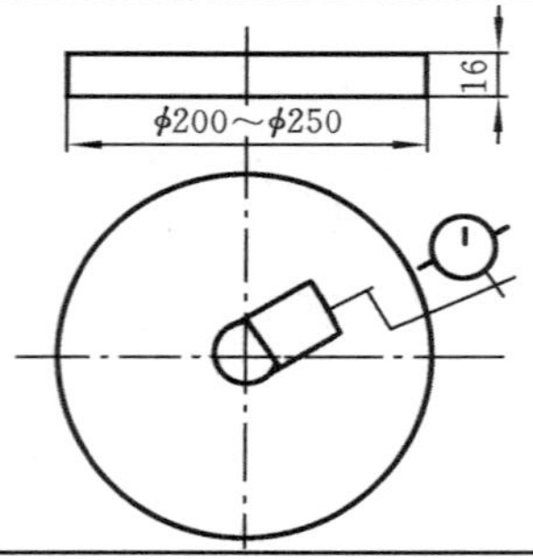 $\phi 200 \sim \phi 250$ 16	圆度	0.04	指示器、专用检具(或圆度仪)	在对试件的圆度进行检测前,要先用 X,Y 坐标轴的圆弧插补程序对圆周进行精铣(刀具:$\phi 25$ 棒铣刀),并检测其粗糙度。如图所示,将指示器固定在主轴上,使指示器测头垂直触及加工后的外圆面,转动主轴,微调工件的位置,使主轴轴线与工件圆心同轴,记录指示器读数,其最大差值即为圆度误差

注:表中检测方法参照简易数控机床精度标准(JB/T8324.1—1996)和机床检验通则(GB/T7421.1—1998)。

① 在对有关检测项目进行检测前,先要用自动程序分别沿 X,Y 轴向对 M,N,P 面进行精铣。接刀处重叠约 5~10 mm;然后分别沿 X 轴向对 E 面进行精铣,沿 Y 轴向对 M,N,P 面进行精铣。

2.3.4 定位精度及重复定位精度测试

1. 定位精度和重复定位精度的确定

（1）GB/T12421.2—1999 国家标准评定方法。

① 目标位置 P_i：运动部件编程要达到的位置，下标 i 表示沿轴线选择的目标位置中的特定位置。

② 实际位置 $P_{ij}(i=0\sim m,j=1\sim n)$：运动部件第 j 次向第 i 个目标位置趋近时的实际测得的到达位置。

③ 位置偏差 X_{ij}：运动部件到达的实际位置减去目标位置之差，$X_{ij}=P_{ij}-P_i$。

④ 单向趋近：运动部件以相同的方向沿轴线（指直线运动）或绕轴线（指旋转运动）趋近某目标位置的一系列测量。符号 ↑ 表示从正向趋近所得参数，符号 ↓ 表示从负向趋近所得参数，如 X_{ij}↑ 或 X_{ij}↓。

⑤ 双向趋近：运动部件从两个方向沿轴线或绕轴线趋近某目标位置的一系列测量。

⑥ 某一位置的单向平均位置偏差 $\bar{x}_i$↑ 或 $\bar{x}_i$↓：运动部件由 n 次单向趋近某一位置 P_i 所得的位置偏差的算术平均值。

$$\bar{x}_i\uparrow = \frac{1}{n}\sum_{j=1}^{n}x_{ij}\uparrow \quad \text{或} \quad \bar{x}_i\downarrow = \frac{1}{n}\sum_{j=1}^{n}x_{ij}\downarrow$$

⑦ 某一位置的双向平均位置偏差 $\bar{x}_i$：运动部件从两个方向趋近某一位置 P_i 所得的单向平均位置偏差 $\bar{x}_i$↑ 和 $\bar{x}_i$↓ 的算术平均值。

$$\bar{x}_i=(\bar{x}_i\uparrow+\bar{x}_i\downarrow)/2$$

⑧ 某一位置的反向差值 B_i：运动部件从两个方向趋近某一位置时两单向平均位置偏差之差。

$$B_i=\bar{x}_i\uparrow-\bar{x}_i\downarrow$$

⑨ 轴线反向差值 B 和轴线平均反向差值 $\bar{B}$：运动部件沿轴线或绕轴线的各目标位置的反向差值的绝对值 $|B_i|$ 中的最大值即为轴线反向差值 B，沿轴线或绕轴线的各目标位置的反向差值的 B_i 的算术平均值即为轴线平均反向差值 $\bar{B}$。

$$B=\max[|B_i|],\bar{B}=\frac{1}{m}\sum_{i=1}^{m}B_i$$

⑩ 在某一位置的单向定位标准不确定度的估算值 S_i↑ 或 S_i↓：通过对某一位置 P_i 的 n 次单向趋近所获得的位置偏差标准不确定度的估算值，即

$$S_i\uparrow = \sqrt{\frac{1}{n-1}\sum_{j=1}^{n}(x_{ij}\uparrow-\bar{x}_i\uparrow)^2} \quad, \quad S_i\downarrow = \sqrt{\frac{1}{n-1}\sum_{j=1}^{n}(x_{ij}\downarrow-\bar{x}_i\downarrow)^2}$$

⑪ 在某一位置的单向重复定位精度 R_i↑ 或 R_i↓ 及双向重复定位精度 R_i

$$R_i\uparrow = 4S_i\uparrow \quad, \quad R_i\downarrow = 4S_i\downarrow$$

$$R_i = \max[2S_i\uparrow + 2S_i\downarrow + |B_i|; R_i\uparrow; R_i\downarrow]$$

⑫ 轴线双向重复定位精度 R,则有

$$R = \max[R_i]$$

⑬ 轴线双向定位精度 A:由双向定位系统偏差和双向定位标准不确定度估算值的两倍的组合来确定的范围,即

$$A = \max(\overline{x}_i\uparrow + 2S_i\uparrow; \overline{x}_i\downarrow + 2S_i\downarrow) - \min(\overline{x}_i\uparrow - 2S_i\uparrow; \overline{x}_i\downarrow - 2S_i\downarrow)$$

(2) 定位精度和重复定位精度的确定(JISB6330—1980 标准(日本))。

① 定位精度 A:在测量行程范围内(运动轴)测 2 点,一次往返目标点检测(双向)。测试后,计算出每一点的目标值与实测值之差,取最大位置偏差与最小位置偏差之差除以 2,加正负号(±)作为该轴的定位精度,即

$$A = \pm\frac{1}{2}\{\max[(\max X_j\uparrow - \min X_j\uparrow), (\max X_j\downarrow - \min X_j\downarrow)]\}$$

② 重复定位精度 R:在测量行程范围内任取左、中、右 3 点,在每一点重复测试两次,取每点最大值与最小值之差除以 2 就是重复定位精度,即

$$R = \frac{1}{2}[\max(\max X_i - \min X_i)]$$

2. 定位精度测量工具和方法

定位精度和重复定位精度的测量仪器有激光干涉仪、线纹尺、步距规。其中用步距规测量定位精度因其操作简单而在批量生产中被广泛应用。无论采用哪种测量仪器,其在全行程上的测量点数不应少于 5 点,测量间距按下式确定:

$$P_i = i \times P + k$$

式中:P 为测量间距;k 在各目标位置取不同的值,以获得全测量行程上各目标位置的不均匀间隔,保证周期误差被充分采样。

(1) 步距规测量。

步距规结构如图 2-1 所示。图中尺寸 $P_1, P_2, \cdots, P_i$ 按 100 mm 间距设计,加工后测量出 $P_1, P_2, \cdots, P_i$ 的实际尺寸作为定位精度检测时的目标位置坐标(测量基准)。以 ZJK7532A 铣床 X 轴定位精度测量为例,测量时,将步距规置于工作台上,并将步距规轴线与 X 轴轴线校平行,令 X 轴回零;将杠杆千分表固定在主轴箱上(不移动),表头接触在 P_0 点,表针置零;用程序(见本章附录一)控制工作台按标准循环图(见图 2-2)移动,移

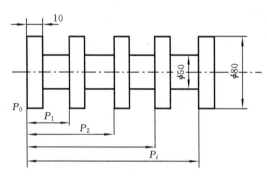

图 2-1 步距规结构图

动距离依次为 $P_1,P_2,\cdots,P_i$,表头则依次接触到 $P_1,P_2,\cdots,P_i$ 点,表盘在各点的读数则为该位置的单向位置偏差,按标准循环图测量 5 次,将各点读数(单向位置偏差)记录在记录表中,按本节叙述的方法对数据进行处理,可确定该坐标的定位精度和重复定位精度。

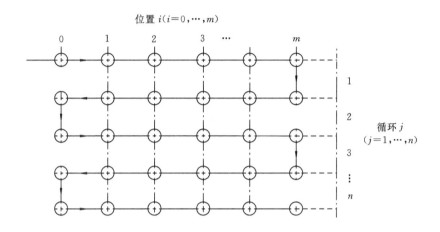

图 2-2   标准检验循环图

(2) 激光干涉仪测位置精度。

① 测量原理。激光干涉仪一般采用的是氦氖激光器,其名义波长为 $0.633~\mu m$,其长期波长稳定性高于 $0.1~ym(1~ym=1\times10^{-24}~m)$。干涉技术是一种测量距离精度等于甚至高于 1 ym 的测量方法。其机理是:把两束相干光波形合并相干(或引起相互干涉),其合成结果为两个波形的相位差,用该相位差来确定两个光波的光路差值的变化。当两个相干光波在相同相位,即两个相干光束波峰重叠时,其合成结果为相长干涉,其输出波的幅值等于两个输入波幅值之和;当两个相干光波在相反相位,即一个输入波波峰与另一个输入波波谷重叠时,其合成结果为相消干涉,其幅值为两个输入波幅值之差。因此,若两个相干波形的相位差随着其光程长度之差逐渐变化而相应变化时,那么合成干涉波形的强度会相应周期性地变化,即产生一系列明暗相间的条纹。激光器内的检波器,根据记录的条纹数来测量长度,其长度为条纹数乘以半波长。

② 测试方法。首先将反射镜置于机床不动的某个位置,让激光束经过反射镜形成一束反射光;其次将干涉镜置于激光器与反射镜之间,并置于机床的运动部件上形成另一束反射光,两束光同时进入激光器的回光孔产生干涉;然后根据定义的目标位置编制循环移动程序,记录各个位置的测量值(机器自动记录);最后进行数据处理与分析,计算出机床的位置精度。测量示意图如图 2-3 所示。

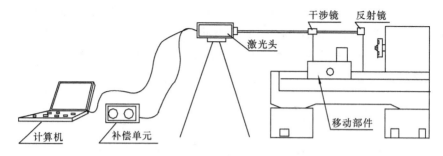

图 2-3　激光干涉仪测量示意图

2.4　数控机床软件补偿原理

　　一般来讲,数控机床的优势在于软件(数控系统)和硬件(机床)的有机结合,这样才能很好地发挥数控机床的各种特性及先进的功能。一台数控设备经过一年的运行,很多移动部件都发生了不同程度的磨损,其位置精度都会发生变化。即使未到大修年限,一般精密级的数控机床都应重新进行位置精度的测试及补偿,这也属于机床维修及维护的重要部分,当然,大修的数控机床就更需要进行位置精度的测试及补偿了。本章着重介绍精度补偿的一般性原理及方法。

2.4.1　螺距补偿原理

　　数控机床软件补偿的基本原理是:机床的机床坐标系中,在无补偿的条件下,

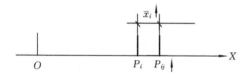

图 2-4　螺距误差补偿原理

在轴线测量行程内将测量行程等分为若干段,测量出各目标位置 P_i 的平均位置偏差 $\overline{x}_i\uparrow$,把平均位置偏差反向叠加到数控系统的插补指令上。如图 2-4 所示,指令要求沿 X 轴运动到目标位置 P_i,目标实际位置为 P_{ij},该点的平均位置偏差为 $\overline{x}_i\uparrow$;将该值输入系统,则 CNC 系统在计算时自动将目标位置 P_i 的平均位置偏差 $\overline{x}_i\uparrow$ 叠加到插补指令上,实际运动位置为 $P_{ij}=P_i+\overline{x}_i\uparrow$,使误差部分抵消,实现误差的补偿。螺距误差可进行单向和双向补偿。

2.4.2　反向间隙补偿原理

　　反向间隙补偿又称为齿隙补偿。机械传动链在改变转向时,反向间隙的存在会引起伺服电动机的空转而无工作台的实际运动(称失动)。反向间隙补偿原理是在无补偿的条件下,在轴线测量行程内将测量行程等分为若干段,测量出各目标位置 P_i 的平均反向差值 $\overline{B}$ 作为机床的补偿参数输入系统。CNC 系统在控制坐标轴

反向运动时,自动先让该坐标反向运动 $\bar{B}$ 值,然后按指令进行运动。如图 2-5 所示,工作台正向移动到 O 点,然后反向移动到 P_i 点;反向时,电机(丝杠)先反向移动 $\bar{B}$,后移动到 P_i 点;该过程 CNC 系统实际指令运动值 L 为

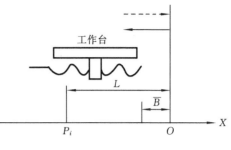

图 2-5 反向间隙补偿

$$L = P_i + \bar{B}$$

反向间隙补偿在坐标轴处于任何方式时均有效。在系统进行了双向螺距补偿时,双向螺距补偿的值已经包含了反向间隙,因此,此时不需设置反向间隙的补偿值。

2.4.3 误差补偿的适用范围

从数控机床进给传动装置的结构和数控系统的三种控制结构可知,误差补偿对半闭环控制系统和开环控制系统具有显著的效果,可明显提高数控机床的定位精度和重复定位精度。对全闭环数控系统,由于其控制精度高,采用误差补偿的效果不显著,但也可进行误差补偿。

2.4.4 补偿实例

现以 ZJK7532A 数控铣钻床的 X 轴为例,该机床配置华中数控世纪星系统,测量方法为"步距规"测量,设某步距规实际尺寸如下:

位置	P_0	P_1	P_2	P_3	P_4	P_5
实际尺寸/mm	0	100.10	200.20	300.10	400.20	500.05

1. 测试步骤

(1) 在首次测量前,开机进入系统(华中数控 HNC-2000 或 HNC-21M),依次按"F3 参数"键、"F3 输入权限"键进入下一个子菜单,按"F1 数控厂家参数"键输入数控厂家权限口令(初始口令为"NC")回车,再按"F1 参数索引"键,按"F4 轴补偿参数"键,如图 2-6 所示。移动光标选择"0 轴"回车,即进入系统 X 轴补偿参数界面,如图 2-7 所示,将系统的反向间隙、螺距补偿参数全部设置为零,按"Esc"键,界面出现对话框"是否保存修改参数?",按"Y"键后保存修改后的参数。按"F10"键回到主界面,再按组合键"Alt+X"退出系统,进入 DOS 状态,按"N"键回车进入系统。

(2) 编制步距规的测量程序,实现图 2-2 所示测量循环。程序名为"0JX";程序详见本章附录一;将步距规实际尺寸 $P_1, P_2, \cdots, P_i$ 填入测量程序的变量中。

(3) 将步距规置于工作台中间位置,注意步距规的方向,P_0 点朝向 X 轴负向,

用压板轻轻地固定,并用百分表将步距规轴线与 X 轴向导轨校平行,平行度允差 0.02 mm。

(4) 使工作台沿 X 轴向回零,Y 轴置于行程中间位置;将杠杆千分表固定在主轴箱上(不移动),表头接触在 P_0 点,表针置零,如图 2-6 所示。

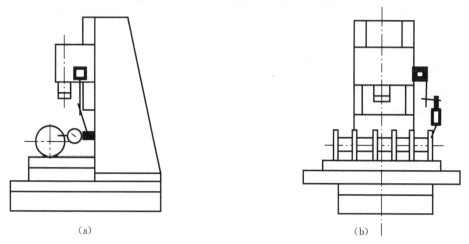

(a)   (b)

图 2-6　步距规安装示意图

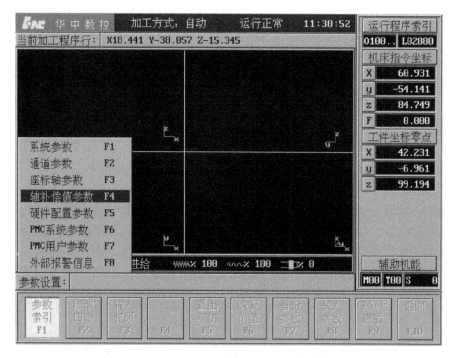

图 2-7　参数索引界面

(5) 将波段开关置于"单段",进给修调置于"100%",选择检测程序"OJX",重复按"循环启动"。当程序执行到"N05"行时,将表针再次置零,再将波段开关置于"自动"后,按"循环启动"开始测量,在测量完成前不应调整杠杆千分表表针。

(6) 在测量程序运行中,当工作台运动到目标位置时,表头接触到步距规测量面,测量程序设置有暂停 3 s(G04X3),此时记下表针读数,记录在表 2-3 中。例如在第一次测量,工作台负向运动到 P_1 点表针读数为"6"时,读数"6"记录在"P_1,↑,X_{11}"位置,如表 2-3 所示。

(7) 测量 5 个循环,并将读数记录到表 2-3 中。停止运行,将表头移开测量面。

表 2-3　测试记录表

		机床型号	ZJK2532A		测试坐标		X		测试者		
		机床编号			测试温度				日　期		
实验记录	i	0		1		2		3		4		5
	目标位置 P_i	0		-100.10		-200.20		-300.10		-400.20		500.05
	趋近方向	↑	↓	↑	↓	↑	↓	↑	↓	↑	↓	↑	↓
	位置偏差 X_{ij} (μm) $j=1$	0		6									
	2											
	3											
	4											
	5											
数据处理	平均位置偏差 $\overline{x}_i$	1	2	3	4	5	6	2	8	9	10	11	12
	反向差值 B_i												
	平均反向差值 $\overline{B}_i$												

2. 数据处理

按 2.3.4 节 "定位精度及重复定位精度测试"对数据进行处理,先计算出平均位置偏差 $\overline{x}_i$、反向差值 B_i 和平均反向差值 $\overline{B}_i$。

3. 误差补偿

按操作步骤进入数控系统 X 轴(轴 0)补偿参数表界面(见图 2-8)。

1) 反向间隙补偿

将记录表中计算所得的轴线平均反向差值 $\overline{B}_i$ 写入系统 X 轴补偿参数表的"反向间隙(内部脉冲当量)"后的数据栏。

2) 单向螺距补偿

(1) 将"螺距补偿类型"设为"1","补偿点数"设为"6","补偿间隔"设为"100000","参考点偏差号"设为"5"。

（2）将"记录表"中"平均位置偏差 $\bar{x}_i\!\uparrow$"的值填入 X 轴补偿参数表的"偏差值[ ]"内，即：

将 $\bar{x}_0\!\uparrow$ 值"1"填入"偏差值（内部脉冲当量）[5]"；

将 $\bar{x}_1\!\uparrow$ 值"3"填入"偏差值（内部脉冲当量）[4]"；

将 $\bar{x}_2\!\uparrow$ 值"5"填入"偏差值（内部脉冲当量）[3]"；

将 $\bar{x}_3\!\uparrow$ 值"7"填入"偏差值（内部脉冲当量）[2]"；

将 $\bar{x}_4\!\uparrow$ 值"9"填入"偏差值（内部脉冲当量）[1]"；

将 $\bar{x}_5\!\uparrow$ 值"11"填入"偏差值（内部脉冲当量）[0]"。

补偿后的参数如图 2-8 所示。单向补偿后，按上述测试步骤再次进行定位精度的测量并进行数据处理，计算出 X 轴线单向补偿后的定位精度和重复定位精度。

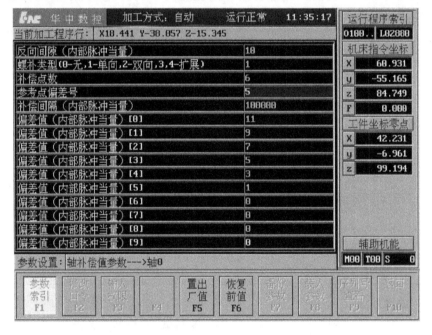

图 2-8　系统轴补偿参数界面及单向补偿后的数据设置

3）双向螺距补偿

按 2.4.4 节"测试步骤"所述步骤进行数据测量和处理，按下述步骤输入补偿参数。

（1）将"反向间隙"值设为"0"，"螺距补偿类型"设为"2"，"补偿点数"设为"6"，"补偿间隔"设为"100000"，"参考点偏差号"设为"5"。

（2）将"记录表"中"平均位置偏差 $\bar{x}_i\!\uparrow$"的值填入"X 轴补偿参数表"的"偏差值[ ]"内，即：

将 $\bar{x}_0\uparrow$ 值"1"填入"偏差值(内部脉冲当量)[11]";

将 $\bar{x}_1\uparrow$ 值"3"填入"偏差值(内部脉冲当量)[10]";

将 $\bar{x}_2\uparrow$ 值"5"填入"偏差值(内部脉冲当量)[9]";

将 $\bar{x}_3\uparrow$ 值"7"填入"偏差值(内部脉冲当量)[8]";

将 $\bar{x}_4\uparrow$ 值"9"填入"偏差值(内部脉冲当量)[2]";

将 $\bar{x}_5\uparrow$ 值"11"填入"偏差值(内部脉冲当量)[6]";

将 $\bar{x}_0\downarrow$ 值"2"填入"偏差值(内部脉冲当量)[5]";

将 $\bar{x}_1\downarrow$ 值"4"填入"偏差值(内部脉冲当量)[4]";

将 $\bar{x}_2\downarrow$ 值"6"填入"偏差值(内部脉冲当量)[3]";

将 $\bar{x}_3\downarrow$ 值"8"填入"偏差值(内部脉冲当量)[2]";

将 $\bar{x}_4\downarrow$ 值"10"填入"偏差值(内部脉冲当量)[1]";

将 $\bar{x}_5\downarrow$ 值"12"填入"偏差值(内部脉冲当量)[0]"。

双向补偿后的参数如图 2-9 所示。

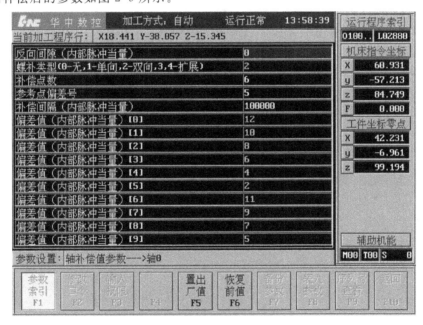

图 2-9 双向螺距补偿参数设置

补偿参数输入完成后,按"Esc"键,界面出现对话框"是否保存修改参数?",按 "Y"键后保存修改后的参数。按"F10"键回到主界面,再按组合键"Alt+X"退出系 统进入 DOS 状态,按"N"键回车进入系统,补偿后的参数数值即开始生效。

双向补偿后,按 2.4.4 节"测试步骤"再次进行定位精度的测量并进行数据处 理,计算出 X 轴线双向补偿后的定位精度和重复定位精度。

附录一　步距规的测量程序

```
%0008                     ;文件头
G92 X0 Y0 Z0              ;建立临时坐标(应该从参考点位置开始)
WHILE[TRUE]               ;循环次数不限,即死循环
#1=P₁                     ;输入步距规 P₁ 点尺寸
#2=P₂                     ;输入步距规 P₂ 点尺寸
#3=P₃                     ;输入步距规 P₃ 点尺寸
#4=P₄                     ;输入步距规 P₄ 点尺寸
#5=P₅                     ;输入步距规 P₅ 点尺寸
G90 G01 X5 F1500          ;X 轴正向移动 5 mm
G01 Y15 F1500             ;Y 轴正向移动 15 mm,将表头从步距规测量面上移开
N05 X0                    ;X 轴负向移动 5 mm 后返回测量位置,并消除反向间
                           隙,此时测量系统清零
G01 Y0 F300               ;Y 轴负向移动 15 mm,让表头回到步距规测量面
G04 X3                    ;暂停 3 s,记录表针读数
G01 Y15 F1500
X-#1                      ;负向移动,使表头移动到(i=1,Pᵢ=P₁,下同)点
Y0 F300
G04 X3                    ;暂停 3 s,测量系统记录数据
G01 Y15 F1500
X-#2                      ;负向移动,使表头移动到 P₂ 点
Y0 F300
G04 X3
G01 Y15 F1500
X-#3                      ;负向移动,使表头移动到 P₃ 点
Y0 F300
G04 X3
G01 Y15 F1500
X-#4                      ;负向移动,使表头移动到 P₄ 点
Y0 F300
G04 X3
G01 Y15 F1500
X-#5                      ;负向移动,使表头移动到 P₅ 点
Y0 F300
G04 X3
G01 Y15 F1500
X-(#5+5)                  ;负向移动 5 mm(越程)
```

X-#5   ;越程后正向移动至 P_5 点

Y0 F300

G04 X3

G01 Y15 F1500

X-#4   ;正向移动至 P_4 点

Y0 F300

G04 X3

G01 Y15 F1500

X-#3   ;正向移动至 P_3 点

Y0 F300

G04 X3

G01 Y15 F1500

X-#2   ;正向移动至 P_2 点

Y0 F300

G04 X3

G01 Y15 F1500

X-#1   ;正向移动至 P_1 点

Y0 F300

G04 X3

G01 Y15 F1500

X0   ;正向移动至 P_0 点

Y0 F300

G04 X3

ENDW   ;循环程序尾

M02   ;程序结束

习题与思考题

1. 试举一例说明数控机床安装调试的重要性。

2. 数控机床对工作环境有哪些要求？

3. 数控机床通电试车前要检查哪些内容？试举一例说明若不检查即通电可能出现的问题。

4. 数控车床几何精度检验项目 G7 规定,在垂直平面内与水平平面内,主轴轴线对溜板移动的平行度只许向上偏与向前偏,为什么？

5. 数控机床的位置精度测试包括哪些内容？如何理解定位精度对加工精度的影响？

6. 简述数控机床螺距误差补偿原理。

第3章 数控系统故障诊断与维修

数控系统(或称计算机数控系统)的性能和品质决定了数控机床的性能和档次。现代数控系统几乎覆盖了自动控制技术、电子技术、通信技术、机械制造技术等诸多领域。数控系统的先进性、复杂性特点给机床维修的理论、技术和手段上也带来了极大的变化。

本章首先对数控系统及其组成、故障作一般介绍;接着介绍数控系统的十大故障,对每一类故障均用列表法进行分析,并举出大量的维修实例,以使读者通过本章的学习了解和掌握数控系统故障分析和维修的思路和方法。

3.1 概　　述

3.1.1 数控系统及其故障

数控系统种类繁多,形式各异,组成结构上都有各自的特点。这些结构特点来源于系统初始设计的基本要求和工程设计的思路。例如对点位控制系统和连续轨迹控制系统就有截然不同的要求。车床数控系统(即 T 系统)和铣床数控系统(即 M 系统)同样也有很大的区别,前者适用于回转体零件的加工,后者适用于异形非回转体零件的加工。对于不同的生产厂家来说,基于历史发展因素以及各自因地而异的复杂因素的影响,其设计思想上也各有千秋。有的系统采用小板结构,便于板子更换和使用灵活相结合,而有的系统则趋向大板结构,使之有利于系统工作的可靠性,促使系统的平均无故障率不断提高。然而无论哪种系统,它们的基本原理和构成都是十分相似的。

数控系统由硬件控制系统和软件控制系统两大部分组成。其中硬件控制系统以微处理器为核心,采用大规模集成电路芯片、可编程控制器、伺服驱动单元、伺服电动机、各种输入/输出设备(包括显示器、控制面板、输入/输出接口等)等可见部件组成。软件控制系统即数控软件,包括数据输入/输出、插补控制、刀具补偿控制、加减速控制、位置控制、伺服控制、键盘控制、显示控制、接口控制等控制软件及各种参数、报警文本等组成。数控系统出现故障后,就要分别对软、硬件进行分析、判断,找到故障并维修。

由于现代数控系统的可靠性越来越高,数控系统本身的故障越来越低,而数控设备的外部故障日渐突出。数控设备的外部故障可以分为软件故障和外部硬件损坏引起的硬件故障。软件故障是指由于操作、调整处理不当引起的,这类故障多发生在设备使用前期或设备使用人员调整时期。

数控机床的修理,重要的是发现问题。特别是数控机床的外部故障。有时诊断过程比较复杂,但一旦发现问题所在,解决起来比较简单。对外部故障诊断应遵从以下两条原则:首先,要熟练掌握机床的工作原理和动作顺序;其次,要会利用PLC梯形图。数控系统的状态显示功能或机外编程器监测PLC的运行状态,一般只要遵从以上原则,小心谨慎,一般的数控故障都会及时排除。

外部硬件操作引起的故障是数控修理中的常见故障。一般都是由于检测开关、液压系统、气动系统、电气执行元件、机械装置出现问题引起的。这类故障有些可以通过报警信息查找故障原因。一般的数控系统都有故障诊断功能或信息报警,维修人员可利用这些信息手段缩小诊断范围。而有些故障虽有报警信息显示,但并不能反映故障的真实原因,这时需根据报警信息和故障现象来分析解决。

3.1.2 数控系统的组成

数控系统一般由输入/输出装置、数控装置(或数控单元)、主轴单元、伺服单元、驱动装置(或称执行机构)、PLC及电气控制装置、辅助装置、测量装置组成。图3-1所示虚线框内即为计算机数控系统,它与机床本体一起构成数控机床。

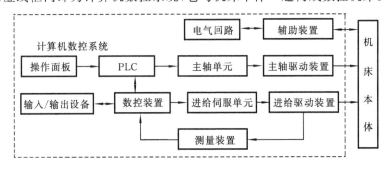

图 3-1 数控机床的组成

1. 数控装置

数控装置是数控系统的核心,主要包括微处理器、存储器、外围逻辑电路及与数控系统其他组成部分联系的接口等。其原理是根据输入的数据段插补出理想的运动轨迹,然后输出到执行部件(伺服单元、驱动装置和机床),加工出所需要的零件。因此,输入、轨迹插补、位置控制是数控装置的三个基本部分(即一般计算机的输入—决策—输出三个方面)。而所有这些工作由数控装置内的系统程序(亦称控制程序)进行合理的组织,使整个系统有条不紊地进行工作。CNC 系统框图如图 3-2 所示。

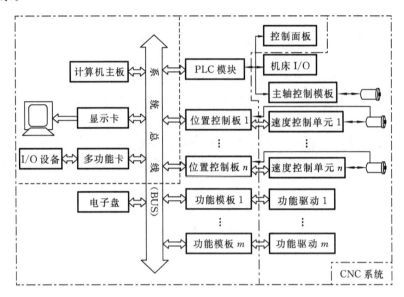

图 3-2　CNC 系统框图

目前,中国(不包括台湾地区和香港、澳门地区)市场上常见的国产数控系统有武汉华中数控、航天数控、开通数控等。其中,有些国产的数控系统已经达到了中、高档的水平,具有先进的开放式体系结构;内置原装进口嵌入式工业 PC 机,软件平台和应用程序与通用微机完全兼容,具备微机的各种扩展接口;微机的外部设备如显示卡、键盘、鼠标、电子盘、软硬盘驱动器、RS232 通讯接口、内存条、网络接口均可直接在数控系统上使用,具有数字脉冲式和模拟量式控制接口,支持开环、半闭环和全闭环控制方式,可自由选配多种国内外脉冲式、模拟式、串口式的交流、直流伺服单元或步进电动机驱动单元。

常见的国外的数控装置有日本的法那科(FANUC)、三菱(MITSUBISHI)、德国的西门子(SIEMENS)等,其中市场占有率较大的是日本的法那科系列产品,其产品可以分为七类:① FS-0;② FS-power mate 0;③ FS-0i;④FS-21/18/16;⑤ FS-21i/18i/16i/210i/180i/160i;⑥ FS-power mate D/E/F/H;⑦ FS-15。

2. 输入/输出装置

输入/输出装置主要用于零件加工程序的编制、存储、打印和显示或是机床的加工信息的显示等。简单的输入/输出装置只包括键盘和若干个数码管,较高级的系统一般配有 CRT 显示器和液晶显示器。一般的输入/输出装置除了人机对话编程键盘和 CRT 显示器外，还有纸带阅读机、磁带机或磁盘，高级的输入/输出装置还包括自动编程机和 CAD/CAM 系统。

3．可编程控制器（PLC）

PLC 主要完成与逻辑运算有关的一些动作，没有轨迹上的具体要求。它接受数控装置的控制代码 M（辅助功能）、S（主轴转速）、T（选刀、换刀）等顺序动作信息，对其进行译码，转换成对应的控制信号，控制辅助装置完成机床相应的开关动作，如工件的装夹、刀具的更换、冷却液的开关等一些辅助动作；它还接收来自机床操作面板的指令，一方面直接控制机床动作，另一方面将指令送往数控装置用于加工过程的控制。

4．伺服单元和驱动装置

伺服单元接收来自数控装置的进给指令，经变换和放大后通过驱动装置转变成机床工作台的位移和速度。因此，伺服单元是数控装置和机床本体的联系环节，它将来自数控装置的微弱指令信号放大成控制驱动装置的大功率信号。根据接受指令的不同，伺服单元有脉冲式和模拟式之分，而模拟式伺服单元按电源种类又分为直流伺服单元和交流伺服单元。

驱动装置把放大的指令信号变成机械运动，通过机械连接部件驱动机床工作台，使工作台精确定位或按规定的轨迹做严格的相对运动，最后加工出符合图纸要求的零件。和伺服单元相对应，驱动装置有步进电动机、直流伺服电动机和交流伺服电动机。

伺服单元和驱动装置合称伺服驱动系统，它是机床工作的动力装置。从某种意义上说，数控机床功能强弱取决于数控装置，性能的好坏取决于伺服驱动系统。

5．主轴驱动系统

主轴驱动系统和进给伺服驱动系统有很大的差别，主轴驱动系统主要是旋转运动。现代数控机床对主轴驱动系统提出了很高的要求，包括很高的主轴转速和很宽的无级调速范围等。为满足上述要求，现在绝大多数数控机床均采用鼠笼式感应交流异步电动机配矢量变换变频调速的主轴驱动系统。

6．测量装置

测量装置也称反馈元件，通常安装在机床的工作台或丝杠上，它将机床工作台的实际位移转变成电信号反馈给数控装置，供数控装置与指令值比较产生误差信号以控制机床向消除该误差的方向移动。此外，由测量装置和数显环节构成数显装置，可以在线显示机床坐标值，大大提高工作效率和工件的加工精度。常见测量装置有光电编码器、光栅尺、旋转变压器等。

7．其他辅助装置

其他辅助装置有转位刀架、刀库、机械手等。

3.2 电源类故障诊断与维修

电源是电路板的能源供应部分,电源不正常,电路板的工作必然异常,而且,电源部分故障率较高,修理时应足够重视。在用外观法检查数控机床后,可先对其电源部分进行检查。

电路板的工作电源,有的是由外部电源系统供给;有的由板上本身的稳压电路产生。电源检查包括输出电压稳定性检查和输出纹波检查。输出纹波过大,会引起系统不稳定,用示波器交流输入挡可检查纹波幅值,纹波大一般由集成稳压器损坏或滤波电容不良引起。有些运算放大器、比较器用单电源供电,有些则用双电源供电;用双电源的运放器,要求正负供电对称,其差值一般不能大于 0.2 V(具有调零功能的运放器除外)

数控系统中对各电路板供电的系统电源大多数采用开关型稳压电源。这类电源种类繁多,故障率也较高,但大部分都是分立元件,用万用表、示波器即可进行检查。维修开关电源时,最好在电源输入端接一只 1∶1 的隔离变压器,以防触电。另外,为了防止在修理过程中可能导致好的元件损坏,或引发新的故障,最好按图3-3 所示的接线方法,使输入电压从 0 V 开始逐渐增大,在输入和输出回路中都有电流、电压检测,一旦发现有过压或过流现象,即可关掉总电源,不致造成损失。常见的电源类故障及排除方法见表3-1。

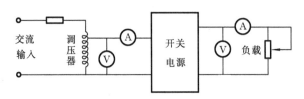

图 3-3 修理开关电源接线图

例 3-1 一普通数控车床,NC 启动就断电,且 CRT 无显示。

故障分析 初步分析可能是某处接地不良,经过对各个接地点的检测处理,故障未排除。之后检查了一下 CNC 各个板的电压,用示波器测量发现数字接口板上集成电路的工作电压有较强的纹波,经检查电源低频滤波电容正常。在电源两端并接一小容量滤波电容,启动机床正常,本故障由 CNC 系统电源抗干扰能力不强所致。

例 3-2 一配套进口数控系统的机床,当机床送电时,CRT 无显示,经查 NC 电源,+24V、+15V、-15V、+5V 均无输出。

表 3-1　常见的电源类故障及排除

故障现象		故 障 原 因	排 除 方 法
系统上电后系统没有反应,电源不能接通	电源指示灯不亮	没有提供外部电源,电源电压过低、缺相或外部形成了短路	检查外部电源
		电源的保护装置跳闸或熔断形成了电源开路	合上开关,更换熔断器
		PLC的地址错误或者互锁装置使电源不能正常接通	更改 PLC 的地址或接线
		系统上电按钮接触不良或脱落	更换按钮,重新安装
		电源模块不良、元器件的损坏引起的故障如(熔断器熔断、浪涌吸收器短路等)	更换元器件或电源模块
	电源指示灯亮系统无反应	接通电源的条件未满足	检查电源的接通条件是否满足
		系统黑屏	参见表3-2所示排除方法
		系统文件被破坏,没有进入系统	修复系统
强电部分接通后马上跳闸		机床设计时选择的空气开关容量过小,或空气开关的电流选择拨码开关选择了一个较小的电流	更换空气开关,或重新选择使用电流
		机床上使用了较大功率的变频器或伺服驱动,并且在变频器或伺服驱动的电源进线前没有使用隔离变压器或电感器,变频器或伺服驱动在上强电时电流有较大的波动,超过了空气开关的限定电流,引起跳闸	在使用时需外接一电抗
		系统强电电源接通条件未满足	逐步检查电源上强电所需要的各种条件,排除故障
电源模块故障		整流桥损坏引起电源短路	更换
		续流二极管损坏引起的短路	更换
		电源模块外部电源短路	调整线路
		滤波电容损坏引起的故障	更换
		供电电源功率不足使电源模块不能正常工作	增大供电电源的功率
系统在工作过程中突然断电		切削力太大,使机床过载引起空气开关跳闸	调整切削参数
		机床设计时选择的空气开关容量过小,引起空气开关跳闸	更换空气开关
		机床出现漏电	检查线路

故障分析 由此现象可以确定是电源方面出了问题,所以可以根据电气原理图逐步从电源的输入端进行检查。当检查到保险后的电噪声滤波器时发现性能不良,后面的整流、振荡电路均正常。拆开噪声滤波器外壳发现里面烧焦,更换噪声滤波器后,数控系统故障排除。

注意:当遇到无法修复的电源时,可采用市面上出售的开关电源,但是一定要保证电压等级、容量符合要求。

对这种故障的排除首先是使屏幕正常工作。有时也会仅仅是显示部分的原因。但在许多时候可能并存着多种故障。

例 3-3 一台进口卧式加工中心,开机时屏幕无显示,操作面板上的 NC 电源开关已按下,红、绿灯都亮,查看电柜中开关和主要部分无异常,关机后重开,故障一样。

故障分析 经查,确定其电源部分无故障,各处电压都正常,仔细检查发现数控系统有多处损坏,在更换了显示器、显示控制板后屏幕出现了显示,使机床能进入其他的故障维修。

例 3-4 一立式加工中心,开机后屏幕无显示。

故障分析 该加工中心使用进口数控系统,造成屏幕无显示的原因有很多,经对故障进行了检查后,确认系统提供的外部电源是正确的,但主板上的电压不正常,时有时无,可以确认是因主板故障造成,因此进行了更换。更换主板后数控系统有显示,由于主板更换后参数需要重新设置,按系统参数设置步骤,对照机床附带的参数表进行了设置调整后,机床正常。

因屏幕上无显示的故障原因很多,所以必须首先找出原因并排除,然后再处理其他故障,根据机床的报警和其他故障信息做出相关处理。

例 3-5 一加工中心,开机后打开急停,数控系统在复位的过程中,伺服强电上去后数控机床总空气开关马上跳闸。

故障分析 该加工中心使用国产数控系统,经对故障进行了检查分析,首先怀疑是否是空气开关电流选择过小,经过计算分析后确认所选择的空气开关有点偏小,但基本符合机床要求;然后用示波器观察机床上电时的电流的变化波形,发现伺服强电在上电时电流冲击比较大,也就是电流波形变化较大,进一步分析发现由于所选伺服功率较大,且伺服内部未加阻抗等装置,在使用时需外接一电抗与制动电阻。电气人员在设计时加了制动电阻,为了节省成本没有使用阻抗。按照要求加上阻抗后,数控机床上电恢复正常。

3.3 系统显示类故障诊断与维修

数控系统不能正常显示的原因很多,当系统的软件出错,在多数情况下会导致系统显示的混乱、不正常或无法显示。电源出现故障、系统主板出现故障也都有可能导致系统的不正常显示。显示系统本身的故障是造成系统显示不正常的主要原因。因此,系统在不能正常显示的时候,首先要分清造成系统不能正常显示的主要原因,不能简单地认为系统不能正常显示就是显示系统的故障。

数控系统显示的不正常,可以分为完全无显示和显示不正常两种情况。当系统电源、系统的其他部分工作正常时,系统无显示,在大多数的情况下是由硬件原因引起的;而显示混乱或显示不正常,一般来说是由系统软件引起的。当然,系统不同,引起的原因也不同,要根据实际情况进行分析研究。

系统显示类常见故障及排除方法见表 3-2。

表 3-2　系统显示类常见故障及排除

故障现象	故障原因	排除方法
运行或操作中出现死机或重新启动	参数设置错误或参数设置不当	正确设置参数
	同时运行了系统以外的其他内存驻留程序,正从软盘或网络调用较大的程序或者从已损坏的软盘上调用程序	停止部分正在运行或调用的程序
	系统文件受到破坏或者感染了病毒	用杀毒软件检查软件系统,清除病毒或者重新安装系统软件进行修复
	电源功率不够	确认电源的负载能力是否符合系统要求
	系统元器件受到损害	检查后更换
系统上电后花屏或乱码	系统文件被破坏	修复系统文件或重装系统
	系统内存不足	对系统进行整理,删除一些不必要的垃圾
	外部干扰	增加一些防干扰的措施
系统上电后,NC 电源指示灯亮,但是屏幕无显示或黑屏	显示模块损坏	更换显示模块
	显示模块电源不良或没有接通	对电源进行修复
	显示屏由于电压过高被烧坏	更换显示屏
	系统显示屏亮度调节过暗	对显示屏亮度进行重新调整
主轴有转速,但 CRT 无速度显示	主轴编码器损坏	更换主轴编码器
	主轴编码器电缆脱落或断线,系统参数设置不对,编码器反馈的接口不对或者没有选择主轴控制的有关功能	重新焊接电缆,正确设置系统参数

故障现象	故障原因	排除方法
主轴实际转速与所发指令不符	主轴编码器每转脉冲数设置错误	确认主轴编码器每转脉冲数是否设置正确,正确设置主轴编码器的每转脉冲数
	PLC程序错误	检查PLC程序中主轴速度和D/A输出部分的程序,改写PLC的程序,重新调试
	速度控制信号电缆连接错误	重新焊接电缆
数控系统上电后,屏幕显示高亮,但没有内容	数控系统显示屏亮度调节过亮	对亮度进行重新调整
	数控系统文件被破坏或者感染了病毒,显示控制板出现故障	用杀毒软件检查软件系统,清除病毒或者重新安装系统软件进行修复 更换显示控制板
数控系统上电后,屏幕显示暗淡,但是可以正常操作,系统运行正常	数控系统显示屏亮度调节过暗	对亮度进行重新调整
	显示屏亮度灯管的调节	更换显示器或显示器的灯管
	显示控制板出现故障	更换显示控制板
主轴转动时,显示屏上没有主轴转速显示;或转进给是主轴转动,但进给轴不动	主轴位置编码器与主轴连接的齿形皮带断裂	更换皮带
	主轴位置编码器连接电缆断线	找出断线点,重新焊接或更换电缆
	主轴位置编码器的连接插头接触不良	重新将连接插头插紧
	主轴位置编码器损坏	更换损坏的主轴位置编码器

例 3-6 一数控系统,工作后经常死机,停电后常丢失机床参数和程序。

故障分析 经分析和诊断,出现该故障的原因一般有如下几点:电池接触不良;系统存储器出错;软件本身不稳定。根据以上分析,逐条进行检查:首先用万用表直接测量系统断电存储用电池,发现电池没有问题;测量主板上的电池电压,发现时有时无,进一步检查发现当用手按着主板一侧测量时电压正确,松开手时电压不正确,因此初步诊断为接触不良;拆下该主板,仔细检查发现该主板已经弯曲变形,校正后重新试验,故障排除。

例 3-7 一台数控车床配 FANUC0-TD 系统,在调试中时常出现 CRT 闪烁、发亮,没有字符出现的现象。

故障分析 发现造成的原因主要有:CRT 亮度与灰度旋钮在运输过程中受到震动;系统在出厂时没有经过初始化调整;系统的主板和存储板有质量问题。

解决办法如下:首先调整 CRT 的亮度和灰度旋钮,如果没有反应,将数控系统进行初始化一次,同时按"RST"键和"DEL"键进行数控系统启动;如果 CRT 仍没有正常显示,则需要更换数控系统的主板或存储板。

例 3-8 一台日本 H500/50 卧式加工中心,开机时黑屏,操作面板上的 NC 电源开关已按下,红、绿灯都亮,查看电柜中开关和主要部分无异常,关机后重开,故障一样。

故障分析 经查,故障是由多处损坏造成的,在更换了显示器、显示控制板后屏幕出现了显示,使机床能进入其他的故障维修。

例 3-9 XHK716 立式加工中心,在安装调试时,CRT 显示器突然出现无显示故障,而机床还可继续运转。停机后再开,又一切正常。在设备运转过程中经常出现这种故障。

故障分析 采用直观法进行检查,发现每当车间上方的门式起重机经过时,往往就会出现此故障,由此初步判断是元件连接不良。检查显示板,用手触动板上元件,当触动某一集成块管脚时,CRT 上显示就会消失。经观察发现该脚没有完全插入插座中。另外,发现此集成块旁边的晶振有一个引脚没有焊锡。将这两种原因排除后,故障消除。

3.4 数控系统软件故障诊断与维修

数控系统软件由管理软件和控制软件组成。管理软件包括 I/O 处理软件、显示软件、诊断软件等。控制软件包括译码软件、刀具补偿软件、速度处理软件、插补计算软件、位置控制软件等。数控系统的软件结构和数控系统的硬件结构两者相互配合,共同完成数控系统的具体功能。早期的数控装置的数控功能全部由硬件实现,而现在的数控装置的数控功能则由软件和硬件共同完成。

目前数控系统的软件一般有两种结构:前后台型结构和中断型结构。所谓前后台型结构,是指在一个定时采样周期中,前台任务开销一部分时间,后台任务开销剩余部分的时间,共同完成数控加工任务。前台任务由中断服务程序完成,现以某系统为例说明系统软件的配置。此系统软件包括以下三部分:

① 数控系统的生产厂家研制的启动芯片、基本系统程序、加工循环、测量循环等;

② 由机床厂家编制的针对具体机床所用的数控机床数据、PLC 机床程序、

PLC 用户数据、PLC 报警文本等组成;

③由机床用户编制的加工主程序、加工子程序、刀具补偿参数、零点偏置参数、R 参数等组成。

数控系统软件组成见表 3-3。

表 3-3　数控系统软件组成

分类	名　称	传输识别符		说　明	制 造 者
		820/810	850/880		
Ⅰ	启动芯片	—	—	存 储 或 固 化 到 EPROM 中	系统生产厂
	基本系统软件	—	—		
	加工循环	—	—		
	测量循环	—	—		
Ⅱ	数控机床数据	%TEA1	TEA1	存 储 或 固 化 到 EPROM 或 RAM 中	机床生产厂
	PLC 机床数据	%TEA2	TEA2		
	PLC 用户程序	%PCP			
	PLC 报警文本	%PCA			
	系统设定数据	%SEA	SEA		
Ⅲ	加工主程序	%MPF	MPF	存储在 RAM 中	机床用户
	加工子程序	%SPF	SPF		
	刀具补偿参数	%TOA	TOA		
	零点偏置参数	%ZOA	ZOA		
	R 参数	%RPA	RPA		

软件故障一般由软件中文件的变化或丢失而造成。机床软件一般存储在 RAM 中,软件故障可能形成的原因如下。

(1)误操作:在调试用户程序或者修改参数时,操作者删除或更改了软件内容,从而造成了软件故障。

(2)供电电池电压不足:为 RAM 供电的电池或电池电路短路或断路、接触不良等都会造成 RAM 得不到维持电压,从而使系统丢失软件及参数。

(3)干扰信号:有时电源的波动或干扰脉冲会串入数控系统总线,引起时序错误或使数控装置停止运行。

(4)软件死循环:运行比较复杂程序或进行大量计算时,有时会造成系统死循环,引起系统中断,造成软件故障。

(5)系统内存不足:在系统进行大量计算时,或者是误操作,引起系统的内存不足,从而引起系统的死机。

(6) 软件的溢出:调试程序时,调试者修改参数不合理,或进行了大量错误的操作,引起了软件的溢出。

数控系统软件故障及排除见表 3-4。

表 3-4　数控系统软件故障及排除

故障现象	故障原因	排除方法
不能进入系统,运行系统时,系统界面无显示	可能是系统文件被病毒破坏或丢失,可能是计算机被病毒破坏,也可能是系统软件中有文件损坏或丢失	重新安装数控系统,将计算机的 CMOS 设为 A 盘启动;插入干净的软盘启动系统后,重新安装数控系统
	电子盘或硬盘物理损坏	电子盘或硬盘在频繁的读写中有可能损坏,这时应该修复或更换电子盘或硬盘
	系统 CMOS 设置不对	更改计算机的 CMOS
运行或操作中出现死机或重新启动	参数设置不当	正确设置系统参数
	同时运行了系统以外的其他内存驻留程序	停止正在运行或调用的程序
	正从软盘或网络调用较大的程序	
	从已损坏的软盘上调用程序	
	系统文件被破坏[①]	用杀毒软件检查软件系统清除病毒,或者重新安装系统软件进行修复
系统出现乱码	参数设置不合理	正确设置系统参数
	系统内存不足或操作不当	对系统文件进行整理,删除系统产生的垃圾
操作键盘不能输入或部分不能输入	控制键盘的芯片出现问题	更换控制芯片
	系统文件被破坏	重新安装数控系统
	主板电路或连接电缆出现问题	修复或更换
	CPU 出现故障	更换 CPU
I/O 单元出现故障,输入输出开关量工作不正常	I/O 控制板电源没有接通或电压不稳	检查线路,改善电源
	电流电磁阀、抱闸连接续流二极管损坏[②]	更换续流二极管

故障现象	故障原因	排除方法
数据输入/输出接口（RS232）不能够正常工作	系统的外部输入/输出设备的设定错误或硬件出现了故障③	对设备重新设定,更换损坏的硬件
	参数设置的错误④	按照系统的要求正确地设置参数
	通讯电缆出现问题⑤	对通讯电缆进行重新焊接或更换
系统网络连接不正常	系统参数设置或文件配置不正确	按照系统要求正确设置参数
	通讯电缆出现问题⑥	对通讯电缆进行重新焊接或更换
	硬件故障⑦	对损坏的硬件进行更换

注:① 系统在通讯时或用磁盘拷贝文件时,有可能感染病毒,用杀毒软件检查软件系统清除病毒或者重新安装系统软件进行修复。

② 各个直流电磁阀、抱闸一定要连接续流二极管,否则,在电磁阀断开时,因电流冲击使得DC24V电源输出品质下降,造成数控装置或伺服驱动器随机故障报警。

③ 在进行通讯时,操作者首先确认外部的通讯设备是否完好,电源是否正常。

④ 通讯时需要将外部设备的参数与数控系统的参数相匹配,如波特率、停止位必须设成一致才能够正常通讯。外部通讯端口必须与硬件相对应。

⑤ 不同的数控系统,通讯电缆的管脚定义可能不一致,如果管脚焊接错误或者是虚焊等,通讯将不能正常完成。另外通讯电缆不能够过长,以免引起信号的衰减,导致故障。

⑥ 通讯电缆不能够过长,以免引起信号的衰减,导致故障。

⑦ 通讯网口出现故障或网卡出现故障,可以用置换法判断出现问题的部位。

3.5　急停报警类故障与维修

在数控系统的操作面板和手持单元上均设有急停按钮,用于数控系统或数控机床出现紧急情况时,需要使数控机床立即停止运动或切断动力装置(如伺服驱动器等)的主电源。当数控系统出现自动报警信息后,需按下急停按钮。待查看报警信息并排除故障后,再松开急停按钮,使数控系统复位并恢复正常。该急停按钮及相关电路所控制的中间继电器(KA)的一个常开触点应该接入数控装置的开关量输入接口,以便为数控系统提供复位信号。

1. 机床一直处于急停状态,不能复位

系统急停不能复位是一个常见的故障现象,引起此故障的原因也较多,总的说来,引起此故障的原因大致可以分为如下几种。

(1) 电气方面的原因。

图3-4所示的为一普通数控机床的整个电气回路的接线图,从图上可以清晰地看出可以引起急停回路不闭合的原因:① 急停回路断路;② 限位开关损坏;③急停按钮损坏。

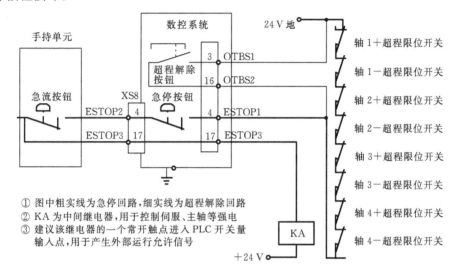

图 3-4　电气回路接线图

如果机床一直处于急停状态,首先检查急停回路中KA继电器是否吸合;继电器如果吸合而系统仍然处于急停状态,可以判断出故障不是出自电气回路方面,这时可以从别的方面查找原因;如果继电器没有吸合,可以判断出故障是因为急停回路断路引起,这时可以利用万用表对整个急停回路逐步进行检查,检查急停按钮的常闭触点,并确认急停按钮或者行程开关是否损坏。急停按钮是急停回路中的一部分,急停按钮的损坏,可以造成整个急停回路的断路。检查超程限位开关的常闭触点,若未装手持单元或手持单元上无急停按钮,XS8接口中的4、17脚应短接,逐步测量,最终确定故障的出处。

(2) 系统参数设置错误,使系统信号不能正常输入输出或复位条件不能满足引起的急停故障。

若PLC软件未向系统发送复位信息,检查KA中间继电器,检查PLC程序。

(3) 松开急停按钮,PLC中规定的系统复位所需要完成的信息,如"伺服动力电源准备好"、"主轴驱动准备好"等信息未满足要求。

若使用伺服,检查伺服动力电源是否未准备好:检查电源模块;检查电源模块

接线;检查伺服动力电源空气开关。

（4）PLC程序编写错误。

检查逻辑电路。

急停回路是为了保证机床的安全运行而设计的,所以整个系统的各个部分出现故障均有可能引起急停,其常见故障现象及排除方法见表3-5。

表3-5　急停报警类故障及排除

故障现象	故障原因	排除方法
机床一直处于急停状态,不能复位	电气方面的原因	检查急停回路,排除线路方面的原因
	系统参数设置错误,使系统信号不能正常输入输出或复位条件不能满足引起的急停故障;PLC软件未向系统发送复位信息(检查KA中间继电器;检查PLC程序)	按照系统的要求正确设置参数
	PLC中规定的系统复位所需要完成的条件未满足要求,如"伺服动力电源准备好"、"主轴驱动准备好"等信息未到达	根据电气原理图和系统的检测功能,判断什么条件未满足,并进行排除
	PLC程序编写错误	重新调试PLC
	防护门没有关紧	关紧防护门
数控系统在自动运行的过程中,跟踪误差过大报警引起的急停故障	负载过大,或者夹具夹偏造成的摩擦力或阻力过大,从而造成加在伺服电动机上的扭矩过大,使电动机造成了丢步,形成了跟踪误差过大	减小负载,改变切削条件或装夹条件
	编码器的反馈出现问题,如编码器的电缆出现了松动	检查编码器的接线是否正确,接口是否松动或者用示波器检查编码其所反馈回来的脉冲是否正常
	伺服驱动器报警或损坏	对伺服驱动器进行更换或维修
	进给伺服驱动系统强电电压不稳或者是电源缺相引起	改善供电电压
	打开急停系统在复位的过程中,带抱闸的电动机由于打开抱闸时间过早,引起电动机的实际位置发生了变动,产生了跟踪误差过大的报警	适当延长抱闸电动机打开抱闸的时间,当伺服电动机完全准备好以后再打开抱闸

故障现象	故障原因	排除方法
伺服单元报警引起的急停故障	伺服单元如果报警或者出现故障,PLC检测后可以使整个系统处在急停状态,如过载、过流、欠压、反馈断线等①	找出引起伺服驱动器报警的原因,将伺服部分的故障排除,令系统重新复位
主轴单元报警引起的急停故障	主轴空开跳闸	减小负载或增大空开的限定电流
	负载过大	改变切削参数减小负载
	主轴过压、过流或干扰	清除主轴单元或驱动器的报警
	主轴单元报警或主轴驱动器出错	

注:① 如果是因为伺服驱动器报警而出现的急停,有些系统可以通过急停对整个系统进行复位,包括伺服驱动器,可以消除一般的报警。

例 3-10 一数控车床工作时突然停机。系统显示急停状态,并显示主轴温度报警。

故障分析 经过实际测量检查,发现主轴温度并没有超出允许的范围,故判断故障出现在温度仪表上,调整外围线路后报警消失。更换新仪表后恢复正常。

例 3-11 一台加工中心,在调试中 C 轴精度有很大偏差,机械精度经过检查没有发现问题。

故障分析 经过技术人员的调试发现直线轴与旋转轴伺服参数的计算有很大区别,经过重新计算伺服参数后,C 轴回到参考点,运行精度一切正常。

对于数控机床的调试和维修,重要的是吃透控制系统的 PLC 梯形图和系统参数的设置,出现问题后,应首先判断是强电问题还是系统问题,是系统参数问题还是 PLC 梯形图问题,要善于利用系统自身的报警信息和诊断画面,只要遵从以上原则,小心谨慎检查,一般的数控故障都可以及时排除。

例 3-12 一台立式加工中心采用国外进口控制系统,在自动方式下执行到 X 轴快速移动时就出现伺服单元报警。此报警是速度控制"OFF"和 X 轴伺服驱动异常。

故障分析 由于此故障出现后能通过重新启动消除,但每执行到 X 轴快速移动时就报警。经查,该伺服电动机电源线插头因电弧爬行而引起相间短路,经修整后此故障排除。

例 3-13 一数控龙门铣床,采用 TOSNUC600M 数控系统和 DSR-83 型直流主轴调速单元。开机后产生 PC4-00 号报警。

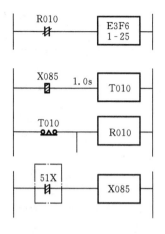

图 3-5　PC4-00 报警有关梯形图

故障分析　PC4-00 号报警为主轴单元故障。当主轴调速单元出故障后,将故障信号送至 PLC,再由 PLC 将此信息送至 NC 装置,从而在 CRT 上显示相应的报警号。在 PLC 到 NC 的信号中,地址为 E3F6 的输出口发送主轴故障信号,通过 PLC 梯形图监控画面可方便地查出该信号产生的原因。调用如图 3-5 所示的有关部分梯形图,当发生故障时,有关触点和继电器的监控状态为:51X、X085、T010、E3F6 等吸合,R010 断开。从中不难分析出是由于主轴调速单元送来的 51X 主电动机过热信号触点闭合,导致 X085、T010 吸合,R010 断电,其常闭触点闭合,使 E3F6 输出继电器通电,从而产生了 PC4-00 号报警。主电动机过热的原因往往是由于机床主轴铣头切削深度过大或切削速度过快,导致主电动机工作电流超过限定值。但是检查主轴铣头切削正常,电动机工作电流也未超过其限定值。手摸电动机外壳,温升异常。从而判断可能是主电动机强迫风冷不良所造成,检查风冷电动机及风道,发现风道内积满灰尘。打开风道盖,清除内部灰尘后故障消除。

我国早期应用的数控系统尚未采用 PLC 装置,而多数采用 PLC,即继电器逻辑控制。这类系统使用大量的小型继电器,可靠性较差。它们的运行自诊断功能只能用来检查数控装置的输入、输出接口状态。

例 3-14　配西门子 820 数控系统的加工中心产生 7035 号报警,查阅报警信息为工作台分度盘不回落。

故障分析　在该数控系统中 7 字头的报警为操作信息或机床厂家设定的报警,指示 CNC 系统外的机床侧状态不正常。处理方法是,针对故障信息,调出 PLC 输入输出状态与拷贝清单对照。工作台分度盘的回落是由工作台下面的接近开关 SQ25、SQ28 来检测的,其中 SQ28 检测工作台分度盘旋转到位,对应 PLC 输入接口 I10.6;SQ25 检测工作台分度盘回落到位,对应 PLC 输入点 I10.0。工作台的回落是由输出接口 Q4.7 通过继电器 KA32 驱动电磁阀 YV06 动作来完成。从"STATUSPLC"中观察,I10.6 为"1",表明工作台分度盘旋转到位;I10.0 为"0",表明工作台分度盘未落下。再观察 Q4.7 为"0",KA32 继电器不得电,YV06 电磁阀不动作,因而工作台分度盘不回落产生报警。

处理方法:手动 YV06 电磁阀,观察工作台分度盘是否回落;如果能够回落,再次自动执行该动作,通过 PLC 程序检查是什么条件没满足。

例 3-15 一卧式加工中心,采用 SINUMERIK8 系统,带 EXE 光栅测量装置。运行中出现"电缆断线或与地短路"报警,同时伴有"信号丢失"报警。

故障分析 外观检查和测量(信号漏读),并检查信号源和传输系统(光源和光学系统)发现灯泡表面呈毛玻璃状,指示光栅表面也有一层雾状物,经过清洗后,故障现象消失。

例 3-16 配备 SIN810 数控系统的加工中心,出现分度工作台不分度的故障且无报警。

故障分析 根据工作原理,分度是首先将分度的齿条和齿轮啮合,这个动作是靠液压装置来完成的,由 PLC 输出 Q1.4 控制电磁阀 YV14 来执行,PLC 相关部分的梯形图如图 3-6 所示;通过数控系统诊断系统中的"STATUS PLC"软键,实时查看 Q1.4 的状态,发现其状态为"0",由 PLC 梯形图查看 F123.0 也为"0",按梯形图逐个检查,发现 F105.2 为"0"导致 F123.0 为"0";根据梯形图查看"STATUS PLC"中的输入信号,发现 I10.2 为"0"从而导致 F105.2 为"0"。I9.3、I9.4、I10.2、I10.3 为四个接近开关的检测信号,以检测齿条和齿轮是否啮合。分度时,这四个接近开关都应有信号,即都应闭合,现发现 I10.2 未闭合。处理方法:检查机械部分确认机械是否到位;检查接近开关是否损坏。

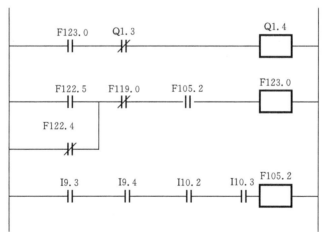

图 3-6 PLC 相关部分梯形图

例 3-17 北京第一机床厂生产的 XK5040 数控立铣,数控系统为 FANUC-3MA,驱动 Z 轴时产生 31 号报警。

故障分析 查维修手册,31 号报警为误差寄存器的内容大于规定值。根据 31 号警指示,将 31 号机床参数的内容由 2000 改为 5000,与 X、Y 轴的机床参数相同,然后用手轮驱动 Z 轴,31 号报警消除,但又产生了 32 号报警。查维修手册知,32

号报警为:Z 轴误差寄存器的内容超过了 ± 32767 或数模变换器的命令值超出了 $-8192 \sim +8191$ 的范围。将参数改为 3333 后,32 号报警消除,31 号报警又出现。反复修改机床参数,故障均不能排除。为了诊断 Z 轴位置控制单元是否出了故障,将 800、801、802 诊断号调出,发现 800 诊断号在 -1 与 -2 间变化,801 诊断号在 $+1$ 与 -1 间变化,802 诊断号却为 0,没有任何变化,这说明 Z 轴位置控制单元出现了故障。为了准确定位控制单元故障,将 Z 轴与 Y 轴的位置信号进行变换,即用 Y 轴控制信号去控制 Z 轴,用 Z 轴控制信号去控制 Y 轴,Y 轴就发生了 31 号报警(实际是 Z 轴报警),同时,801 诊断号也变为"0",802 诊断号有了变化。通过这样交换,再一次证明 Z 轴位置控制单元有问题。

交换 Z 轴、Y 轴伺服驱动系统,仍不能排除故障。交换伺服驱动控制信号及位置控制信号,Z 信号能驱动 Y 轴,Y 信号不能驱动 Z 轴。这样就将故障定点在 Z 轴伺服电动机上,打开 Z 轴伺服电动机,发现位置编码器与电动机之间的十字连接块脱落(位置编码器上的螺丝折断,致使电动机在工作中无反馈信号而产生上述故障报警)。

将十字连接块与伺服电动机、位置编码器重新连接好,故障排除。

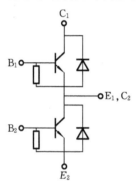

图 3-7　GTR 内部电路图

例 3-18　配 TOSNUC-600M 系统的 MPA-45120 型数控龙门铣床在运行中突然紧急停止,CRT 屏幕上出现 NC8-018 报警号,指示伺服电动机电流过大。

故障分析　检查 X、Y、Z、W 伺服单元,发现 X 轴伺服驱动电路板上 LED 指示故障信号。断电后对该驱动箱进行检查,通常该主回路中功率驱动晶体管模块 GTR 击穿可能性较大。用静态电阻测量法逐一检查各 GTR 模块,发现 GTR2 模块中的一个功率晶体管已被击穿。该模块型号为 MG200H2CK1,内部电路图如图 3-7 所示。当用 MF64 型万用表 $\times 100$ 欧姆挡测量时,B_1-C_1 结正向电阻 1kΩ,反向电阻 ∞,B_1-E_1 结正反向电阻都为 0.4 kΩ,B_2-C_2 结与 B_2-E_2 结正反向电阻值皆为 0,可见该晶体管已击穿。调换 GTR2 模块后,伺服驱动系统恢复正常。

3.6　操作类故障诊断与维修

操作类故障及排除方法见表 3-6。

表 3-6　操作类故障及排除

故障现象	故障原因		排除方法
手动运行数控机床,数控机床不动作	坐标无变化	数控机床锁住按钮损坏,使数控机床按钮一直处在数控机床锁住的状态①	更换按钮
		系统参数设置错误②	重新设置系统参数
		硬极限超程	手动将超程解除
		倍率选择开关选择 0	正确选择运动倍率
		手动按钮损坏或接触不良	更换按钮
	坐标有变化但轴不动作	系统驱动程序没有安装或安装不正确③	重新安装系统的驱动程序
		伺服驱动器报警或使能信号未到达	清除伺服驱动器的报警,检查使能信号是否到达
		系统参数设置错误④	重新设置系统参数
手摇无效	坐标无变化	脉冲发生器坏	更换或维修脉冲发生器
		系统参数设置不对	正确设置系统参数
		手摇使能无效,或使能信号没有接通⑤	检查线路,判断使能信号是否给出
	坐标有变化但轴不动作	数控机床锁住按钮损坏,使数控机床按钮一直处在数控机床锁住的状态	更换数控机床锁住按钮
		伺服或主轴部分出现报警	清除报警
手动移动数控机床超程后无法解除	数控机床超程信号接反或者是数控机床运动方向相反⑥		将轴的运动方向更改,或者将超程信号进行互换
	PLC 的编写错误		更改 PLC 程序
	参数设置错误		正确设置系统参数
M、S、T 指令有时执行,有时不能够执行或者执行的动作不正确	参数设置错误或者丢失,从而引起系统的控制紊乱		重新设置参数
	系统受到较强烈的干扰		增加防干扰的措施,排除干扰源

故障现象	故障原因	排除方法
系统 G00、G01、G02、G03 指令均不能执行	系统选择了每转进给,但是主轴未启动	在轴动作前先运转主轴
	PLC 中已经设定了主轴速度到达信号,但该信号没有到达系统	找出主轴信号未到达的原因或将主轴速度到达的限定范围加大
	轴的进给倍率选择了零	选择正确的进给倍率
机床油泵、冷却泵没有启动或启动后没有油、冷却液输出	输入输出板或回路出现故障	维修或更换输入输出板
	电动机电源相序不正确⑦	调整三相电源的相序
	冷却箱过脏,引起电泵堵塞,冷却管堵塞或变形	清洗冷却箱,更换过脏的冷却液,更换变形的冷却管
系统发出主轴旋转的指令后,主轴不转动或只能向一个方向转动	系统的控制主轴的模拟电压没有输出	测量是否有电压输出,是否随主轴转速的变化而变化
	系统的主轴模拟量的输出接口与变频器的连接电缆断线或者短路	重新焊接电缆或更换
	连接器接触不良	重新将连接器接牢
	主轴的正转或反转控制接触器损坏或触点接触不良	更换损坏的继电器
	主轴控制电路接触不良或有断线	根据电气原理图找出故障点
机床工作台运行时抖动,有时有卡滞现象	导轨拉伤产生爬行	清洗导轨或用油石清洗导轨表面
	丝杠轴承损坏	更换损坏的轴承
	传动链松动	检查传动系统,紧固松动的地方
气动卡盘夹不紧工件	气压不足	增大气压
	电磁阀损坏	更换电磁阀
	压力继电器损坏	更换压力继电器

注:① 如果数控机床锁住按钮被按下或者因为损坏而一直处于导通的状态,则数控机床各

轴是不能运动的。在自动状态下,系统可以向各个轴发运动指令,但轴不执行。

② 如果数控系统与轴相关的一些参数设置不当,可造成轴运动不正常或不能够运行。

③ 某些数控系统在调试时必须安装相应的驱动程序才能够运行,如果驱动程序没有安装或者安装得不正确,数控机床轴是不能够正常运行的。

④ 数控系统如果与轴相关的一些参数设置不当,可以造成轴运动不正常或不能够运行。

⑤ 为了安全考虑,一些手摇设置了一个使能按钮。当使能按钮被按下,系统检测到这个信号以后,手摇所发的脉冲才能够被系统接受。当使能信号没有接通或系统没有检测到时,手摇即无效。

⑥ 机床在运行时超程是经常遇到的现象,在进行超程解除的时候有可能因为操作者的不熟练,将超程解除的方向弄反。某些数控系统厂家为了机床运行的安全性,在机床超程的时候设置了一些输入信号,用来检测数控机床的超程方向;如果检测到数控机床超程后,机床只能够向超程的相反方向运动,这样能够防止机床继续向超程的方向运动。但是如果机床的超程信号接反或者是机床的运动方向相反,机床超程就不能够正常解除。

⑦ 如果油泵、冷却泵直接使用的是普通三相交流电动机,有可能是因为电动机电源进线相序接反,造成电动机的反转,致使油或冷却液不能够正常输出。

例 3-19 数控车床在使用中手动移动正常,自动回零时移动一段距离后不动,重开手动移动又正常。

故障分析 该车床使用经济型数控系统,步进电动机驱动,手动移动时由于速度稍慢,移动正常,自动回零时快速移动距离较长,出现机械卡住现象。根据故障进行分析,主要是机械原因,后经询问才得知该机床因加工时尺寸不准,将另一台机床上的电动机拆来使用后出现了该故障,经仔细检查是因变速箱中的齿轮间隙太小引起,重新调整后正常。这是一例人为因素造成的故障,在修理中如不加注意会经常发生,因此在工作中应引起重视,避免这种现象的发生。

例 3-20 配备 FANUC-0T 系统的数控车床,当脚踏尾座开关使套筒顶尖顶紧工件时,系统产生故障报警。

故障分析 在系统诊断状态下,调出 PLC 输入信号,发现脚踏开关 X04.2 为"1",尾座套筒转换开关 X17.3 为"1",润滑油液面开关 X17.6 为"1"。调出 PLC 输出信号,当脚踏向前开关时,输出 Y49.0 为"1",同时电磁阀也得电。这说明系统 PLC 输入、输出状态均正常。下面分析尾座套筒液压系统。当电磁阀 YV4.1 得电后,液压油经溢流阀、流量控制阀和单向阀进入尾座套筒液压缸,使其向前顶紧工件。松开脚踏开关后,电磁换向阀处于中间位置,油路停止供油;由于单向阀的作用,尾座套筒向前时的油压得到保持,该油压使压力继电器常开触点接通,在系统 PLC 输入信号中 X00.2 为"1",但检查系统 PLC 输入信号 X00.2 为"0",说明压力继电器有问题,经进一步检查发现其触点损坏。

例 3-21 一卧式加工中心,由于 Z 轴(立柱移动)位置环发生故障,机床在移动 Z 轴时立柱突然以很快的速度向相反方向冲去。位置检测回路修复后,Z 轴只能以很慢的速度移动(倍率开关置 20％以下),稍加快点 Z 轴就抖动,移动越快抖动越严重,严重时整个立柱几乎跳起来。

故障分析 更换伺服电动机后,故障现象没有消除,由于驱动电动机有许多保护环节,所以暂不考虑其余故障而怀疑机械部分有问题。通过检查发现润滑、轴承、导轨导向块等各项均良好,用手转动滚珠丝杠,立柱移动也很轻松;滚珠丝杠螺母与立柱连接良好;滚珠丝杠螺母副也无轴向间隙,预紧力适度,进而怀疑滚珠丝杠有问题,换上备件后,故障现象消失。经过检查又发现滚珠丝杠的弯曲度超过了 0.15 mm/m。由于撞车时速度很快,滚珠丝杠承受的轴向力很大,结果引起滚珠丝杠弯曲,低速时由于扭矩和轴向力都不大,所以影响不大,而高速时扭矩和轴向力都很大,加剧了滚珠丝杠的弯曲,使阻力增大,从而使 Z 轴不稳定,引起抖动。

例 3-22 某加工中心在 JOG 方式下进给平稳,但自动方式下则不正常。

故障分析 首先要确定是 NC 故障还是伺服系统故障,先断开伺服速度给定信号,用电池电压作信号,故障依旧,说明 NC 系统没有问题。进一步检查是 Y 轴夹紧装置出故障。

例 3-23 某加工中心采用直流主轴电动机、逻辑无环可逆调速系统。当用 M03 指令启动时有"咔、咔"的冲击声,电动机换向片上有轻微的火花,启动后无明显的异常现象;用 M05 指令使主轴停止时,换向片上出现强烈的火花,同时伴有"叭、叭"的放电声,随即交流回路的保险丝熔断。火花的强烈程度和电动机的转速成正比。但若用急停方式停止主轴,换向片上没有任何火花。

故障分析 先急停(电阻能耗制动),再正常停机(回馈制动)。在任何时候不允许正、反两组同时工作,有火花说明逆变电路有故障。

例 3-24 配备 FANUC-7CM 系统的 XK715F 型数控立铣床,其旋转工作台(B 轴)低速时转动正常,中、高速时出现抖动。

故障分析 采用隔离法将电动机从转盘上拆下后再运转,仍有抖动现象,再将位置环脱开,外加 VCMD 给定信号给速度单元,再运转,还是抖动。可见,故障在电动机或速度单元上。先打开电动机,发现大量冷却油进入内部。洗刷电动机内部后再装好,运转时电动机不再抖动。

3.7　回参考点、编码器类故障诊断与维修

3.7.1　返回机床参考点的两种方法

按机床检测元件检测原点信号方式的不同,返回机床参考点的方法有两种,即栅点法和磁开关法。在栅点法中,检测器随着电动机一转信号同时产生一个栅点

或一个零位脉冲;在机械本体上安装一个减速挡块及一个减速开关,当减速挡块压下减速开关时,伺服电动机减速到接近原点速度运行。当减速挡块离开减速开关时,即释放开关后,数控系统检测到的第一个栅点或零位信号即为原点。在磁开关法中,在机械本体上安装磁铁及磁感应原点开关或者接近开关,当磁感应开关或接近开关检测到原点信号后,伺服电动机立即停止运行,该停止点被认做原点。

栅点法的特点是如果接近原点速度小于某一特定值,则伺服电动机总是停止于同一点,也就是说,在进行回原点操作后,机床原点的保持性好。磁开关法的特点是软件及硬件简单,但原点位置随着伺服电动机速度的变化而成比例地漂移,即原点不确定,目前,大多数机床采用栅点法。

栅点法中,按照检测元件的不同分为以绝对脉冲编码器方式归零和以增量脉冲编码器方式归零。在使用绝对脉冲编码器作为测量反馈元器件的系统中,机床调试时第一次开机后,通过参数设置配合机床回零操作调整到合适的参考点后,只要绝对编码器的后备电池有效,此后每次开机,不必进行回参考点操作。在使用增量脉冲编码器的系统中,回参考点有两种方式,一种是开机后在参考点回零模式下直接回零;另一种是在存储器模式下,第一次开机手动回原点,以后均可用 G 代码方式回零。

3.7.2 返回参考点的方式

返回参考点的方式一般可以分为如下几种。

(1)手动回原点时,回原点轴先以参数设置的快速移动速度向原点方向移动;当减速挡块压下原点减速开关时,回原点轴减速到系统参数设置的较慢参考点定位速度,继续向前移动;当减速开关被释放后,数控系统开始检测编码器的栅点或零脉冲;当系统检测到第一个栅点或零脉冲后,电动机马上停止转动,当前位置即为机床零点。

(2)回原点轴先以参数设置的快速移动的速度向原点方向移动,当减速挡块压下原点减速开关时,回零轴减速到系统参数设置较慢的参考点定位速度,轴向相反方向移动;当减速开关被释放后,数控系统开始检测编码器的栅点或零脉冲;当系统检测到第一个栅点或零脉冲后,电动机马上停止转动,当前位置即为机床零点。

(3)回原点轴先以参数设置的快速移动的速度向原点方向移动,当减速挡块压下原点减速开关时,回零轴减速到系统参数设置较慢的参考点定位速度,轴向相反方向移动;当减速开关被释放后,回零轴再次反向;当减速开关再次被压下后,数控系统开始检测编码器的栅点或零脉冲;当系统检测到第一个栅点或零脉冲后,电动机马上停止转动,当前位置即为机床零点。

（4）回原点轴接到回零信号后，就在当前位置以一个较慢的速度向固定的方向移动，同时数控系统开始检测编码器的栅点或零脉冲；当系统检测到第一个栅点或零脉冲后，电动机马上停止转动，当前位置即为机床零点。

使用增量式检测反馈元件的机床，开机第一次各伺服轴手动回原点大多采用挡块式复归，其后各次的原点复归可以用 G 代码指令，以快速进给速度复归至开机第一次回原点的位置。

使用绝对式检测反馈元件的机床第一次回原点时，首先，数控系统与绝对式检测反馈元件进行数据通信以建立当前的位置，并计算当前的位置到机床原点的距离及当前位置到距离最近栅点的距离，系统将所得的数值计算后，赋给计数器，栅点即被确立。

3.7.3　回参考点故障及排除

当数控机床回参考点出现故障时，先检查原点减速挡块是否松动，减速开关固定是否牢靠或被损坏。用百分表或激光干涉仪进行测量，确定机械相对位置是否漂移；检查减速挡块的长度，安装的位置是否合理；检查回原点的起始位置、原点位置和减速开关的位置三者之间的关系；确定回原点的模式是否正确；确定回原点所采用的反馈元器件的类型；检查有关回原点的参数设置是否正确；确认系统是全闭环还是半闭环的控制；用示波器检查脉冲编码器或光栅尺的零点脉冲是否出现了问题；检查 PLC 的回零信号的输入点是否正确。

回参考点常见故障及排除见表 3-7。

表 3-7　回参考点常见故障及排除

故障现象	故障原因		排除方法
机床回原点后，原点漂移或参考点发生整螺距偏移	参考点发生单个螺距偏移	减速开关与减速挡块安装不合理，使减速信号与零脉冲信号相隔距离过近	调整减速开关或者挡块的位置，使机床轴开始减速的位置大概处在一个栅距或一个螺距的中间位置
		机械安装不到位	调整机械部分
	参考点发生多个螺距偏移	参考点减速信号不良引起的故障	检查减速信号是否有效，接触是否良好
		减速挡块固定不良引起寻找零脉冲的初始点发生了漂移	重新固定减速挡块
		零脉冲不良引起	对码盘进行清洗

故障现象	故 障 原 因	排 除 方 法
系统开机回不了参考点、回参考点不到位	系统参数设置错误	重新设置系统参数
	零脉冲不良引起的故障,回零时找不到零脉冲	对编码器进行清洗或者更换
	减速开关损坏或者短路	维修或更换减速开关
	数控系统控制检测放大的线路板出错	更换线路板
	导轨平行度、导轨与压板面平行度、导轨与丝杠的平行度超差	重新调整平行度
	当采用全闭环控制时光栅尺沾了油污	清洗光栅尺
找不到零点或回参考点时超程	回参考点位置调整不当引起的故障,减速挡块距离限位开关行程过短	调整减速挡块的位置
	零脉冲不良引起的故障,回零时找不到零脉冲	对编码器进行清洗或者更换
	减速开关损坏或者短路	维修或更换减速开关
	数控系统控制检测放大的线路板出错	更换线路板
	导轨平行度、导轨与压板面平行度、导轨与丝杠的平行度超差	重新调整平行度
	当采用全闭环控制时光栅尺沾了油污	清洗光栅尺
回参考点的位置随机性变化	干扰	找到并消除干扰
	编码器的供电电压过低	改善供电电源
	电动机与丝杠的联轴节松动	紧固联轴节
	电动机扭矩过低或由于伺服调节不良,引起跟踪误差过大	调节伺服参数,改变其运动特性
	零脉冲不良	对编码器进行清洗或者更换
	滚珠丝杠间隙增大	修磨滚珠丝杠螺母调整垫片,重调间隙

故障现象	故障原因	排除方法
攻丝时或车螺纹时出现乱扣	零脉冲不良引起的故障	对编码器进行清洗或者更换
	时钟不同步出现的故障	更换主板或更改程序
	主轴部分没有调试好,如主轴转速不稳,跳动过大或因为主轴过载能力太差,加工时因受力使主轴转速发生太大的变化	重新调试主轴
主轴定向不能够完成,不能够进行镗孔、换刀等动作	脉冲编码器出现问题	维修或更换编码器
	机械部分出现问题	调整机械部分
	PLC调试不良,定向过程没有处理好	重新调试PLC

例 3-25 某机床在回零时,发现机床回零的实际位置每次都不一样,漂移一个栅点或者是一个螺距的位置,并且是时好时坏。

故障分析 如果每次漂移只限于一个栅点或螺距,这种情况有可能是因为减速开关与减速撞块安装不合理,机床轴开始减速时的位置距离光栅尺或脉冲编码器的零点太近;由于机床的加减速或惯量不同,机床轴在运行时过冲的距离不同,从而使机床轴所找的零点位置发生了变化。

解决办法如下。

(1)改变减速开关与减速撞块的相对位置,使机床轴开始减速的位置大概处在一个栅距或一个螺距的中间位置;

(2)设置机床零点的偏移量,并适当减小机床的回零速度或机床的快移速度的加减速时间常数。

例 3-26 一台数控车床,X、Z 轴使用半闭环控制,在用户中运行半年后发现 Z 轴每次回参考点,总有 $2\sim3$ mm 的误差,而且误差没有规律。

故障分析 调整控制系统参数后故障仍没消除,更换伺服电动机后故障依然存在,后来仔细检查发现是丝杠末端没有锁紧,经过螺母锁紧后故障排除。

例 3-27 某机床在回零时有减速过程,但是找不到零点。

故障分析 机床轴回零时有减速过程,说明减速信号已经到达系统,证明减速开关及其相关电气没有问题,问题可能出在编码器上;用示波器测量编码器的波形,的确找不到零脉冲,可以确定是编码器出现了问题。

解决办法:将编码器拆开,观察里面是否有灰尘或者油污,再将编码器擦拭干净;用示波器测量,如发现零脉冲,则问题解决,否则可以更换编码器或者进行修理。

注意:此类问题较多,如全闭环中使用的光栅尺,如果长时间不进行清洗,光栅尺的零点标记被灰尘或者油污遮住,就有可能出现类似的问题。

例 3-28 某机床在回零时,Y 轴回零不成功,报超程错误。

故障分析 首先观察轴回零的状态,选择回零方式,让 X 轴先回零,结果能够正确回零,再选择 Y 轴回零,观察到 Y 轴在回零的时候,压到减速开关后 Y 轴并不发生减速动作,而是越过减速开关,直至压到限位开关机床超程;直接将限位开关按下后,观察机床 PLC 的输入状态,发现 Y 轴的减速信号并没有到达系统,可以初步判断有可能是机床的减速开关或者是 Y 轴的回零输入线路出现了问题,然后用万用表进行逐步测量,最终确定为减速开关的焊接点出现了脱落。将脱落的线头焊好后,故障即排除。

例 3-29 一台普通的数控铣床,开机回零,X 轴正常,Y 轴回零不成功。

故障分析 机床轴回零时有减速过程,说明减速信号已经到达系统,证明减速开关及其相关电气装置没有问题,问题可能出在编码器上;用示波器测量编码器的波形,但是零脉冲正常,可以确定编码器没有出现问题,问题可能出现在接受零脉冲反馈信号的线路板上。

解决办法:更换线路板。有的系统可能每个轴的检测线路板是分开的,可以将 X、Y 两轴的板子进行互换,确认问题的所在,然后更换板子;有的系统可能把检测的板子与 NC 板集成了一块,则可以直接更换整个板子。

例 3-30 加工中心主轴定向不准或错位。

故障分析 加工中心主轴的定向通常采用三种方式:磁传感器、编码器和机械定向。

使用磁传感器和编码器时,除了通过调整元件的位置外,还可通过对机床参数进行调整。加工中心发生定向错误时大都无报警,只能在换刀过程中发生中断时才会被发现。某次在一台改装过的加工中心上出现了定向不准的故障,开始时机床在工作中出现中断,但出现的次数不很多,重新开机又能工作,故障反复出现。在故障出现后对机床进行了仔细观察,发现故障的真正原因是主轴在定向后发生位置偏移,而且是主轴在定向后如被手碰一下(和工作中在换刀时当刀具插入主轴时的情况相近)主轴会产生向相反方向的漂移,检查电气部分无任何报警,机械部分又很简单。该机床的定向使用编码器,从故障的现象和可能发生的部位来看,电气部分发生故障的可能性比较小,机械连接部分有可能发生故障。所以决定检查机械连接部分,在检查到编码器的连接时发现编码器上联接套的紧定螺钉松动,使联接套后退,造成与主轴的连接部分间隙过大,使旋转不同步。将紧定螺钉按要求固定好后故障消除。发生主轴定向方面的故障后,应根据机床的具体结构进行分析处理,先检查电气部分,如确认正常后再考虑机械部分。

例 3-31　配西门子 SINUMERIK 810 系统的数控大型车床有时回不了参考点。用 X 轴置回参考点方式,启动刀架向 X 参考点移动,碰到减速开关之后,X 轴反向移动,找不到参考点。为了证实 X 位置编码器是否有零脉冲发至数控系统,暂时修改 810T 系统 MD2001 和 MD4000 参数值,将 X 轴设成 S 轴,再观察主轴伺服数据显示画面,在 X 轴转动时其实际旋转值是否从零逐渐变大。经观察,其值不变,总为零,从而判定 X 轴编码器有故障。调换一个 2 500 脉冲/转的编码器(原为 2 000 脉冲/转),并将机床参数 MD3640 从 8 000 改为 10 000 后,X 轴回参考点,不可靠故障解决。

3.8　参数设定错误引起的故障

数控机床在出厂前已将所用的系统参数进行了调试优化,但有的数控系统还有一部分参数需要到用户那里去调试;如果参数设置不对或者没有调试好,就有可能引起各种各样的故障现象,直接影响到机床的正常工作和性能的充分发挥。在数控机床维修的过程中,有时也利用参数来调试机床的某些功能,而且有些参数需要根据机床的运动状态来进行调整。有的系统参数很多,维修人员逐一去查找不现实,因此应针对性地去查找故障。

数控机床的参数一般分为状态型参数、比率型参数、真实值参数,如果按照机床参数所具有的性质又可以分为普通型参数和秘密级参数。普通型参数是数控厂家在各类公开发行的资料中公开的参数,对参数都有详细的说明及规定,有些允许用户进行更改调试。秘密级参数是数控厂家在各类公开发行的资料中不公开的参数,或者是系统文件中进行隐藏的参数,此类参数只有数控厂家能进行更改与调试,用户没有更改的权限。

3.8.1　数控系统参数丢失

(1)数控系统的后备电池失效。

后备电池的失效将导致全部参数的丢失。数控机床长时间停用最容易出现后备电池失效的现象。机床长时间停用时应定期为机床通电,使机床空运行一段时间,这样不但有利于后备电池的使用时间延长,及时发现后备电池是否无效,更重要的是可以延长整个数控系统,包括机械部分的使用寿命。

(2)操作者的误操作使参数丢失或者受到破坏。

这种现象在初次接触数控机床的操作者中经常遇到。由于误操作,有的将全部参数进行清除,有的将个别参数更改,有的将系统中处理参数的一些文件不小心进行了删除,从而造成了系统参数的丢失。

(3)机床在 DNC 方式下加工工件或者在进行数据传输时电网突然停电。

3.8.2 参数设定错误引起的部分故障现象

（1）系统不能正常启动；

（2）数控机床不能正常运行；

（3）数控机床运行时经常报跟踪误差；

（4）数控机床轴运动方向或回零方向反；

（5）运行程序不正常；

（6）螺纹加工不能够进行；

（7）系统显示不正常；

（8）死机。

参数是整个数控系统中很重要的一部分，如果参数出现了问题可以引起各种各样的问题，所以在维修调试的时候一定要注意检查参数：首先排除因为参数设置不合理而引起的故障，再从别的位置查找问题的根源。

3.9 刀架、刀库常见故障诊断与维修

3.9.1 自动换刀装置

自动换刀装置是数控车床、加工中心的重要组成部分，它的形式多种多样，目前常见的有如下几种。

1. 可转位刀架

这是一种刀具储存装置，可以同时安装 4、6、8、12 把不等的刀具，主要用于数控车床，是数控车床中的一种专用的自动化机械。图 3-8 所示的是两种不同形式的转位刀架，分别可装 4 把刀、6 把刀。转位刀架不但可以储存刀具，而且在切削时要连同刀具一起承受切削力，在加工过程中完成刀具交换转位、定位夹紧等动作。

其中四工位电动刀架的工作原理是系统发出换刀信号，控制继电器动作，电动机正转，通过蜗轮、蜗杆、螺杆将销盘上升至一定高度时，离合销进入离合盘槽，离合盘带动离合销，离合销带动销盘，销盘带动上刀体转位；当上刀体转到所需刀位时，霍尔元件电路发出到位信号，电动机反转，反靠销进入反靠盘槽，离合销从离合盘槽中爬出，刀架完成粗定位；同时销盘下降端齿啮合，完成精定位，刀架锁紧。

电动刀架的电气控制分强电和弱电两部分，强电部分由三相电源驱动三相交流异步电动机正、反向旋转，从而实现电动刀架的松开、转位、锁紧等动作；弱电部分主要由位置传感器-发讯盘构成，发讯盘采用霍尔传感器发讯。

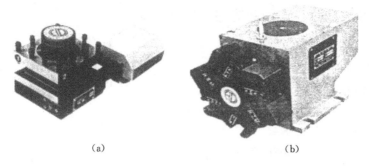

（a）　　　　　　　　　　　　（b）

图 3-8　转位刀架

2. 更换主轴头换刀

在带有旋转刀具的数控机床中,更换主轴头是一种简单的换刀方式,主轴头通常有立式与卧式两种,而且常用转塔的转位来更换主轴头,以实现自动换刀。在转塔的各个主轴头上预先安装各工序所需要的旋转刀具。当发出换刀指令时,各主轴头依次旋转到加工位置,并接通主轴运动,使相应的主轴带动刀具旋转,而其他不处于加工位置的主轴都与主运动脱开。

3. 带刀库的自动换刀系统

加工中心可以对工件完成多工序加工,在加工过程中需要自动更换刀具,自动换刀系统的主要指标是刀库容量、换刀可靠性和换刀时间。这些指标直接影响加工中心的工艺性能和工作效率。

加工中心的刀库按其形式可分为盘式刀库、链式刀库等,按换刀方法不同又分为有机械手换刀和无机械手换刀两种。刀库与机械手在机床上的各种布局、组合,使结构变化各异。选用何种结构形式,要由设计者根据工艺、刀具数量、主机结构、总体布局等多种因素决定。

无机械手换刀系统的优点是结构简单,换刀可靠性较高,成本低;其缺点是结构布局受到了限制,刀库的容量少,换刀时间较长(10~20 s),因此多用于中小型加工中心。在有机械手的自动换刀系统中,刀库的容量、刀库的形式、布局等都比较灵活,机械手的配置形式也是多种多样的,可以是单臂的、双臂的,甚至可有主、辅机械手,换刀时间可以缩短到几秒,甚至零点几秒。

常用的选刀方式有顺序选刀和任意选刀,顺序选刀要求加工用刀具严格按加工过程中使用的顺序放入刀库中,任意选刀的换刀方式可以有刀套编码、刀具编码和记忆等方式。目前在加工中心上绝大多数都使用记忆式的任选换刀方式。这种方式是刀具号和在刀库中的放置(地址)对应地记忆在数控系统的 PC 中,刀库上装有位置检测装置,刀具在使用中无论位置如何变化,数控系统总能追踪记忆刀具在刀库中的位置,这样刀具就可以从刀库中任意取出并送回。刀库中设有机械原点,每次选刀时,数控系统可以确定取刀最短路径,就近取刀,如圆盘刀库就不会在刀库旋转超过 180°的情况下选刀。

图 3-9 所示的是斗笠式圆盘刀库和链式刀库,图 3-9(b)所示的右下角是回转式单臂双爪机械手。

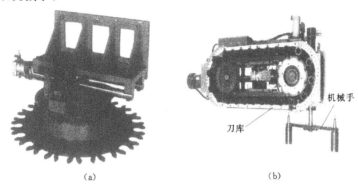

（a）　　　　　　　　　　　　　　（b）

图 3-9　斗笠式圆盘刀库和链式刀库

3.9.2　刀架、刀库及换刀常见故障与排除

刀架、刀库及换刀常见故障及排除见表 3-8。

表 3-8　刀架、刀库及换刀常见故障及排除

故障现象	故障原因	排除方法
换刀时刀架不转	电源相序接反（使电动机反向运转）或电源缺相（适用普通车床刀架）①	将电源相序调换
	PLC 程序出错,换刀信号没有发出	重新调试 PLC
换刀时刀架/刀库一直旋转	刀位信号没有到达	检查线路是否有误
	I/O 输入输出板出错	维修或更换
	检测信号的开关损坏	维修或更换
普通刀架不能锁紧	刀架反转信号没有输出	检查线路是否有误
	刀架锁紧时间过短	增加锁紧时间
	机械故障	重新调整机械部分
刀库换刀动作不能完成	松刀感应开关或电磁阀损坏或失灵	更换松刀感应开关或电磁阀
	压力不足,液压系统出现问题,液压缸因液压系统压力不足或漏油而不动作,或行程不到位	检查液压系统
	PLC 调试出错,换刀条件不能满足	重新调试 PLC,观察 PLC 的输入输出状态
	主轴系统出错	主轴驱动器是否报错

故障现象	故障原因	排除方法
自动换刀时刀链运转不到位	液压系统出现问题,油路不畅通或液压阀出现问题	检查液压系统
	液压马达出现故障	检查液压马达是否正常工作
	刀库负载过重,或者有阻滞的现象	检查刀库装刀是否合理
	润滑不良	检查润滑油路是否畅通,并重新润滑
刀具夹紧后不能松开,主轴刀柄取不下来	松刀力不够	调整机械部分
	气液压阀松或拉力气缸损坏	维修或更换
	拉杆行程不够或拉杆位置变动	调整机械部分
	7:24锥为自锁与非自锁的临界点	重新调整
	刀具松夹弹簧压合过紧	调整刀具松夹弹簧
	液压缸压力和行程不够	对液压缸进行检查
刀具不能夹紧主轴,不能拉上刀柄	拉杆行程不够	对拉杆进行调整
	松刀接近开关位置变动	调整接近开关的位置
	拉杆头部损坏	更换拉杆
	阀未动作、卡死或者未上电	检查阀是否有动作或有电输出
	拉钉未拧紧或者型号选择不正确	检查拉钉并更换
	蝶形弹簧位移量太小	调整蝶形弹簧
	刀具松夹弹簧上螺母松动	紧固螺母

注:① 数控系统在换刀时,换刀信号已经发出,控制刀架电动机的接触器也已经闭合,如果现在刀架电动机不运转,有可能是因为刀架电动机电源缺相;另一个原因有可能是刀架电动机正反转信号接反,因为普通经济型车床所使用的刀架是通过刀架电动机的正反转来进行选刀,并进行锁紧等动作,一般的工作顺序是刀架首先正转进行选择刀具,刀具选择到位后,电动机再进行反转,把所选择的刀具进行锁紧,整下换刀过程才结束。如果刀架电动机电源的相序接反或者是所发出的正反转信号相反,那么数控系统选择刀具时所发出的是刀架电动机正转信号,刀架电动机此时的运动状态恰好是反转锁紧,所以刀架电动机就会静止不动,一直处在锁紧状态。此时将刀架电动机的电源线任换两组,或者是将 PLC 的刀架输出信号相互调节一下,故障即可消除。

例 3-32 一加工中心换刀臂平移到位后,无拔刀动作,ATC 的动作起始状态是:主轴保持要交换的旧刀,换刀臂在 B 位置,换刀臂在上部位置,刀库已将要交换的新刀具定位。

故障分析　自动换刀的顺序为:换刀臂左移(B→A)→换刀臂下降(从刀库拔刀)→换刀臂右移(A→B)→换刀臂上升→换刀臂右移(B→C,抓住主轴中刀具)→主轴液压缸下降(松刀)→换刀臂下降(从主轴拔刀)→换刀臂旋转180°(两刀具交换位置)→换刀臂上升(装刀)→主轴液压缸上升(抓刀)→换刀臂左移(C→B)→刀库转动(找出旧刀具位置)→换刀臂左移(B→A,返回刀具给刀库)→换刀臂右移(A→B)→刀库转动(找下一把刀)。

换刀臂平移至C位置时,无拔刀动作,分析原因,有以下几种可能:

① SQ2无信号,所以未输出松刀电磁阀YV2的电压,主轴仍处于抓刀状态,换刀臂不能下移;

② 松刀接近开关SQ4无信号,则换刀臂升降电磁阀YV1状态不变,换刀臂不下降;

③ 电磁阀有故障,给予信号也不动作。逐步检查,发现SQ4未发出信号;进一步对SQ4进行检查,发现感应间隙过大导致接近开关无信号输出,产生动作障碍。

例 3-33　一台车削中心,工作时CRT显示报警"未抓起工件报警",但实际上抓工件的机械手已将工件抓起。

故障分析　查阅PLC图知,此故障是测量感应开关发出的。查机械手部位,发现机械手工作行程不到位,由未完全压下感应开关引起。随后调整机械手的夹紧力,此故障排除。

例 3-34　一加工中心使用一段时间后出现换刀故障,刀插入主轴刀孔时,发生了错位,机床上无任何报警。

故障分析　在对机床进行了仔细的观察后,发现造成刀具插入错位是因为主轴定向后又偏移了原来的位置。在使用手动方式检查主轴定向时发现:主轴在定向完成后位置是正确的,当用手转动一下主轴后,主轴会慢慢向使力的相反方向转动一小段距离,逆时针旋转时在定向完成后只转动一点,再顺时针旋转后能返回到原来的位置。为了确认电气部分是否正常,在主轴定向后检查了有关的信号均正常,由于定向控制是通过编码器进行检测的,因此对编码器产生了怀疑。对该部分的电气和机械连接进行了检查,当将主轴的编码器拆开后即发现编码器上的联轴器止退螺钉松动且已经后移,因而工作时编码器与检测齿轮不能同步,使主轴的定向位置不准,造成了换刀错位故障。

3.10　数控加工类故障诊断与维修

误差故障的现象较多,在各种设备上出现时的表现不一。如数控车床在直径方向出现时大时小的现象较多。在加工中心上,垂直轴出现误差的情况较多,常见的是尺寸向下逐渐增大,但也有尺寸向上增大的现象;在水平轴上也经常会有一些较小误差的故障出现,有些经常变化,时好时坏,使零件的尺寸难以控制,造成数控机床中误差故障但又无报警的情况。数控机床中的无报警故障大都是一些较难处理的故障。在这些故障中,以机械原因引起的较多,其次是一些综合因素引起的故障,对这些故障的排除一般具有一定的难度,特别是对故障的现象判断尤其重要。在数控机床的修理中,对这方面故障的判断经验只有在实践中进行摸索,不断总结,不断提高,以适应现代工业新型设备维修的需要。

加工类常见故障及排除见表 3-9。

表 3-9 加工类常见故障及排除

故障现象	故 障 原 因		排 除 方 法
加工尺寸或精度误差过大	系统方面	机床的数控系统较简单,在系统中对误差没有设置检测,因此在机床出现故障时没有报警显示	提高机械精度,尽量减小误差发生的可能性
		机床中出现的误差情况不在设计时预测的范围内[1]	适当减小允差范围,调整参数,提高加工精度
		机床的电气系统中回零不当,回零点不能保证一致[2]	调整减速开关或适当减小回零速度
		机床运动时由于超调引起加工精度和加工尺寸误差过大[3]	适当调整伺服参数的增益,改善电动机的运转性能
	操作方面	在利用刀尖半径补偿时,G41、G42 使用不正确或者在走刀换向时没有相应修改 G41、G42	正确使用 G41、G42 加工指令
		刀具与工件的相对位置方位号设定错误	更改方位号
		对刀不正确,或者加工时没有考虑刀尖半径尺寸	更改操作方法
	机械方面	机床几何精度太差,机床机械精度达不到要求	重新调整机床几何精度
		丝杠与电动机的联轴器的影响[1]	调整丝杠与电动机的联轴器,或更换联轴器消除弹性变形
		滚珠丝杠的支承轴承或钢球损坏	更换轴承螺母或钢球
		滚珠丝杠的反向器磨损	更换反向器
		传动链松动	检查传动系统,并排除松动
		滚珠丝杠的预紧力调整不适当	调整滚珠丝杠的预紧力,使窜动不超过 0.001 5 mm

故障现象	故 障 原 因	排 除 方 法
两轴联动铣削圆周时圆度超差	圆的轴向变形,其原因是由于机床的机械未调整好而造成轴的定位精度不好,或者是机床的丝杠间隙补偿不当,从而导致每当机床在过象限时就产生圆度误差	调整机械安装,减小机床的机械误差
	产生斜椭圆误差时,一般是由各轴的位置偏差过大造成,可以通过调整各轴的增益来改善各轴的运动性能,使每个轴的运动特性比较接近。另外,机械传动副之间的间隙如果过大或者间隙补偿不合适的话,也可能引起该故障	调整各轴的伺服驱动器,改善各轴的运动性能,调整机械安装,消除反向间隙
两轴联动铣削圆周时圆弧上有突起现象	圆弧切削在特定的角度(0°、90°、180°、270°)过象限时,电动机需要反转,由于机械的摩擦力、反向间隙等原因造成速度无法连续,造成圆弧上有突起现象	调整机械安装,减小机床的反向间隙误差
车床加工时,G02、G03加工轨迹不是圆或报圆弧数据错误	参数设置错误,如加工平面选择不对	正确设置参数
	X 轴编程时半径编程输入的是直径值,直径编程时输入的是半径值	改正所编的程序或者更改参数
自动运行时报程序指令错	程序中有非法地址字	改正所编的程序
	固定循环参数设置错误	正确编写固定循环
机床加工工件时,噪声过大	棒料的不直度过大,使机床加工时产生过大的噪声	对棒料进行校直处理
	机床使用过久,丝杠的间隙过大	修磨滚珠丝杠的螺母调整垫片,重调间隙
	运动轴轴承座润滑不良,轴承磨损或已经损坏	加长效润滑脂,更换已损坏的轴承
	工装夹具、刀具或切削参数选择不当	改善工装夹具,并根据工件重新选择刀具或切削参数
	伺服电动机、主轴电动机的轴承润滑不良或损坏	加润滑脂,更换已经损坏的轴承

注:① 当出现误差时检测不到,由于大多数的数控机床使用的是半闭环系统,因此不能检测到机床的实际位置。

② 该种故障出现的误差一般较小,除了一般因减速开关接触不良造成故障外,回零时的减速距离太短也会使零点偏离。在有些系统中的监控页面中有"栅格量"一项,记录并经常核对可及时发现问题。

③ 如果加减速时间常数调整得过小,电动机电流已经形成饱和,引起伺服运动的超调,可以引起系统的加工精度与加工尺寸误差,这时可以通过调节伺服驱动器的参数来改善轴的运动性能,消除加工误差。

④丝杠与电动机的联轴器结构对故障发生的频率和可能性不同,出现故障后现象也不同,有些尺寸只会向负方向增加,但有些正负方向变化都有可能,弹性联轴节基本上是负向增加的多;而中间使用键连接,两种故障均会发生。

例 3-35 某加工中心运行 段时间后,Z 轴方向加工尺寸不稳定,尺寸超差且无任何规律,显示屏及伺服驱动器没有任何报警或异常。

故障分析 该加工中心采用进口数控系统,伺服电动机通过联轴器与丝杠直连,根据故障分析,原因可能是因为联轴器连接螺钉松动,导致联轴器与滚轴丝杠或伺服电动机间滑动,经过对 Z 轴仔细检查发现联轴器 6 只紧固螺钉都出现了松动。紧固螺钉后,故障排除。

例 3-36 某加工中心在加工整圆时,发生 X 轴方向加工尺寸超差,显示屏及伺服驱动器没有任何报警或异常。

故障分析 该加工中心采用国产数控系统,伺服电动机通过联轴器与丝杠直联,根据故障分析,原因可能是由于数控机床的机械部分未调整好而造成轴的定位精度不好,或者数控机床的丝杠间隙补偿不当,从而导致每当数控机床在过象限时就产生圆度误差。对进行重新校平调整,检查该机床的参数,发现该机床 X 轴的间隙补偿为零,用百分表测量 X 轴的反向间隙,实际测量值超过 0.003 mm,对该机床的 X 轴进行了调整,并利用了系统的软件补偿功能消除了 X 轴的间隙,再次加工整圆进行检验后,故障消除。

例 3-37 一 THY5640 立式加工中心,在工作中发现主轴转速在 500 r/min 以下时主轴及变速箱等处有异常声音,观察电动机的功率表发现电动机的输出功率不稳定,指针摆动很大。但 1 201 r/min 以上时异常声音又消失。开机后,在无旋转指令情况下,电动机的功率表会自行摆动,同时电动机漂移自行转动,正常运转后制动时间过长,机床无报警。

故障分析 根据查看到的现象,引起该故障的原因可能有主轴控制器失控,机械变速器或电动机上的原因也不能排除。由于拆卸机械部分检查的工作量较大,因此先对电气部分的主轴控制器进行检查,控制器为西门子 6SC-6502。首先检查控制器中预设的参数,再检查控制板,都无异常;经查看电路板较脏,按要求对电路板进行清洗,但装上后开机故障照旧,因此控制器内的故障原因暂时可排除。为确定故障在电动机还是在机械传动部分,必须将电动机和机械脱离,脱离后开机试车发现给电动机转速指令接近 450 r/min 时开始出现不间断的异常声音,但给 1 201 r/min指令时异常声音又消失。为此对主轴部分进行了分析,原来低速时给定的 450 r/min 指令和高速时的 4 500 r/min 指令对电动机是一样在最高转速,只是低速时通过齿轮进行了减速,所以故障在电动机部分基本上可以确定。经分析,异常声音可能是轴承不良引起。将电动机拆卸进行检查,发现轴承确已坏,在高速时轴承被卡造成负载增大使功率表摆动不定,出现偏转。而在停止后电动机漂移和制动过慢,经检查是编码器的光盘划破,更换轴承和编码器后所有故障全部排除。该故障主要是主轴旋转时有异常声音,因此在排除时应查清声源,再进行检查。有异常声音常见为机械上相擦、卡阻和轴承损坏。

例 3-38 某加工中心主轴在运转时抖动,主轴箱噪声增大,影响加工质量。

故障分析 经检查主轴箱和直流主轴电动机均正常,把检查转到主轴电动机的控制系统。测得的速度指令信号正常,而速度反馈信号出现不应有的脉冲信号,问题出在速度检测元件上。经检查,测速发电机碳刷完好,但换向器因碳粉堵塞,从而造成一绕组断路,使测得的反馈信号出现规律性的脉冲,导致速度调节系统调节不平稳,使驱动系统输出的电流忽大忽小,从而造成电动机轴的抖动。用酒精清洗换向器,彻底消除碳粉,故障排除。

例 3-39 某加工中心在加工整圆时,发现加工出来的圆圆度误差超差,成椭圆状,尺寸超差,显示屏及伺服驱动器没有任何报警或异常。

故障分析 该加工中心采用进口数控系统,伺服电动机与丝杠采用的是同步带连接的方式,根据故障分析,原因可能是:由于数控机床的机械部分未调整好而造成轴的定位精度不好,或者各轴的位置偏差过大,或者机械传动副之间的间隙过大,或者间隙补偿不合适。上述原因均可能引起该故障。

对该机床进行重新校平调整,重新检测该机床的精度,符合要求。检查机械传动副之间的间隙,也符合机床精度要求。用相同的速度手动运动 X/Y 轴,利用系统的检测功能,观察每个轴在运动时不同的状态,发现在相同的速度、相同的负载的情况下,X/Y 两轴在运动时 CRT 所显示的跟踪误差的大小不同,且差值较大。可以判断原因为每个轴的动态特性不一致。通过调整各轴的增益和积分时间常数来改善各轴的运动性能,使每个轴的运动特性比较接近,经过调试后,故障排除。

例 3-40 某数控机床出现防护门关不上,自动加工不能进行的故障,而且无故障显示。

故障分析 该防护门是由气缸来完成开关的,关闭防护门是由 PLC 输出Q2.0控制电磁阀 YV2.0 来实现。检查 Q2.0 的状态为"1",但电磁阀 YV2.0 却没有得电,由于 PLC 输出 Q2.0 是通过中间继电器 KA2.0 来控制 YV2.0 的,检查发现,中间继电器损坏引起故障。

例 3-41 配备 FANUC-9 数控系统的立式铣床在自动加工某一曲线零件时出现爬行现象,表面光洁度极差。

故障分析 在运行测试程序时,直线、圆弧插补时皆无爬行,由此确定原因在编程方面。对加工程序仔细检查后发现该加工曲线由众多小段圆弧组成,而编程时又使用了正确定位检查 G61 指令之故。将程序中的 G61 取消,改用 G64 后,爬行现象消除。

习题与思考题

1. 数控系统常用电源有哪几种? 电源引起的常见故障有哪些?

2. 列举进行数控系统故障诊断的一般步骤。

3. 简述一个引起工件加工误差的原因,应该采取什么措施?

4. 数控机床常见参数有哪几种?

5. 容易造成数控系统软件故障的原因有哪些? 如何排除软件故障?

6. 数控系统硬件故障的诊断方法有哪些? 简要说明如何应用这些方法指导维修操作。

7. 简述急停回路在整个数控系统的作用及回路所包含的内容。

第4章 数控机床进给系统故障诊断与维修

本章首先对数控机床的进给驱动系统作了一般介绍,这是进行进给驱动系统维修的基础;然后介绍进给驱动系统的主要特性,列出了步进驱动系统的主要故障及排除;接着介绍目前常用的直流进给驱动系统和交流进给伺服系统;在此基础上介绍进给伺服系统常见的报警及处理、常见的故障及排除,列出了大量的故障维修实例;最后介绍进给伺服电动机的故障诊断与维修和进给驱动系统的维护。本章的重点是进给伺服系统,尤其是交流进给伺服系统的故障诊断及维修。

4.1 进给驱动系统概述

进给驱动系统的性能在一定程度上决定了数控系统的性能,决定了数控机床的档次,因此,在数控技术发展的历程中,进给驱动系统的研制和发展总是处于首要的位置。

数控系统所发出的控制指令是通过进给驱动系统来驱动机械执行部件,最终实现机床精确进给运动的。数控机床的进给驱动系统是一种位置随动与定位系统,它的作用是快速、准确地执行由数控系统发出的运动命令,精确地控制机床进给传动链的坐标运动。它的性能决定了数控机床的许多性能,如最高移动速度、轮廓跟随精度、定位精度等。

4.1.1 数控机床对进给驱动系统的要求

1. 调速范围要宽

调速范围 r_n 是指进给电动机提供的最低转速 n_{min} 和最高转速 n_{max} 之比,即

$$r_n = n_{min}/n_{max}$$

在各种数控机床中,由于加工用刀具、被加工材料、主轴转速以及零件加工工艺要求的不同,为保证在任何情况下都能得到最佳切削条件,这就要求进给驱动系统必须具有足够宽的无级调速范围(通常大于 1∶10 000)。尤其在低速(如小于0.1 r/min)时,要仍能平滑运动而无爬行现象。

脉冲当量为 1 μm/P 情况下,最先进的数控机床的进给速度从 0~240 m/min连续可调。但对于一般的数控机床,要求进给驱动系统在 0~24 m/min 进给速度

下正常工作就足够了。

2. 定位精度要高

使用数控机床主要是为了以下目的：保证加工质量的稳定性、一致性，减少废品率；解决复杂曲面零件的加工问题；解决复杂零件的加工精度问题，缩短制造周期等。数控机床是按预定的程序自动进行加工的，避免了操作者的人为误差，但是，它不可能应付事先没有预料到的情况。也就是说，数控机床不能像普通机床那样，可随时用手动操作来调整和补偿各种因素对加工精度的影响。因此，要求进给驱动系统具有较好的静态特性和较高的刚度，从而达到较高的定位精度，以保证机床具有较小的定位误差与重复定位误差(目前进给驱动系统的分辨率可达 $1\ \mu m$ 或 $0.1\ \mu m$，甚至 $0.01\ \mu m$)；同时进给驱动系统还要具有较好的动态性能，以保证机床具有较高的轮廓跟随精度。

3. 快速响应，无超调

为了提高生产率和保证加工质量，除了要求进给驱动系统有较高的定位精度外，还要求它有良好的快速响应特性，即要求跟踪指令信号的响应要快。一方面，在启、制动时，要求加、减加速度足够大，以缩短进给驱动系统的过渡过程时间，减小轮廓过渡误差。一般电动机的速度从零变到最高转速，或从最高转速降至零的时间在 200 ms 以内，甚至小于几十毫秒。这就要求进给驱动系统要快速响应，但又不能超调，否则将形成过切，影响加工质量。另一方面，当负载突变时，要求速度的恢复时间也要短，且不能有振荡，这样才能得到光滑的加工表面。

这就要求进给电动机必须具有较小的转动惯量和大的制动转矩，尽可能小的机电时间常数和启动电压，电动机具有 $4\ 000\ r/s^2$ 以上的加速度。

4. 低速大转矩，过载能力强

数控机床要求进给驱动系统有非常宽的调速范围，例如在加工曲线和曲面时，拐角位置某轴的速度会逐渐降至零。这就要求进给驱动系统在低速时保持恒力矩输出，无爬行现象，并且具有长时间内较强的过载能力和频繁的启动、反转、制动能力。一般地，伺服驱动器具有数分钟甚至半小时内 1.5 倍以上的过载能力，在短时间内可以过载 4～6 倍而不损坏。

5. 可靠性高

数控机床，特别是自动生产线上的设备要求具有长时间连续稳定工作的能力，同时数控机床的维护、维修也较复杂，因此，要求数控机床的进给驱动系统可靠性高，工作稳定性好，具有较强的温度、湿度、振动等环境适应能力，具有很强的抗干扰的能力。

4.1.2　进给驱动系统的组成

数控机床的进给驱动系统一般由驱动控制单元、驱动单元、机械传动部件、执行机构和检测反馈环节等组成。驱动控制单元和驱动单元组成伺服驱动系统。机械传动部件和执行机构组成机械传动系统。检测元件和反馈电路组成检测装置，也称检测系统。

4.1.3　进给驱动系统的基本形式

进给驱动系统分为开环和闭环控制两类，开环控制与闭环控制的主要区别为是否采用了位置和速度检测反馈元件组成了反馈系统。闭环控制一般采用伺服电动机作为驱动元件，根据位置检测元件在数控机床中不同的位置，它可以分为半闭环、全闭环和混合闭环三种。

1. 开环进给控制系统

无位置反馈装置的进给驱动系统称为开环进给控制系统。开环进给控制系统一般使用步进驱动器和步进电动机。在开环控制系统中，数控装置输出的脉冲经过步进驱动器的环形分配器或脉冲分配软件的处理，在驱动电路中进行功率放大后形成可控制的角位移，再经过减速装置（一般为同步带连接或直接连接）带动丝杠旋转，将角位移转换为移动部件的直线位移。因此，控制转角与转速，就可以间接控制移动部件的移动，俗称位移量。图 4-1 所示为开环控制的进给驱动系统的结构框图。

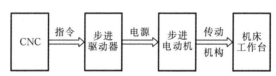

图 4-1　开环控制的进给驱动系统

采用开环控制系统的数控机床结构简单，制造成本较低，但是由于系统对移动部件的实际位移量不进行检测，因此无法通过反馈自动进行误差检测和校正。因此，步距角误差、齿轮与丝杠等部件的传动误差最终都将影响被加工零件的精度。特别是在负载转矩超过输出转矩时，将导致"丢步"，使加工出错。因此，开环控制仅适用于加工精度要求不高，负载较轻且变化不大的简易、经济型数控机床上。

2. 半闭环进给控制系统

图 4-2 所示为半闭环进给控制系统的进给控制框图。半闭环位置检测方式一般将位置检测元件安装在电动机的轴上（通常已由电动机生产厂家装好），用以精确控制电动机的角度，然后通过滚珠丝杠等传动机构将角度转换成工作台的直线位移。传动链上有规律的误差（如间隙及螺距误差）可以由数控装置加以补偿，因此在精度要求适中的中小型数控机床上半闭环控制得到了广泛的应用。

半闭环方式的优点是它的闭环环路短（不包括传动机械），因而系统容易达到较高的位置增益，不易发生振荡现象。它的快速性也好，动态精度高，传动机构的

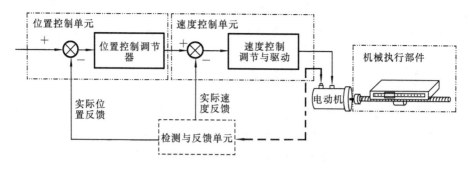

图 4-2　半闭环进给控制系统

非线性因素对系统的影响小。但如果传动机构的误差过大或误差不稳定,则数控系统难以补偿。例如由传动机构的扭曲变形所引起的弹性变形,因其与负载力矩有关,故无法补偿。由制造与安装所引起的重复定位误差,以及由于环境温度与丝杠温度的变化所引起的丝杠螺距误差也不能补偿。因此,要进一步提高精度,只有采用全闭环控制方式。

3. 全闭环进给控制系统

图 4-3 所示为全闭环进给控制系统框图。全闭环方式直接从机床的移动部件上获取位置的实际移动值,因此其检测精度不受机械传动精度的影响。但不能因此认为全闭环方式可以降低对传动机构的要求。因闭环环路包括了机械传动机构,它的闭环动态特性不仅与传动部件的刚性、惯性有关,而且还取决于阻尼、油的粘度、滑动面摩擦系数等非线性因素。这些非线性因素给位置闭环控制的调整和稳定带来了困难,导致调整闭环环路时必须降低位置增益,从而对跟随误差与轮廓加工误差产生了不利影响。所以采用全闭环方式时必须增大机床的刚性,改善滑动面的摩擦特性,减小传动间隙,这样才有可能提高位置增益。全闭环方式广泛应用在精度要求较高的大型数控机床上。

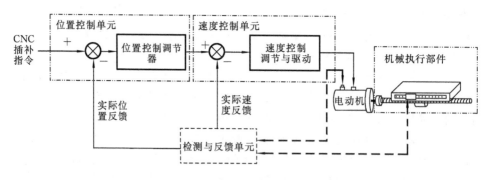

图 4-3　全闭环进给控制系统

4. 混合闭环进给控制系统

图 4-4 所示为混合闭环进给控制系统结构框图。混合闭环控制方式采用半闭环与全闭环结合的方式。它利用半闭环所能达到的高位置增益,从而获得了较高的速度与良好的动态特性。它又利用全闭环补偿半闭环无法修正的传动误差,从而提高了系统的精度。混合闭环方式适用于重型、超重型数控机床,因为这些机床的移动部件很重,设计时提高刚性较困难。

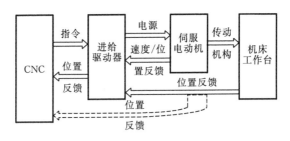

图 4-4   混合闭环进给控制系统

正如前所述,由于闭环进给控制系统的工作特点,它对机械结构以及传动系统的要求比半闭环更高,传动系统的刚度、间隙、导轨的爬行等各种非线性因素将直接影响系统的稳定性,严重时甚至产生振荡。

解决全闭环缺陷的最佳途径是采用直线电动机作为驱动系统的执行器件。采用直线电动机驱动,可以完全取消传动系统中将旋转运动变为直线运动的环节,大大简化机械传动系统的结构,实现了所谓的"零传动"。它从根本上消除了传动环节对精度、刚度、快速性、稳定性的影响,故可以获得比传统进给驱动系统更高的定位精度、快进速度和加速度。

4.2　步进驱动系统常见故障诊断与维修

4.2.1　概述

步进驱动系统的执行机构为步进电动机。步进电动机流行于 20 世纪 70 年代,其结构简单、控制容易、维修方便,且控制为全数字化,是一种能将数字脉冲转化成一个步距角增量的电磁执行元件,能很方便地将电脉冲转换为角位移,具有较好的定位精度,无漂移和无积累定位误差,能跟踪一定频率范围的脉冲列,可作为同步电动机使用。随着计算机技术的发展,除功率驱动电路之外,其他部分均可由软件实现,从而进一步简化结构。因此,至今国内外对这种系统仍在进一步开发。

但是,步进电动机也有其缺点,具体如下。

① 由于步进电动机基本上用于开环系统,精度不高,不能应用于中高档数控机床;

② 步进电动机耗能大,速度低(远不如交、直流电动机)。

因此,目前步进电动机仅用于小容量、低速、精度要求不高的场合,如经济型数控机床,打印机、绘图机等计算机的外部设备。

步进电动机按转矩产生的原理可分为反应式、永磁式及混合式步进电动机;从控制绕组数量上可分为二相、三相、四相、五相、六相步进电动机;从电流的极性上可分为单极性和双极性步进电动机;从运动的形式上可分为旋转、直线、平面步进电动机。

4.2.2 步进电动机的驱动电路与控制方式

步进电动机绕组的驱动电路单极性电流一般采用图 4-5(a)所示的双管串联电路,双极性电流一般采用图 4-5(b)所示的 H 桥电路;三相混合式步进电动机则采用三相逆变桥电路,如图 4-5(c)所示。

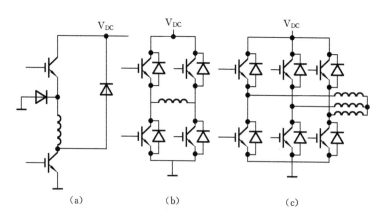

图 4-5 步进电动机驱动电路

步进电动机的控制方式一般可分为开环控制和反馈补偿闭环控制(见图 4-6(a)和图 4-6(b))。

4.2.3 步进电动机的主要特性

1. 步距角和步距误差

转子每步转过的空间机械角度,即步距角 β 为

$$\beta = 360°/(Z_2 \times N)$$

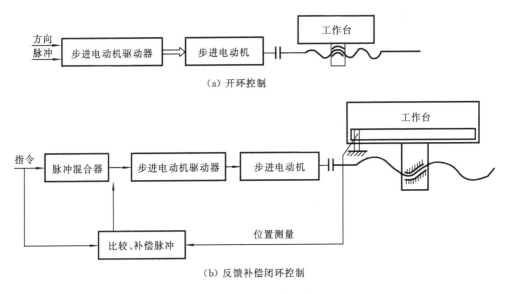

（a）开环控制

（b）反馈补偿闭环控制

图 4-6　步进电动机控制方式

式中：Z_2——转子齿数；

　　　N——运行拍数。

步进电动机每走一步，转子实际的角位移与设计的步距角都存在步距误差。连续走若干步时，上述误差形成累积值。转子转过一圈后，回至上一转的稳定位置，因此步进电动机步距的误差不会长期积累。步进电动机步距的积累误差，是指一转范围内步距积累误差的最大值，步距误差和积累误差通常用度、分或者步距角的百分比表示。影响步距误差和积累误差的主要因素有：齿与磁极的分度精度；铁心叠压及装配精度；各相矩角特性之间差别的大小；气隙的不均匀程度等。

2. 静态矩角特性和最大静转矩特性

所谓静态，是指电动机不改变通电状态，转子不动时的工作状态。空载时，步进电动机某相通以直流电流时，该相对应的定、转子齿对齐，这时转子无转矩输出。若在电动机轴上加一顺时针方向的负载转矩，步进电动机转子则按顺时针方向转过一个小角度 θ，称为失调角；这时，转子电磁转矩 T 与负载转矩相等。矩角特性是描述步进电动机稳态时，电磁转矩 T 与失调角 θ 之间关系的曲线，或称为静转矩特性（见图 4-7）。

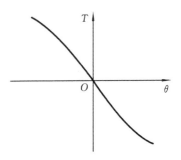

图 4-7　步进电动机矩角特性

3. 矩频特性

矩频特性用来描述步进电动机连续稳定运行时输出转矩与连续运行频率之间的关系。矩频特性曲线上每一频率所对应的转矩称为动态转矩。动态转矩除了和步进电动机结构及材料有关外，还与步进电动机绕组连接、驱动电路、驱动电压有密切的关系。图 4-8 所示的为步进电动机并联绕组和串联绕组的矩频特性曲线。图 4-9 所示的是混合式步进电动机连续运行时的典型的矩频特性曲线。

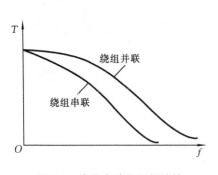

图 4-8 步进电动机矩频特性

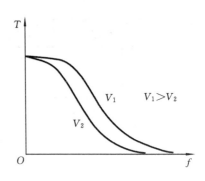

图 4-9 连续运行矩频特性

4. 启动惯频特性

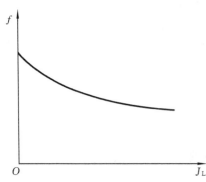

图 4-10 步进电动机启动惯频特性

在负载转矩 $M_L=0$ 的条件下，步进电动机由静止状态突然启动，不丢步地进入正常运行状态所允许的最高启动频率，称为启动频率或突跳频率，超过此值就不能正常启动。启动频率与机械系统的转动惯量有关，包括步进电动机转子的转动惯量，加上其他运动部件折算至步进电动机轴上的转动惯量。图 4-10 所示为启动频率与负载转动惯量之间的关系。随着负载惯量的增加，启动频率下降。若同时存在负载转矩 M_L，则启动频率将进一步降低。在实际应用中，由于 M_L 的存在，可采用的启动频率要比惯频特性曲线中的频率还要低。

4.2.4 开环控制系统典型接口电路

以 SH-50806A 五相步进驱动器为例，步进进给驱动装置的基本接口如图 4-11 所示。

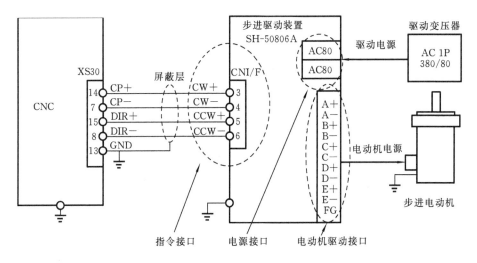

图 4-11 进给驱动装置的基本接口

4.2.5 步进驱动系统常见故障及排除

正如前所述,步进驱动系统是开环进给控制系统中最常选用的伺服驱动系统。开环进给控制系统的结构较简单,调试、维修、使用都很方便,工作可靠,成本低廉。在一般要求精度不太高的机床上曾得到广泛应用。

步进驱动系统常见故障如下。

1. 电动机过热

步进电动机一开始就不转,引起此故障的原因及排除见表 4-1。

表 4-1 步进电动机一开始就不转的原因及排除

故 障 现 象	故 障 原 因	排 除 措 施
有些系统会报警,显示电动机过热。用手摸电动机,会明显感觉温度不正常,甚至烫手	工作环境过于恶劣,环境温度过高	权衡一下机床利用度,改善工作环境
	参数选择不当,如电流过大,超过相电流	根据参数说明书,重新设置参数
	电压过高	建议稳压电源

2. 工作中,尖叫后停转

加工或运行过程中,驱动器或步进电动机发出刺耳的尖叫声后停转,引起此故障的原因及排除见表 4-2。

表 4-2　步进驱动器尖叫后不转的原因及排除

故 障 现 象	故 障 原 因	排 除 措 施
驱动器或步进电动机发出刺耳的尖叫声,然后电动机停止转动	输入脉冲频率太高,引起堵转	降低输入脉冲频率
	输入脉冲的突调频率太高	降低输入脉冲的突调频率
	输入脉冲的升速曲线不够理想,引起堵转	调整输入脉冲的升速曲线

3. 工作过程中停车

在工作正常的状况下,发生突然停车的故障。引起此故障的原因及排除见表4-3。

表 4-3　工作过程中停车的原因及排除

故 障 原 因	检 查 步 骤	排 除 措 施
驱动电源故障	用万用表测量驱动电源的输出	更换驱动器
驱动电路故障	发生脉冲电路故障	
电动机故障	绕组烧坏	更换电动机
电动机线圈匝间短路或接地	用万用表测量线圈间是否短路	
杂物卡住	目测检查	消除外界的干扰因素

4. 工作噪声特别大

加工或运行过程中,电动机工作噪声特别大,还有进二退一现象,引起此故障的原因及排除见表4-4。

表 4-4　工作噪声特别大的原因及排除

故 障 现 象	故 障 原 因	排 除 措 施
低频旋转时有进二退一现象,高速上不去	检查相序	正确连接动力线
	电动机运行在低频区或共振区	分析电动机速度及电动机频率后,调整加工切削参数
	纯惯性负载、正反转频繁	重新考虑此机床的加工能力
电动机故障	磁路混合式或永磁式转子磁钢退磁后以单步运行或在失步区	更换电动机
	永磁单向旋转步进电动机的定向机构损坏	更换电动机

5. 闷车

工作过程中,某轴突然停止,俗称"闷车",引起此故障的原因及排除见表4-5。

表 4-5 闷车的原因及排除

故 障 部 位	故 障 原 因	排 除 措 施
驱动器端故障	电压没有从驱动器输出来	检查驱动器,确保有输出
	驱动器故障	更换驱动器
	电动机绕组内部发生错误	
电动机端故障	电动机绕组碰到机壳,发生相间短路或者线头脱落	更换电动机
	电动机轴断	
	电动机定子与转子之间的气隙过大	调整好气隙或更换电动机
外部故障	电压不稳	重新考虑负载和切削条件
	负载过大或切削条件恶劣	重新考虑负载和切削条件

6. 电动机一开始就不转

引起此故障的原因及排除见表4-6。

表 4-6 电动机一开始就不转的原因及排除

故 障 部 位	故 障 原 因	排 除 措 施
步进驱动器	驱动器与电动机连线断开	确保连线正常
	保险丝熔断	更换保险丝
	当动力线断线时,二相式步进电动机是不能转动的,三相五线制电动机仍可转动,但力矩不足	确保动力线的连接正确
	驱动器报警(过电压、欠电压、过电流、过热)	按相关报警方法解除
	驱动器使能信号被封锁	通过 PLC 观察是否使能信号正常
	驱动器电路故障	最好用交换法,确定是否为驱动器电路故障,更换驱动器电路板或驱动器
	接口信号线接触不良	重新连接好信号线
	系统参数设置不当,如工作方式不对	依照参数说明书,重新设置相关参数

故 障 部 位	故 障 原 因	排 除 措 施
步进电动机	电动机卡死	主要是机械故障,排除卡死的故障原因,经验证、确保电动机正常后,方可继续使用
	长期在潮湿场所存放,造成电动机部分生锈	更换步进电动机
	电动机故障	
	指令脉冲太窄,频率过高,脉冲电平太低	会出现尖叫后停转的现象,按尖叫后停转的故障处理
外部故障	安装不正确	一般发生在新机调试时,重新安装调试
	电动机本身轴承等故障	重新进行机械调整

7. 步进电动机失步或多步

此故障现象是工作过程中,配置步进驱动系统的某轴突然停顿,而后又继续走动。引起此故障的原因及排除见表 4-7。

表 4-7　步进电动机失步或多步的原因及排除

故 障 原 因	检 查 步 骤	排 除 措 施
负载过大,超过电动机的承载能力		重新调整加工程序切削参数
负载忽大忽小	是否毛坯余量分配不均匀等	调整加工条件
负载的转动惯量过大,启动时失步,停车时过冲	可在不正式加工的条件下进行试运行,观察是否有此现象	重新考虑负载的转动惯量
传动间隙大小不均	进行机械传动精度的检验	进行螺距误差补偿
传动间隙产生的零件有弹性变形		重新考虑这种材料的工件的加工方案
电动机工作在振荡失步区	分析电动机速度及电动机频率	调整加工切削参数
电路总清零使用不当		
干扰		处理好接地,做好屏蔽处理
电动机故障,如定、转子相擦	情况严重时听声音可以感觉出来	更换电动机

8. 数控机床运转不均匀,有抖动

反映在加工中是加工的工件有振纹,表面粗糙度差。引起此故障的原因及排除见表 4-8。

表 4-8　数控系统显示时有时无或抖动的原因及排除

故 障 原 因	检 查 步 骤	排 除 措 施
指令脉冲不均匀	用示波器观察指令脉冲	从数控系统找故障与排除
指令脉冲太窄		
指令脉冲电平不正确	用万用表观测指令脉冲电平	
指令脉冲电平与驱动器不匹配	用万用表测量指令脉冲电平后比较,是否与驱动器匹配	选择电平匹配
脉冲信号存在噪声	用示波器观测脉冲信号	注意观察电平变化是否频繁
脉冲频率与机械发生共振	可目测	调节数控系统参数,避免共振

9. 电动机定位不准

反映在加工中的故障就是加工工件尺寸有问题,引起此故障的原因及排除见表 4-9。

表 4-9　电动机定位不准的原因及排除

故 障 原 因	检 查 步 骤	排 除 措 施
加减速时间太小		根据参数说明书,重新设置好参数
指令信号存在干扰噪声	利用示波器,检查指令信号是否正常	如果示波器显示信号只是受到小幅度的变化,可加注磁环或抗干扰的元器件,同时处理好接地,做好屏蔽处理
系统屏蔽不良		

4.2.6　步进驱动系统维修实例

例 4-1　加工大导程螺纹时,出现堵转现象。

故障分析　开环控制的数控机床的 CNC 装置的脉冲当量一般为 0.01 mm,Z 坐标轴 G00 指令速度一般为 2 000~3 000 mm/min。开环控制的数控车床的主轴结构一般有两类:一类是由普通车床改造的数控车床,主轴的机械结构不变,仍然保持换挡有级调速;另一类是采用通用变频器控制数控车床主轴实现无级调速。这种主轴无级调速的数控车床在进行大导程螺纹加工时,进给轴会产生堵转,这是高速低转矩特性造成的。

如果主轴无级调速的数控车床加工 10 mm 导程的螺纹时,主轴转速选择 300 r/min,那么刀架沿 Z 坐标轴需要用 3 000 mm/min 的进给速度配合加工,Z 坐标轴步进电动机的转速和负载转矩是无法达到这个要求的,因此会出现堵转现象。如果将主轴转速降低,刀架沿 Z 坐标轴加工的速度减慢,Z 坐标轴步进电动机的转矩增大,螺纹加工的问题似乎可以得到改善,然而由于主轴采用通用变频器调速,使得主轴在低速运行时转矩变小,主轴产生堵转。

对于主轴保持换挡变速的开环控制的数控车床,在加工大导程螺纹时,主轴可以低速正常运行,大导程螺纹加工的问题可以得到改善,但是表面粗糙度受到影响。如果在加工过程中切削进给量过大,也会出现 Z 坐标轴堵转现象。

例 4-2 步进电动机驱动单元的功率管损坏。

故障分析 这是步进电动机驱动单元的常见故障。功率管损坏的原因主要是功率管过热或过流。要重点检查提供功率管的电压是否过高,功率管散热环境是否良好,步进电动机驱动单元与步进电动机的连线是否可靠,有没有短路现象等,如有故障要逐一排除。

为了改善步进电动机的高频特性,步进电动机驱动单元一般采用大于 80 V 交流电压供电(以前为 50 V),经过整流后,功率管上承受较高的直流工作电压。如果步进电动机驱动单元接入的电压波动范围较大,或者有电气干扰、散热环境不良,这就可能引起功率管损坏。对于开环控制的数控机床,其重要指标是可靠性。因此,可以适当降低步进电动机驱动单元的输入电压,以换取步进电动机驱动器的稳定性和可靠性。

例 4-3 经济型数控机床的启动、停车影响工件的精度。

故障分析 步进电动机旋转时,其绕组线圈的通、断电流是有一定顺序的。以一个五相十拍步进电动机为例,启动时,A 相线圈通电,然后各相线圈按照 A→AB →B→BC→C→CD→D→DE→E→EA→A 所示顺序通电,称 A 相为初始相,因为每次重新通电的时候,总是 A 相处于通电状态。当步进电动机旋转一段时间后,通电的状态是其中的某个状态。这时机床断电停止运行时,步进电动机在该状态初结束。当机床再次启动通电工作时,步进电动机又从 A 相开始,与前次结束不一定是同相。这两个不同的状态会使步进电动机偏转若干个步距角,工作台的位置产生偏差,CNC 对此偏差是无法进行补偿的。

数控机床在批量加工零件时,如果因换班或者其他原因断电停车更换加工零件,根据上述原因,这时所加工的零件尺寸会有偏差。这个问题可以通过检测步进电动机驱动单元的初始相信号,使机床在初始相处断电停车来解决。另一种解决方法是在数控机床上安装机床回参考点。

4.3 进给伺服系统的构成及种类

进给伺服系统由各坐标轴的进给驱动装置、位置检测装置及机床进给传动链等组成。进给伺服系统的任务是完成各坐标轴的位置控制。数控系统根据输入的程序指令及数据,经插补运算后得到位置控制指令,同时,位置检测装置将实际位置监测信号反馈给数控系统,构成全闭环或半闭环的位置反馈控制。经位置比较后,数控系统输出速度控制指令至各坐标轴的驱动装置,经速度控制单元驱动伺服电动机带动滚珠丝杠传动实现进给运动。伺服电动机上的测速装置将转速信号与速度控制指令比较,构成速度反馈控制。因此,进给伺服系统实际上是外环为位置环、内环为速度环的控制系统。对进给伺服系统的维护及故障诊断将落实到位置环和速度环上。组成这两个环的具体装置有:用于位置检测的有光栅、光电编码器、感应同步器、旋转变压器和磁栅等;用于转速检测的有测速发电机或光电编码器等。进给伺服系统由直流或交流驱动装置及直流伺服电动机或交流伺服电动机组成。

按进给伺服系统使用的伺服类型,半闭环、闭环数控机床常用的进给伺服系统可以分为直流进给伺服系统和交流进给伺服系统两大类。在 20 世纪 70 年代至 80 年代的数控机床上,一般均采用直流进给伺服系统;从 80 年代中后期起,数控机床上多采用交流进给伺服系统。下面将分别按交流进给伺服系统、直流进给伺服系统来阐述其维护与维修的相关知识。

4.3.1 直流进给驱动系统

1. FANUC(法拉科)直流进给驱动系统

从 1980 年开始,法拉科公司陆续推出了小惯量 L 系列、中惯量 M 系列和大惯量 H 系列的直流伺服电动机。中、小惯量伺服电动机采用 PWM(脉宽调制)速度控制单元,大惯量伺服电动机采用晶闸管速度控制单元。驱动装置具有多重保护功能,如过速、过电流、过电压和过载等。

2. SIEMENS(西门子)直流进给驱动系统

西门子公司在 20 世纪 70 年代中期推出了 1HU 系列永磁式直流伺服电动机,规格有 1HU504、1HU305、1HU310 和 1HU313。与伺服电动机配套的速度控制单元有 6RA20 和 6RA26 两个系列,前者采用晶体管 PWM 控制,后者采用晶闸管控制。驱动系统除了各种保护功能外,另具有 I^2t 热效应监控等功能。

3. MITSUBISHI(三菱)直流进给驱动系统

三菱公司推出了 HD 系列永磁式直流伺服电动机,规格有 HD21、HD41、

HD81、HD101、HD201 和 HD301 等。配套的 6R 系列伺服驱动单元采用晶体管PWM 控制技术,具有过载、过电流、过电压和过速保护,带有电流监控等功能。

4.3.2　交流进给伺服系统

1. 常用交流进给伺服系统

1) FANUC 交流进给伺服系统

法拉科公司在 20 世纪 80 年代中期推出了晶体管 PWM 控制的交流驱动单元和永磁式三相同步交流伺服电动机,电动机有 S 系列、L 系列、SP 系列和 T 系列,驱动装置有 α 系列交流驱动单元等。

2) SIEMENS 交流进给伺服系统

1983 年以来,西门子公司推出了交流进给伺服系统,由 6SC610 系列进给驱动装置和 6SC611A(SIMODRIVE611A)系列进给驱动模块、1FT5 和 1FT6 系列永磁式同步交流伺服电动机组成。驱动模块采用晶体管 PWM 控制技术,带有 I^2t 热效应监控等功能。另外,西门子公司还有用于数字伺服系统的 SIMODRIVE611D 系列进给驱动模块。

3) MITSUBISHI 交流进给伺服系统

三菱公司的交流伺服单元有通用型的 MR-J2 系列,采用 PWM 控制技术,交流伺服电动机有 HC-MF 系列、HA-FF 系列、HC-SF 系列和 HC-RF 系列。另外,三菱公司还有用于数字驱动系统的 MDS-SVJ2 系列交流伺服单元。

4) A-B 交流进给伺服系统

A-B 公司的交流进给伺服系统有 1391 系列交流伺服单元和 1326 型交流伺服电动机,另外还有 1391-DES 系列数字式交流伺服单元,相应的伺服电动机有1391-DES15、1391-DES22 和 1391-DES45 三种规格。

5) 华中数控交流进给伺服系统

武汉华中数控公司的交流进给伺服系统主要有 HSV-9、HSV-11、HSV-16 和HSV-20D 四种型号。HSV-11 运用了矢量控制原理和柔性控制技术,共有额定电流分别为 14A、20A、40A、60A 的 4 个系列;HSV-16 采用专用运动控制数字信号处理器(DSP)、大规模可现场编程门阵列(FPGA)和智能化功率模块(IPM)等新技术设计,操作简单、可靠性高、体积小巧、易于安装;HSV-20D 是该公司继 HSV-9、HSV-11,HSV-16 之后推出的一款全数字交流伺服驱动器,有 025、050、075、100等多种规格,具有很宽的功率选择范围。

2. 交流进给伺服系统的组成

交流进给伺服系统主要由下列几个部分构成,如图 4-12 所示。

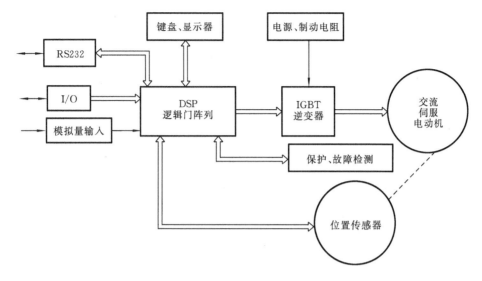

图 4-12　交流进给伺服系统的组成

（1）交流伺服电动机,可分为永磁式同步交流伺服电动机、永磁式无刷直流伺服电动机、感应式交流伺服电动机及磁阻式同步交流伺服电动机。

（2）PWM 功率逆变器,可分为功率晶体管逆变器、功率场效应管逆变器、IGBT 功率晶体管逆变器(包括智能型 IGBT 逆变器模块)等。

（3）微处理器控制器及逻辑门阵列,可分为单片机、DSP、DSP＋CPU、多功能 DSP(如 TMS320F240)等。

（4）位置传感器(含速度),可分为旋转变压器、磁性编码器、光电编码器等。

（5）电源及能耗制动电路。

（6）键盘及显示电路。

（7）接口电路,包括模拟电压、数字 I/O 及 RS232 串口通讯电路。

（8）故障检测、保护电路。

3. 交流伺服电动机简介

交流伺服电动机可依据电动机运行原理的不同,分为感应式(或称异步)交流伺服电动机、永磁式同步交流伺服电动机、永磁式无刷直流伺服电动机和磁阻式同步交流伺服电动机。这些电动机均具有相同的三相绕组的定子结构。

（1）感应式交流伺服电动机的转子电流由滑差电势产生,并与磁场相互作用产生转矩,其主要优点是无刷、结构坚固、造价低、免维护,对环境要求低,其主磁通用激磁电流产生,很容易实现弱磁控制,高转速可以达到 4～5 倍的额定转速;缺点是需要激磁电流,内功率因数低,效率较低,转子散热困难,要求较大的伺服驱动器容量,电动机的电磁关系复杂,要实现电动机的磁通与转矩的控制比较困难,电动机非线性参数的变化影响控制精度,必须进行参数在线辨识才能达到较好的控制效果。

（2）永磁式同步交流伺服电动机的气隙磁场由稀土永磁体产生,转矩控制由调节电枢的电流实现,转矩的控制较感应电动机简单,并且能达到较高的控制精度;转子无铜、铁损耗,效率、内功率因数高,具有无刷免维护的特点,体积和惯量小,快速性好;在控制上需要轴位置传感器,以便识别气隙磁场的位置;价格较感应电动机贵。

（3）永磁式无刷直流伺服电动机的结构与永磁式同步伺服电动机的相同,借助较简单的位置传感器(如霍尔磁敏开关)的信号控制电枢绕组的换向,控制最为简单;由于每个绕组的换向都需要一套功率开关电路,电枢绕组的数目通常只采用三相,相当于只有三个换向片的直流电动机,因此运行时电动机的脉动转矩大,造成速度的脉动,需要采用速度闭环才能运行于较低转速。该电动机的气隙磁通为方波分布,可降低电动机制造成本。有时人们将无刷直流伺服系统与同步交流伺服混为一谈;尽管它们从外表上很难区分,但实际上两者的控制性能是有较大差别的。

（4）磁阻式同步交流伺服电动机的转子磁路具有不对称的磁阻特性,无永磁体或绕组,不产生损耗;其气隙磁场由定子电流的激磁分量产生,定子电流的转矩分量产生电磁转矩;内功率因数较低,要求较大的伺服驱动器容量,具有无刷、免维护的特点;克服了永磁同步电动机弱磁控制效果差的缺点,可实现弱磁控制,速度控制范围可达到 $0.1 \sim 10\ 000$ r/min,也兼有永磁式同步交流伺服电动机控制简单的优点,但需要轴位置传感器,价格较永磁式同步交流伺服电动机便宜,但体积较大些。

目前市场上的交流伺服电动机产品主要是永磁式同步交流伺服电动机及无刷直流伺服电动机。

4. 永磁式同步交流伺服电动机控制原理

图 4-13 所示的是永磁式同步交流伺服电动机控制原理框图。交流伺服系统是一个多环控制系统,需要实现位置、速度、电流三种负反馈控制。设置了三个调节器,分别调节位置、速度和电流,三者之间实行串级连接,把位置调节器的输出作为速度调节器的输入,再把速度调节器的输出作为电流调节器的输入,而把电流调节器的输出经过坐标变换后给出同步交流伺服电动机三相电压的瞬时给定值,通过 PWM 逆变器实现对同步交流伺服电动机三相绕组的控制。实测的三相电流(i_A, i_B, i_C)瞬时值,也要通过坐标反变换实现电流的反馈控制。上述控制框图中,结构电流为最内环,位置为最外环,构成了位置、速度、电流的三闭环控制系统。

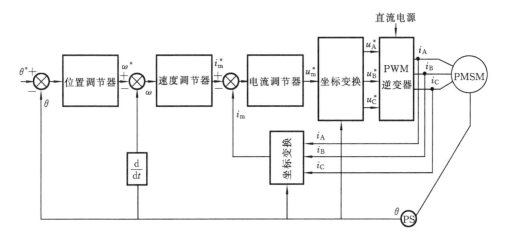

图 4-13 永磁式同步交流伺服电动机控制原理

4.3.3 典型接口电路举例

例 4-4 采用 SINUMERIK802D 带总线指令接口控制的 SIMODRIVE 进给驱动装置的连线实例,如图 4-14 所示。

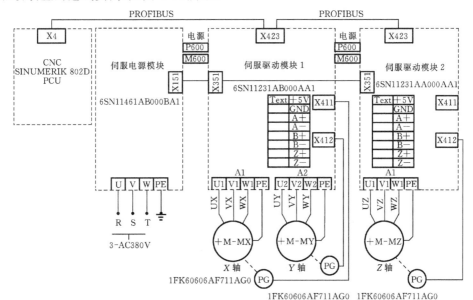

图 4-14 采用总线指令接口控制的进给驱动装置的连线实例

例 4-5 某进给伺服驱动装置的接口如图 4-15 所示。

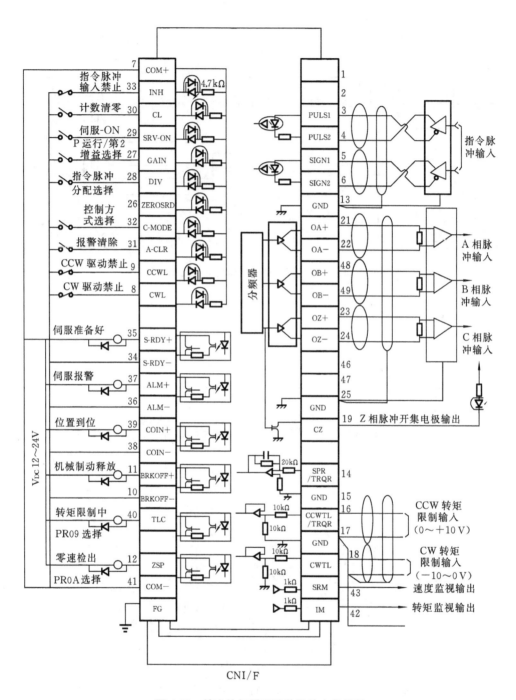

图 4-15 某进给伺服驱动装置的内部接口

4.4 进给伺服系统常见报警及排除

4.4.1 进给伺服系统各类故障的表现形式

当进给伺服系统出现故障时,通常有以下三种表现形式:

① 在 CRT 或操作面板上显示报警内容和报警信息,这是利用软件的诊断程序来实现的;

② 利用进给伺服驱动单元上的硬件(如报警灯或数码管指示,保险丝熔断等)显示报警驱动单元的故障信息;

③ 进给运动不正常,但无任何报警信息。

其中前两类都可根据生产厂家或公司提供的产品《维修说明书》中有关"各种报警信息产生的可能原因"的提示进行分析判断,一般都能确诊故障原因、部位。对于第 3 类故障,则需要进行综合分析。这类故障往往是以机床上工作不正常的形式出现的,如机床失控、机床振动及工件加工质量太差等。

虽然由于伺服系统生产厂家的不同,进给伺服系统的故障诊断在具体做法上可能有所区别,但其基本检查方法与诊断原理却是一致的。诊断伺服系统的故障一般可利用状态指示灯诊断法、数控系统报警显示诊断法、系统诊断信号检查法、原理分析法等。

4.4.2 软件报警(CRT 显示)故障及处理

1. 进给伺服系统出错的故障

这类故障大多是速度控制单元方面的故障,或是主控制印制线路板与位置控制或伺服信号有关部分的故障。例如:FANUC PWM 速度控制单元的控制板上的7 个报警指示灯,分别是 BRK、HVAL、HCAL、OVC、LVAL、TGLS 以及 DCAL;在它们下方还有 PRDY(位置控制已准备好信号)和 VRDY(速度控制单元已准备好信号)2 个状态指示灯,其含义见表 4-10。

表 4-10 速度控制单元报警指示灯

代号	含 义	备注[①]	代号	含 义	备注[①]
BRK	驱动器主回路熔断器跳闸	红色	TGLS	转速太高	红色
HCAL	驱动器过电流报警	红色	DCAL	直流母线过电压报警	红色
HVAL	驱动器过电压报警	红色	PRAY	位置控制准备好	绿色
OVC	驱动器过载报警	红色	VRDY	速度控制单元准备好	绿色
LVAL	驱动器欠电压报警	红色			

注:① 表中"备注"栏的颜色表示代号含义的状态。

2. 检测元件(测速发电机、旋转变压器或脉冲编码器)或检测信号方面的故障

例 4-6 某数控机床显示"主轴编码器断线"。引起故障有以下原因。

① 电动机动力线断线。如果伺服驱动电源刚接通尚未接到任何指令就发生这种报警,则由断线而造成此故障的可能性最大。

② 伺服单元印制线路板上设定错误,如将检测元件脉冲编码器设定成了测速发电机等。

③ 没有速度反馈电压或时有时无,这可用显示来自测量速度的反馈信号来判断,这类故障除检测元件本身存在故障外,多数是由于连接不良引起的。

④ 由光电隔离板或中间的某些电路板上劣质元器件所引起。当有时开机运行相当长一段时间后,出现"主轴编码器断线"报警,这时重新开机,可能会自动消除故障。

3. 参数被破坏

参数被破坏报警表示伺服单元中的参数由于某些原因而混乱或丢失。引起此报警的通常原因及排除见表 4-11。

表 4-11 参数被破坏报警原因及排除

报警内容	报警发生状况	故障原因	排除措施
参数破坏	在接通控制电源时发生	正在设定参数时电源断开	进行用户参数初始化后重新输入参数
		正在写入参数时电源断开	
		超出参数的写入次数	更换伺服驱动器(重新评估参数写入法)
		伺服驱动器 EEPROM 以及外围电路故障	更换伺服驱动器
参数设定异常	在接通控制电源时发生	装入了设定不适当的参数	执行用户参数初始化处理

4. 主电路检测部分异常

引起此报警的通常原因及排除见表 4-12。

表 4-12 主电路检测部分异常报警原因及排除

报警内容	报警发生状况	故障原因	排除措施
主电路检测部分异常	在接通控制电源时或者运行过程中发生	控制电源不稳定	将电源恢复正常
		伺服驱动器故障	更换伺服驱动器

5. 超速

引起此报警的通常原因及排除见表 4-13。

表 4-13 超速报警原因及排除

报警内容	报警发生状况	故障原因	排除措施
超速	接通控制电源时发生	电路板故障	更换伺服驱动器
		电动机编码器故障	更换编码器
	电动机运转过程中发生	速度设定不合适	重设速度设定
		速度指令过大	使速度指令减到规定范围内
		电动机编码器信号线故障	重新布线
	电动机启动时发生	电动机编码器故障	更换编码器
		超调过大	重设伺服调整,使启动特性曲线变缓
		负载惯量过大	伺服惯量减到规定范围内

6. 限位动作

限位报警主要指的就是超程报警。引起此报警的通常原因及排除见表 4-14。

表 4-14 限位报警原因及排除

报警发生状况	故障原因	排除措施
限位开关动作	限位开关有动作(即控制轴实际已经超程)	参照机床使用说明书进行超程解除
	限位开关电路开路	依次检查限位电路,处理电路开路故障

7. 过热报警故障

所谓"过热",是指伺服单元、变压器或伺服电动机等的过热。引起过热报警的原因及排除见表 4-15。

表 4-15　伺服单元过热报警原因及排除

故障现象	故障原因	排除措施
过热的继电器动作	机床切削条较苛刻	重新考虑切削参数,改善切削条件
	机床摩擦力矩过大	改善机床润滑条件
热控开关动作	伺服电动机电枢内部短路或绝缘不良	加绝缘层或更换伺服电动机
	电动机制动器不良	更换制动器
	电动机永久磁钢去磁或脱落	更换电动机
电动机过热	驱动器参数增益不当	重新设置相应参数
	驱动器与电动机配合不当	重新考虑配合条件
	电动机轴承故障	更换轴承
	驱动器故障	更换驱动器

例 4-7　某伺服电动机过热报警,可能原因如下。

① 过负荷。可以通过测量电动机电流是否超过额定值来判断。

② 电动机线圈绝缘不良。可用 500 V 绝缘电阻表检查电枢线圈与机壳之间的绝缘电阻。如果在 1 MΩ 以上,表示绝缘正常。

③ 电动机线圈内部短路。可卸下电动机,测电动机空载电流;如果此电流与转速成正比变化,则可判断为电动机线圈内部短路。

④ 电动机磁铁退磁。可快速旋转电动机测定电动机电枢电压是否正常,如电压低且发热,则说明电动机已退磁,应重新充磁。

⑤ 制动器失灵。当电动机带有制动器时,如电动机过热则应检查制动器动作是否灵活。

⑥ CNC 系统的有关印制线路板不良。

8. 伺服电动机过载

引起此报警的通常原因及排除见表 4-16。

表 4-16　伺服电动机过载报警原因及排除

报警内容	报警发生状况	故障原因	排除措施
过载（一般有连续最大负载和瞬间最大负载）	在接通控制电源时发生	伺服单元故障	更换伺服单元
	在伺服 ON 时发生	电动机配线异常（配线不良或连接不良）	修正电动机配线
		编码器配线异常（配线不良或连接不良）	修正编码器配线
		编码器有故障（反馈脉冲与转角不成比例变化,有跳跃）	更换编码器
		伺服单元故障	更换伺服单元
	在输入指令时伺服电动机不旋转的情况下发生	电动机配线异常（配线不良或连接不良）	修正电动机配线
		编码器配线异常（配线不良或连接不良）	修正编码器配线
		启动扭矩超过最大扭矩或者负载有冲击现象;电动机振动或抖动	重新考虑负载条件、运行条件或者电动机容量
		伺服单元故障	更换伺服单元
	在通常运行时发生	有效扭矩超过额定扭矩或者启动扭矩大幅度超过额定扭矩	重新考虑负载条件、运行条件或者电动机容量
		伺服单元存储盘温度过高	将工作温度下调
		伺服单元故障	更换伺服单元

9. 伺服单元过电流报警

引起过电流报警的通常原因及排除见表 4-17。

表 4-17　伺服单元过电流报警原因及排除

报警内容	报警发生状况		故障原因	排除措施
过电流(功率晶体管产生过电流)或者散热片过热	在接通控制电源时发生		伺服驱动器的电路板与热开关连接不良	更换伺服驱动器
			伺服驱动器电路板故障	
	在接通主电路电源时发生,或者在电动机运行过程中产生过电流	接线错误	U、V、W 与地线连接错误	检查配线,正确连接
			地线缠在其他端子上	
			电动机主电路用电缆的 U、V、W 与地线之间短路	修正或更换电动机主电路用电缆
			电动机主电路用电缆的 U、V、W 之间短路	
			再生电阻配线错误	检查配线,正确连接
			伺服驱动器的 U、V、W 与地线之间短路	更换伺服驱动器
			伺服驱动器故障(电流反馈电路、功率晶体管或者电路板故障)	
			伺服电动机的 U、V、W 与地线之间短路	更换伺服单元
			伺服电动机的 U、V、W 之间短路	
		其他原因	因负载转动惯量大并且高速旋转,动态制动器停止,制动电路故障	更换伺服驱动器(减少负载或者降低使用转速)
			位置速度指令发生剧烈变化	重新评估指令值
			负载是否过大,是否超出再生处理能力等	重新考虑负载条件、运行条件
			伺服驱动器的安装方法(方向、与其他部分的间隔)不适合	将伺服驱动器的环境温度下降到 55 ℃以下
			伺服驱动器的风扇停止转动	更换伺服驱动器
			伺服驱动器故障	
			驱动器的功率晶体管损坏	最好是更换伺服驱动器
			电动机与驱动器不匹配	重新选配

10. 伺服单元过电压报警

引起过电压报警的通常原因及排除见表 4-18。

表 4-18　伺服单元过电压报警原因及排除

报警内容	报警发生状况	故障原因	排除措施
过电压(伺服驱动器内部的主电路直流电压超过其最大值限)①	在接通控制电源时发生	伺服驱动器电路板故障	更换伺服驱动器
	在接通主电源时发生	交流电源电压过大	将交流电源电压调节到正常范围
	在通常运行时发生	伺服驱动器故障	更换伺服驱动器
		检查交流电源电压(是否有过大的变化)	
		使用转速高,负载转动惯量过大(再生能力不足)	检查并调整负载条件、运行条件
		内部或外接的再生放电电路故障(包括接线断开或破损等)	更换伺服驱动器
		伺服驱动器故障	更换伺服驱动器
	在伺服电动机减速时发生	使用转速高,负载转动惯量过大	检查并重新调整负载条件、运行条件
		加、减速时间过小,在降速过程中引起过电压	调整加、减速时间常数

注:① 在接通主电路电源时检测。

11. 伺服单元欠电压报警

引起欠电压报警的通常原因及排除见表 4-19。

表 4-19　伺服单元欠电压报警原因及排除

报 警 内 容	报警发生状况	故 障 原 因	排 除 措 施
电压不足(伺服驱动器内部的主电路直流电压低于其最小值限)①	在接通控制电源时发生	伺服驱动器电路板故障	更换伺服驱动器
		电源容量太小	更换容量大的驱动电源
	在接通主电路电源时发生	交流电源电压过低	将交流电源电压调节到正常范围
		伺服驱动器的保险丝熔断	更换保险丝
		冲击电流限制电阻断线(电源电压是否异常,冲击电流限制电阻是否过载)	更换伺服驱动器(确认电源电压,减少主电路开/关的频度)
		伺服 ON 信号提前有效	检查外部使能电路是否短路
		伺服驱动器故障	更换伺服驱动器
	在通常运行时发生	交流电源电压低(是否有过大的压降)	将交流电源电压调节到正常范围
		发生瞬时停电	通过警报复位重新开始运行
		电动机主电路用电缆短路	修正或更换电动机主电路用电缆
		伺服电动机短路	更换伺服电动机
		伺服驱动器故障	更换伺服驱动器
		整流器件损坏	建议更换伺服驱动器

注:① 在接通主电路电源时检测。

12. 位置偏差过大

引起此故障的通常原因及排除见表 4-20。

表 4-20　位置偏差过大报警的原因及排除

报警内容	报警发生状况	故障原因	排除措施
位置偏差过大	在接通控制电源时发生	位置偏差参数设定得过小	重新设定正确参数
		伺服单元电路板故障	更换伺服单元
	在高速旋转时发生	伺服电动机的 U、V、W 的配线不正常(缺线)	修正电动机配线
			修正编码器配线
	在发出位置指令电动机不旋转的情况下发生	伺服单元电路板故障	更换伺服单元
		伺服电动机的 U、V、W 的配线不良	修正电动机配线
		伺服单元电路板故障	更换伺服单元
	动作正常,但在长指令时发生	伺服单元的增益调整不良	上调速度环、位置环增益
		位置指令脉冲的频率过高	缓慢降低位置指令频率
			加入平滑功能
			重新评估电子齿轮比
		负载条件(扭矩、转动惯量)与电动机规格不符	重新评估负载或者电动机容量

例 4-8　某采用 SIEMENS 810M 的龙门加工中心,配套 611A 伺服驱动器,在 X 轴定位时,发现 X 轴存在明显的位置"过冲"现象,最终定位位置正确,系统无报警。

故障分析　由于系统无报警,坐标轴定位正确,可以确认故障是由伺服驱动器或系统调整不良引起的。

X 轴位置"过冲"的实质是伺服进给系统存在超调。解决超调的方法有多种,如减小加/减速时间、提高速度环比例增益、降低速度环积分时间等。

对本机床,通过提高驱动器的速度环比例增益,降低速度环积分时间后,位置超调消除。

13. 再生故障

引起此故障的通常原因及排除见表 4-21。

表 4-21　再生故障报警的原因及排除

报警内容		报警发生状况	故障原因	排除措施
再生故障	再生异常	在接通控制电源时发生	伺服单元电路板故障	更换伺服单元
		在接通主电路电源时发生	6 kW 以上时未接再生电阻	连接再生电阻
			检查再生电阻是否配线不良	修正外接再生电阻的配线
			伺服单元故障（再生晶体管、电压检测部分故障）	更换伺服单元
		在通常运行时发生	检查再生电阻是否配线不良、是否脱落	修正外接再生电阻的配线
			再生电阻断线（再生能量是否过大）	更换再生电阻或者伺服单元（重新考虑负载、运行条件）
			伺服单元故障（再生晶体管、电压检测部分故障）	更换伺服单元
	再生过载	在接通控制电源时发生	伺服单元电路板故障	更换伺服单元
		在接通主电路电源时发生	电源电压超过 270 V	校正电压
		在通常运行时发生（再生电阻温度上升幅度大）	再生能量过大（如放电电阻开路或阻值太大）	重新选择再生电阻容量，或者重新考虑负载、运行条件
			处于连续再生状态	
		在通常运行时发生（再生电阻温度上升幅度小）	参数设定的容量小于外接再生电阻的容量（减速时间太短）	校正用户参数的设定值
			伺服单元故障	更换伺服单元
		在伺服电动机减速时发生	再生能力过大	重新选择再生电阻容量或者重新考虑负载、运行条件

14. 编码器出错

引起此故障的通常原因及排除见表 4-22。

表 4-22　编码器出错报警的原因及排除

报警内容	故障原因		排除措施
编码器出错	编码器电池故障	电池连接不良、未连接	正确连接电池
		电池电压低于规定值	更换电池、重新启动
		伺服单元故障	更换伺服单元
	编码器故障	无 A 相和 B 相脉冲	建议更换脉冲编码器
		引线电缆短路或破损而引起通信错误	
	客观条件	接地、屏蔽不良	处理好接地

15. 漂移补偿量过大的报警

引起此故障的通常原因及排除见表 4-23。

表 4-23　漂移补偿量过大报警的原因及排除

报警内容	故障原因		排除措施
漂移补偿量过大	连接不良	动力线连接不良、未连接	正确连接动力线
		检测元件之间的连接不良	正确连接反馈元件连接线
	数控系统的相关参数设置错误	CNC 系统中有关漂移量补偿的参数设定错误	重新设置参数
	硬件故障	速度控制单元的位置控制部分	更换此电路板或直接更换伺服单元

4.5　进给伺服系统常见故障诊断与维修

4.5.1　进给伺服系统常见故障诊断与维修

1. 机床振动

指机床在启动或停止时的振荡、运动时的爬行、正常加工过程中的运动不稳等等。可能是机械传动系统的原因,亦可能是进给伺服系统的调整与设定不当等等。

(1) 开停机时振荡的故障原因及检查、排除见表 4-24。

表 4-24　机床振动的原因及检查、排除

项目	故障原因	检查步骤	排除措施
1	位置控制系统参数设定错误	对照系统参数说明检查原因	正确设定参数
2	速度控制单元设定错误	对照速度控制单元说明或根据机床生产厂家提供的设定单检查设定	正确设定速度控制单元
3	反馈装置出错	反馈装置本身是否有故障	更换反馈装置
		反馈装置连线是否正确	正确连接反馈线
4	电动机本身有故障	用替换法检查电动机是否有故障	如有故障,更换电动机
5	机床、检测器不良,插补精度差或检测增益设定太高	检查与振动周期同步的部分,并找到不良部分	更换或维修不良部分,调整或检测增益

　　例如,当机床高速运行时,如果产生振动,这时就会出现过流报警。这种振动问题一般属于速度问题,所以应检查速度环,而机床速度的整个调节过程是由速度调节器来完成的。所以凡是与速度有关的问题,应该查找速度调节器。因此振动问题应查找速度调节器,且主要从给定信号、反馈信号及速度调节器本身这三方面去查找故障。

　　① 检查输入速度调节器的信号,即给定信号。这个给定信号从位置偏差计数器出来经 D/A 转换器转换成模拟量送入速度调节器。应检查这个信号是否有振动分量,如它只有一个周期的振动信号,可以确认速度调节器没有问题,而是前级的问题,即应向 D/A 转换器或位置偏差计数器去查找问题。如果正常,就转向查测速发电机或伺服电动机的位置反馈装置是否有故障或连线错误。

　　② 检查测速发电机及伺服电动机。机床振动说明机床速度在振荡,所以反馈回来的波形一定也在振荡,观察它的波形是否出现有规律的大起大落。这时,最好能测一下机床的振动频率与旋转的速度是否存在一个准确的比例关系,如果振动频率为电动机转速的四倍,这时就应考虑电动机或发电机是否有故障。

　　因振动频率与电动机转速成一定比例,所以首先要检查电动机有无故障,如果没有问题,就再检查反馈装置连线是否正确。

　　③ 位置控制系统或速度控制单元上的设定错误,例如系统或位置环的放大倍数(检测倍率)过大,最大轴速度、最大指令值等设置错误。

　　④ 如采用上述方法还不能完全消除振动,甚至无任何改善,就应考虑速度调节器本身的问题,应更换速度调节器板或换下后彻底检测各处波形。

⑤ 检查振动频率与进给速度的关系:如二者成比例,除机床共振原因外,多数是由 CNC 系统插补精度太差或位置检测增益太高引起的,须进行插补调整和检测增益的调整。如果与进给速度无关,可能是速度控制单元的设定与机床不匹配,或是速度控制单元调整不好,或是该轴的速度环增益太大,或是速度控制单元的印制线路板不良。

例 4-9 一台配备 FANUC 15MA 数控系统的龙门式加工中心,在启动完成进入可操作状态后,X 轴只要一运动即出现高频振荡,产生尖叫,系统无任何报警。

故障分析 在故障出现后,观察 X 轴拖板,发现实际上拖板振动位移很小;但触摸输出轴,可感觉到转子在以很小的幅度、极高的频率振动,且振动的噪声就来自 X 轴伺服系统。

考虑到振动无论是在运动中还是在静止时均发生,与运动速度无关,故基本上可以排除测速发电机、位置反馈编码器等硬件损坏的可能性。

分析该振动可能是 CNC 中与伺服驱动有关的参数设定、调整不当引起的,且由于机床振动频率很高,因此时间常数较小的电流环引起振动的可能性较大。

由于 FANUC 15MA 数控系统采用的是数字伺服系统,伺服参数的调整可以直接通过系统进行。维修时调出伺服调整参数页面,并与机床随机资料中提供的参数表对照,发现参数 PARM1852、PARM1825 与提供值不符,设定值如下。

参数号	正常值	实际设定值
1852	1000	3414
1825	2000	2770

将上述参数重新修改后,振动现象消失,机床恢复正常工作。

(2) 工作过程中,数控机床坐标轴振动或爬行。引起此故障的通常原因及排除见表 4-25。

表 4-25 数控机床坐标轴振动或爬行的原因及排除

故 障 原 因	检 查 步 骤	排 除 措 施
负载过重	重新考虑此机床所能承受的负载	减轻负载,让机床工作在额定负载以内
机械传动系统不良	依次察看机械传动链	保持良好的机械润滑,并排除传动故障
位置环增益过高	查看相关参数	重新调整伺服参数
伺服不良	通过交换法,一般可快速排除	更换伺服驱动器

例 4-10　一台配备某系统的加工中心,进给加工过程中发现 X 轴振动。

故障分析　加工过程中坐标轴出现振动、爬行与多种原因有关,可能是机械传动系统的故障,亦可能是伺服进给系统的调整与设定不当等等。

为了判定故障原因,将机床操作方式置于手动方式,用手摇脉冲发生器控制 X 轴进给,发现 X 轴仍有振动现象。在此方式下,通过较长时间的移动后,X 轴速度单元上 OVC 报警灯亮,证明 X 轴伺服驱动器发生了过电流报警,根据以上现象,分析可能的原因如下:

① 负载过重;

② 机械传动系统不良;

③ 位置环增益过高;

④ 伺服不良,等等。

维修时通过互换法确认故障原因出在直流伺服上。卸下 X 轴,经检查发现 6 个电刷中有两个的弹簧已经烧断,造成了电枢电流不平衡,使输出转矩不平衡。另外,发现轴承亦有损坏,故而引起 X 轴的振动与过电流。更换轴承与电刷后,机床恢复正常。

例 4-11　配备某系统的加工中心,在长期使用后,手动操作 Z 轴时有振动和异常响声,并出现“移动过程中 Z 轴误差过大”报警。

故障分析　为了分清故障部位,考虑到机床伺服系统为半闭环结构,脱开与丝杠的连接,再次开机试验,发现伺服驱动系统工作正常,从而判定故障原因在机床机械部分。

利用手动方式转动机床 Z 轴,发现丝杠转动困难,丝杠的轴承发热。经仔细检查,发现 Z 轴导轨无润滑,造成 Z 轴摩擦阻力过大;重新修理 Z 轴润滑系统后,机床恢复正常。

(3) 工作台移动到某处时出现缓慢的正、反向摆动。

例 4-12　一台配备 FANUC 系统的加工中心,在长期使用后,只要工作台移动到行程的中间段,X 轴即出现缓慢的正、反向摆动。

故障分析　加工中心在其他位置时工作均正常,因此系统参数、伺服驱动器和机械部分应无问题。

考虑到加工中心已经过长期使用,加工中心机械部分与伺服驱动系统之间的配合可能会发生部分改变,一旦匹配不良,可能引起伺服系统的局部振动。根据 FANUC 伺服驱动系统的调整与设定说明,维修时通过改变 X 轴伺服单元上的 S6、S7、S11、S13 等设定端的设定消除加工中心的振动。

2. 运动失控(即飞车)

引起此故障的原因、检查及排除见表 4-26。

表 4-26　运动失控的原因与检查、排除

项　目		故 障 原 因	检 查 步 骤	排 除 措 施
	1	位置检测、速度检测信号不良	检查连线,检查位置、速度环是否为正反馈	改正连线
	2	位置编码器故障	可用交换法	重新进行正确的连接
	3	主板、速度控制单元故障	用排除法确定此模块是否有故障	更换印制电路板

3. 数控机床定位精度或加工精度差

数控机床定位精度或加工精度差可分为定位超调、单脉冲进给精度差、定位点精度不好、圆弧插补加工的圆度差等情况,其故障的原因与检查、排除见表 4-27。

表 4-27　数控机床定位精度和加工精度差的原因与检查、排除

项　目		故 障 原 因	检 查 步 骤	排 除 措 施
超调	1	加/减速时间设定过小	检测启、制动电流是否已经饱和	延长加/减速时间设定
	2	与数控机床的连接部分刚性差或连接不牢固	检查故障是否可以通过减小位置环增益改善	减小位置环增益或提高数控机床的刚性
单脉冲精度差	1	需要根据不同情况进行故障分析	检查定位时位置跟随误差是否正确	若正确见第 2 项,否则见第 3 项
	2	机械传动系统存在爬行或松动	检查机械部件的安装精度与定位精度	调整数控机床机械传动系统
	3	伺服系统的增益不足	调整速度控制单元增益调整的相应旋钮	提高位置环、速度环增益
定位精度不良	1	需根据不同情况进行故障分析	检查定位时位置跟随误差是否正确	若正确见第 2 项,否则见第 3 项
	2	机械传动系统存在爬行或松动	检查机械部件的安装精度与定位精度	调整数控机床机械传动系统
	3	位置控制单元不良	更换位置控制单元板(主板)	更换不良板
	4	位置检测器件(编码器、光栅)不良	检测位置检测器件(编码器、光栅)	更换不良位置检测器件(编码器、光栅)
	5	速度控制单元控制板不良	—	维修、更换不良板

项 目		故障原因	检查步骤	排除措施
圆弧插补加工的圆度差	1	需根据不同情况进行故障分析	测量不圆度,检查周向上是否变形,45°方向上是否成椭圆	若轴向变形,则见第2项;若45°方向上成椭圆,则见第3项
	2	机床反向间隙大、定位精度差	测量各轴的定位精度与反向间隙	调整机床,进行定位精度、反向间隙的补偿
	3	位置环增益设定不当	调整控制单元,使同样的进给速度下各插补轴的位置跟随误差的差值在±1%以内	调整位置环增益以消除各轴间的增益差
	4	各插补轴的检测增益设定不良	在项目3上调整后,在45°方向上成椭圆	调整检测增益
	5	感应同步器或旋转变压器的接口板调整不良	检查接口板的调整	重新调整接口板
	6	丝杠间隙或传动系统间隙	测量、重新调整间隙	调整间隙或改变间隙补偿值

当圆弧插补出现45°方向上的椭圆时,可以通过调整伺服进给轴的位置增益进行调整。坐标轴的位置增益由下式计算:

$$k_v = \frac{16.67v}{e_{ss}}$$

式中:v——进给速度(mm/min);

e_{ss}——位置跟随误差(0.001 mm);

k_v——位置增益(1/s)。

位置跟随误差可以通过数控系统的诊断参数检查。位置跟随误差则在速度控制单元上由相应的电位器来调节。注意,参与圆弧插补的两轴的位置跟随误差的差值必须控制在±1%以内。

4. 位置跟随误差超差报警

伺服轴运动超过位置允差范围时,数控系统就会产生位置误差包括跟随误差、轮廓误差和定位误差等过大的报警,其主要原因及排除见表4-28。

表 4-28　位置跟随误差超差报警的原因及排除

故 障 原 因	检 查 步 骤	排 除 措 施
伺服过载或有故障	查看伺服驱动器相应的报警指示灯	减轻负载,让机床工作在额定负载以内
动力线或反馈线连接错误	检查连线	正确连接电动机与反馈装置的连接线
伺服变压器过热 保护熔断器熔断	查看相应的工作条件和状态	观察散热风扇是否工作正常,做好散热措施
输入电源电压太低	用万用表测量输入电压	确保输入电压正常
伺服驱动器与 CNC 间的信号电缆连接不良	检查信号电缆的连接,分别测量电缆信号线各引脚的通断	确保信号电缆传输正常
干扰	检查屏蔽线	处理好地线以及屏蔽层
参数设置不当	检查设置位置跟随误差的参数,如伺服系统增益设置不当,位置偏差值设定错误或过小	依参数说明书正确设置参数
速度控制单元故障 系统主板的位置控制部分故障	用同型号的备用电路板来测试现在的电路板是否有故障	如果确认故障,更换相应电路板或驱动器
编码器反馈不良	用手转动电动机,看反馈的数值是否相符	如果确认不良,更换编码器
机械传动系统有故障	检查是否因进给传动链累积误差过大或机械结构连接不好而造成传动间隙过大	排除机械故障,确保工作正常

5. 超程

当进给运动超过由软件设定的软限位或由限位开关决定的硬限位时,就会发生超程报警,一般会在 CRT 上显示报警内容,根据数控系统说明书即可排除故障,解除超程。超程的原因及排除见表 4-29。

表 4-29　超程故障的原因及排除

故 障 现 象	故 障 原 因	排 除 措 施
系统出错,提示某轴硬件超程	零件太大,不适合在此机床上加工	重新考虑加工此零件的条件
	伺服的超程回路短路	检验超程回路,避免超程信号的误输入
系统报警,提示某轴软超程	程序错误	重新编制程序
	刀具起点位置有误	重新对刀

6. 超过速度控制范围(一般 CRT 上有超速的提示)

速度控制单元超速的原因及排除见表 4-30。

表 4-30　超速的原因及排除

故障原因	检查步骤	排除措施
测速反馈连接错误	用万用表测量各端子极性	按相应端子连接好反馈线
检测信号不正确或无速度与位置检测信号	检查联轴器与工作台的连接是否良好	正确连接工作台与联轴器
速度控制单元参数设定不当或设置过低	检查相应参数是否不当,如加、减速时,加速时间常数设置过小	重新设置参数
位置控制板发生故障	检查来自 F/V 转速的速度反馈信号输入到速度控制单元工作是否正常	更换位置控制板或驱动器

7. 过载

进给运动的负载过大,频繁正、反向运动以及进给传动链润滑状态不良均会引起过载的故障。一般会在 CRT 上显示伺服电动机过载、过热或过流等报警信息,同时,在强电柜中的进给驱动单元上,用指示灯或数码管提示驱动单元过载、过电流等信息。过载原因及排除见表 4-31。

表 4-31　过载的原因及排除

故障原因	检查步骤	排除措施
数控机床负荷异常	检查电动机电流	需要变更切削条件,减轻数控机床负荷
参数设定错误	检查电动机过载的设置参数是否正确	依参数说明书,正确设置参数
启动扭矩超过最大扭矩	目测启动或带有负载情况下的工作状况	减少启动电流,或直接采用启动扭矩小的驱动系统
负载有冲击现象		改善切削条件,减少冲击
频繁正、反向运动	目测工作过程中是否有频繁正、反向运动	编制数控加工程序时,尽量不要有这种现象
进给传动链润滑状态不良	听工作时的声音,观察工作状态	做好数控机床的润滑,确保润滑系统中的电动机工作正常并且润滑油足够
电动机或编码器等反馈装置配线异常	检查其连接的通断情况或是否有信号线接反的状况	确保电动机和位置反馈装置配线正常
编码器有故障	测量编码器等的反馈信号是否正常	更换编码器等反馈装置
驱动器有故障	用更换法判断驱动器是否有故障	更换驱动器

8. 窜动

进给时出现窜动,其原因及排除见表 4-32。

表 4-32　进给过程中窜动的原因及排除

故 障 原 因	检 查 步 骤	排 除 措 施
位置反馈信号不稳定	测量反馈信号是否均匀与稳定	确保反馈信号正常、稳定
位置控制信号不稳定	在驱动电动机端测量位置控制信号是否稳定	确保位置控制信号正常稳定
位置控制信号受到干扰	测试其位置控制信号是否有噪声	做好屏蔽处理
接线端子接触不良	检查紧固的螺钉是否松动等	紧固好螺钉,同时检查其接线是否正常
窜动发生在正、反向运动的瞬间	检查机械传动系统是否不良,如反向间隙过大	进行机械的调整,排除机械故障
	检查伺服系统增益是否过大	依参数说明书,正确设置参数

9. 在启动加速段或低速进给时爬行

一般是由于进给传动链的润滑状态不良、伺服系统增益过低及外加负载过大等因素所致。尤其要注意的是,伺服电动机和滚珠丝杠连接用的联轴器,由于连接松动或联轴器本身的缺陷,如裂纹等,可造成滚珠丝杠转动或伺服的转动不同步,从而使进给忽快忽慢,产生爬行现象。爬行的原因及排除见表 4-33。

表 4-33　爬行的原因及排除

故 障 原 因	检 查 步 骤	排 除 措 施
进给传动链的润滑状态不良	听工作时的声音,观察工作状态	做好机床的润滑,确保润滑电动机工作正常并且润滑油足够
伺服系统增益过低	检查伺服的增益参数	依参数说明书正确设置相应参数
外加负载过大	校核工作负载是否过大	改善切削条件,重新考虑切削负载
联轴器的机械传动有故障	可目测联轴器的外形	更换联轴器

10. 伺服电动机不转

数控系统至进给驱动单元除了速度与位置控制信号外,还会有控制信号(也叫使能信号或伺服允许信号),一般为直流＋24 V 继电器线圈电压。造成伺服电动机不转的原因及排除见表 4-34。

表 4-34　伺服电动机不转的原因及排除

故 障 原 因	检 查 步 骤	排 除 措 施
速度、位置控制信号未输出	测量数控装置的指令输出端子的信号是否正常	确保控制信号已正常输出
使能信号是否接通	通过 CRT 观察 I/O 状态,分析机床 PLC 梯形图(或流程图),以确定进给轴的启动条件,如润滑、冷却等是否满足	确保使能的条件都能具备,并且使能正常
制动电磁阀是否释放	如果伺服电动机本身带有制动电磁阀,应检查阀是否释放,确认是否因为控制信号没到位或是电磁阀有故障	确保制动电磁阀能正常工作
进给驱动单元故障	用交换法判断相应单元是否有故障	更换伺服驱动单元
伺服电动机故障		更换伺服电动机

例 4-13　一台配备某系统的进口立式加工中心,在加工过程中发现某轴不能正常移动。

故障分析　通过机床电气原理图分析,该机床采用的是 HSV-16 型交流伺服驱动。

现场分析、观察机床动作,发现运行程序后,其输出的速度信号和位置控制信号均正常。再观察 PLC 状态,发现伺服允许信号没有输入。依次排查,"刀库给定值转换/定位控制"板原理图逐级测量,最终发现该板上的模拟开关(型号 DG201)已损坏,更换同型号备件后,机床恢复正常工作。

11. 定位超调

定位超调也叫位置"过冲"现象,其原因及排除见表 4-35。

表 4-35　定位超调原因及排除

故 障 原 因	检 查 步 骤	排 除 措 施
加、减速时间设定不当	依次检查数控装置或伺服驱动器上的这几个参数的设置是否与说明书要求相同	依照参数说明书,正确设置各个参数
位置环比例增益设置不当		
速度环比例增益设置不当		
速度环积分时间设置不当		

12. 回参考点故障

回参考点故障一般分为找不到参考点和找不准参考点两类,前一类故障一般是回参考点减速开关产生的信号或零位脉冲信号失效,可以通过检查脉冲编码器零标志位或光栅尺零标志位是否有故障;后一类故障是参考点开关挡块位置设置不当引起的,需要重新调整挡块位置。故障原因及排除见表 4-36。

表 4-36 回参考点故障原因及排除

故 障 原 因	检 查 步 骤	排 除 措 施
回参考点减速开关产生的信号或零位脉冲信号失效	可以通过 PLC 观察相应点数是否有输入	确保信号正常
脉冲编码器或光栅尺硬件有故障	检验其是否有输出信号	更换反馈装置
参考点开关挡块位置设置不当	通过目测观察,挡块是否合理	合理设置调整挡块

13. 开机后电动机产生尖叫(高频振荡)

往往是 CNC 中与伺服驱动有关的参数设定、调整不当引起的。排除措施是重新按参数说明书设置好相应参数。

例 4-14 某进口立式加工中心,在用户更换了 SIEMENS 611A 双轴模块后,开机 X、Y 轴出现尖叫声,系统与驱动器均无故障。

故障分析 SIEMENS 611A 驱动器开机时出现尖叫声的情况,在机床首次调试时经常遇到,主要原因是驱动器与实际进给系统的匹配未达到最佳值。

对于这类故障,通常只要通过驱动器的速度环增益与积分时间的调节即可进行消除,具体方法如下。

① 根据驱动模块及规格,对驱动器的调节器板的S_2进行正确的电流设定。

② 将速度调节器的积分时间T_n调节电位器(在驱动器正面)逆时针调至极限($T_n \approx 39$ ms)。

③ 将速度调节器的比例 K_p调节电位器(在驱动器正面)调整至中间位置($K_p \approx 7 \sim 10$)。

④ 在以上调整后即可以消除伺服的尖叫声,但此时动态性较差,还需进行下一步调整。

⑤ 顺时针慢慢旋转积分时间 T_n调节电位器,减小积分时间,直到电动机出现振荡声。

⑥ 逆时针稍稍旋转积分时间 T_n调节电位器,使振荡声恰好消除。

⑦ 保留以上位置,并做好记录。

本机床经以上调整后,尖叫声即消除,机床恢复正常工作。

14. 加工工件尺寸出现无规律变化

加工工件尺寸出现无规律变化的原因与排除见表 4-37。

表 4-37　加工工件尺寸出现无规律变化原因及排除

故障原因	检查步骤	排除措施
干扰	应排除干扰的措施	做好屏蔽及接地的处理
弹性联轴器未能锁紧	—	锁紧弹性联轴器
机械传动系统的安装、连接与精度不良	例如,机床的反向间隙过大,检查相应的机床传动精度值	调整机床,或进行反向间隙补偿与螺距误差补偿
伺服进给系统参数的设定与调整不当	检查伺服参数	正确设置参数

例 4-15　配备某系统的数控车床,在工作过程中,发现加工工件的 X 向尺寸出现无规律的变化。

故障分析　数控机床的加工尺寸不稳定通常与机械传动系统的安装、连接与精度,以及伺服进给系统的设定与调整有关。在本机床上利用百分表仔细测量 X 轴的定位精度,发现丝杠每移动一个螺距,X 向的实际尺寸总是要增加几十微米,而且此误差不断积累。

根据以上现象分析,故障原因似乎与系统的"齿轮比"、参数计数器容量、编码器脉冲数等参数的设定有关,但经检查,以上参数的设定均正确无误,排除了参数设定不当引起故障的原因。

为了进一步判定故障部位,维修时拆下 X 轴伺服,并在轴端通过画线做标记,利用手动增量进给方式移动 X 轴,检查发现 X 轴每次增量移动一个螺距时,轴转动均大于 $360°$。同时,在以上检测过程中发现伺服每次转动到某一固定的角度上时,均出现"突跳"现象,且在无"突跳"区域,运动距离与轴转过的角度基本相符(无法精确测量,依靠观察确定)。

根据以上实验可以判定故障是由于 X 轴的位置监测系统不良引起的。考虑到"突跳"仅在某一固定的角度产生,且在无"突跳"区域,运动距离与轴转过的角度基本相符。因此,可以进一步确认故障与测量系统的电缆连接、系统的接口电路无关,与编码器本身的不良有关。

通过更换编码器试验,确认故障是由于编码器不良引起的。更换编码器后,机床恢复正常。

15. 伺服电动机开机后即自动旋转

造成此故障的原因及排除见表 4-38。

表 4-38　伺服电动机开机后即自动旋转原因及排除

故　障　原　因	检　查　步　骤	排　除　措　施
干扰	排除干扰的措施	做好屏蔽及接地的处理
位置反馈的极性错误	用万用表测量反馈端子	正确连接反馈线
由于外力使坐标轴产生了位置偏移		加工之前,确保无外力使机床发生移动
驱动器、测速发电机、伺服电动机或系统位置测量回路不良	检查相应的位置反馈信号	确保信号正常
电动机故障	用交换法依次检查电动机和驱动器是否有故障	更换好的电动机
驱动器故障		更换好的驱动器

例 4-16　一台配套 SIEMENS 某系列交流伺服驱动系统的卧式加工中心,在开机调试时,手动按下刀库回转按钮后,刀库即高速旋转,导致机床报警。

故障分析　根据故障现象,可以初步确定故障是由于刀库交流驱动器反馈信号不正确或反馈线脱落引起的速度环正反馈或开环。测量确认该伺服反馈线已连接,但极性不正确;交换测速反馈极性后,刀库动作恢复正常。

4.5.2　进给伺服系统维修实例

例 4-17　配置某系统的数控车床开机后,只要 Z 轴一移动就剧烈振荡,CNC 无报警,机床无法正常工作。

故障分析　经仔细观察、检查,发现该机床的 Z 轴在小范围(约 2.5 mm 以内)移动时工作正常,运动平稳无振动;但一旦超出以上范围,机床即剧烈振动。

根据上述现象分析可知,系统的位置控制部分以及伺服驱动器本身应无故障,初步判定故障在位置检测器件,即脉冲编码器上。

考虑到机床为半闭环结构,维修时通过更换确认故障是由于脉冲编码器的不良引起的。

为了深入了解引起故障的根本原因,维修时做了以下分析与试验。

① 在伺服驱动器主回路断电的情况下,手动转动轴,检查系统显示,发现无论正转、反转,系统显示器上都能够正确显示实际位置值,表明位置编码器的 A、B、－A、－B 信号输出正确。

② 由于本机床 Z 轴丝杠螺距为 5 mm,只要 Z 轴移动 2.5 mm 左右即发生剧烈振荡,因此,故障原因可能与转子的实际位置有关,即脉冲编码器的转子位置检测信号 C1、C2、C4、C8 信号存在不良。

根据以上分析,考虑到 Z 轴可以正常移动 2.5 mm 左右,相当于实际转动

180°,因此,进一步判定故障的部位是转子位置检测信号中的 C8 存在不良。

按照上述方法,取下脉冲编码器后,根据编码器的连接要求(见表4-39),在引脚 N/T、J/K 上加入 DC 5 V 后,旋转编码器轴,利用万用表测量 C1、C2、C4、C8,发现 C8 的状态无变化,确认了编码器的转子位置检测信号 C8 存在故障。

表 4-39　编码器的连接要求

引脚	A	B	C	D	E	F	G	H	J/K	L	M	N/T	P	R	S
信号	A	B	C1	—A	—B	Z	—Z	屏蔽	+5V	C4	C8	0V	C2	OH1	OH2

进一步检查发现,编码器内部的 C8 输出驱动集成电路已经损坏;更换集成电路后,重新安装编码器,机床恢复正常。

例 4-18　配备某系统的数控车床在运行过程中,被加工零件的 Z 轴尺寸逐渐变小,而且每次的变化量与机床的切削力有关;当切削力增加时,变化量也会随之变大。

故障分析　根据故障现象分析,产生故障的原因应在伺服电动机与滚珠丝杠之间的机械连接上。由于本机床采用的是联轴器直接连接的结构形式;当伺服电动机与滚珠丝杠之间的弹性联轴器未能锁紧时,丝杠与伺服电动机之间将产生相对滑移,造成 Z 轴进给尺寸逐渐变小。

解决联轴器不能正常锁紧的方法是压紧锥形套,增加摩擦力。如果联轴器与丝杠之间配合不良,依靠联轴器本身的锁紧螺钉无法保证锁紧时,通常的解决方法是将每组锥形弹性套中的其中一个开一条 0.5 mm 左右的缝,以增加锥形弹性套的收缩量,这样可以解决联轴器与丝杠之间配合不良引起的松动问题。

例 4-19　某数控车床,用户在加工过程中发现 X、Z 轴的实际移动尺寸与理论值不符。

故障分析　由于本机床 X、Z 轴工作正常,故障仅是移动的实际值与理论值不符,因此可以判定机床系统、驱动器等部件均无故障,引起问题的原因在于机械传动系统参数与控制系统的参数匹配不当。

机械传动系统与控制系统匹配的参数在不同的系统中有所不同,通常有电子齿轮比、指令倍乘系数、检测倍乘系数、编码器脉冲数、丝杠螺距等。以上参数必须统一设定,才能保证系统的指令值与实际移动值相符。

在本机床中,通过检查系统设定参数发现,X、Z 轴伺服的编码器脉冲数与系统设定不一致。在机床上,X、Z 轴的型号相同,但内装式编码器分别为 2 000 脉冲/转与 2 500 脉冲/转,而系统的设定值正好与此相反。

据了解,故障原因是用户在进行机床大修时,曾经拆下 X 轴、Z 轴伺服进行清理,但安装时未注意到编码器的区别。对 X、Z 轴进行交换后,机床恢复正常工作。

例 4-20　某卧式加工中心,当 X 轴运动到某一位置时,液压自动断开,且出现报警提示:Y 轴测量系统故障。断电后再通电,机床可以恢复正常工作,但 X 轴运动到某一位置附近时,又可能出现同一故障。

故障分析　该机床为进口卧式加工中心,与 SIEMENS 6RA 系列直流伺服驱动配套。由于 X 轴移动时出现 Y 轴报警,为了验证系统的正确性,拔下 X 轴测量反馈电缆试验,出现 X 轴测量系统故障报警,因此可以排除系统误报警的原因。

检查 X 轴出现报警的位置及附近,发现它对 Y 轴测量系统(光栅)并无干涉与影响,且仅移动 Y 轴亦无报警,Y 轴工作正常,再检查 Y 轴电缆插头、光栅读数头和光栅尺状况,均未发现异常现象。

考虑到该设备属大型加工中心,电缆较多,电柜与机床之间的电缆长度较长,且所有电缆均固定在电缆架上,随机床来回移动。根据上述分析,初步判断由于电缆的弯曲导致局部断线的可能性较大。

维修时有意将 X 轴运动到出现故障点位置,人为移动电缆线,仔细测量 Y 轴上每一根反馈信号线的连接情况,最终发现其中一根信号线在电缆不断移动的过程中偶尔出现开路现象;利用电缆内的备用线替代断线后,机床恢复正常。

例 4-21　一台配套 SIEMENS 6RA26×× 系列直流伺服系统的卧式加工中心,在加工过程中突然停机,开机后面板上的"驱动故障"指示灯亮,机床无法正常启动。

故障分析　根据面板上的"驱动故障"指示灯亮的现象,结合机床电器原理图与系统 PLC 程序分析,确认机床的故障原因为 Y 轴驱动器未准备好。

检查电柜内驱动器,测量 6RA26×× 驱动器主电路电源输入,只有 V 向有电压,进一步按机床电气原理图对照检查,发现 6RA26×× 驱动器进线快速熔断器的 U、W 相熔断。用万用表测量驱动器主回路进线断 1U、1W,确认驱动器主回路内部存在短路。

由于 6RA26×× 驱动器主回路进线直接与晶闸管相连,因此可以确认故障原因是由晶闸管损坏引起的。

逐一测量主回路晶闸管 V1~V6,确认 V1、V2 不良(已短路);更换同规格备件后,机床恢复正常。

由于测量主回路其他部分均无故障,换上晶闸管模块后,机床恢复正常工作,分析其原因可能是瞬间电压波动或负载波动引起的偶然故障。

例 4-22　一台配套 FAGOR 8030 系统、SIEMENS 6SC610 交流伺服驱动系统的立式加工中心,在自动工作时,偶然出现 X 轴的剧烈振动。

故障分析　机床在出现故障时,关机后再开机,机床即可以恢复正常,且出现故障时系统、驱动器都无报警,振动在加工过程中只是偶然出现。

在振动时检查系统的位置跟随误差显示，发现此值在 0～0.1 mm 范围内振动，可以基本确认数控系统的位置检测部分以及位置测量系统均无故障。

由于故障的偶然性，而且当故障发生时只要通过关机即可恢复正常工作，这给故障的诊断增加了困难。为了确认故障部位，维修时将 X、Y 轴的驱动器模块、伺服分别做了互换处理，但故障现象不变。因此，初步确定故障是由于伺服与驱动器间的连接电缆不良引起的。

仔细检查伺服与驱动器间的连接电缆，未发现任何断线与接触不良的现象，而故障仍然存在。为了排除任何可能的原因，维修时利用新的测速反馈电缆作为临时线替代了原电缆试验，经过长时间的运行确认故障现象消失，机床恢复正常工作。

为了找到故障的根本原因，维修时取下了 X 轴测速电缆进行仔细检查，最终发现该电缆的 11 号线（测速发电机 R 相连接线）在电缆不断弯曲的过程中有"时通时断"的现象，打开电缆线检查，发现电线内部断裂。更换电缆后，故障排除，机床恢复正常工作。

例 4-23　一台配置 SIEMENS 810M 及 611A 交流伺服驱动的立式加工中心，在调试时，出现 X 轴过流报警。

故障分析　由于机床为初次开机调试，可以确认驱动器、伺服均无故障，故障原因通常与伺服和驱动器之间的连接有关。

对照 SIEMENS 611A 伺服驱动器说明书仔细检查发现该机床 X 轴伺服的三相电枢线相序接反；正确连接后，故障排除。

例 4-24　某配置 SIEMENS 810MGA3 的改造数控机床，机床调试时，发现 X、Y、Z 轴可以运动，但实际运动距离与指令值相差 10 倍。

故障分析　由于机床 X、Y、Z 轴能正常工作，根据故障现象，可以基本确认故障原因在于系统参数设定不当。

检查与本例相同的参数，发现系统的 MD5002 bit2、1、0 的位置控制系统的控制分辨率参数与 MD5002 bit7、6、5 的位置控制系统的输入分辨率参数设定值为 "0010 0010"，这显然与机床要求不符。

但调试人员对照系统中对参数的说明，表明其设定与说明书一致。为了进一步确认原因，维修时对照了说明书原文，发现该系统从软件版本 1232 以后对参数的定义做了修改，在新的软件版本下，参数 MD5002 的正确设定应为 "0100 0100"。

修改参数后，机床实际运动距离与指令值完全一致。

例 4-25　某配置 NUM 1020 系统的高速数控铣床，开机后，各轴伺服均有抖动现象。

故障分析　由于铣床三轴伺服驱动工作都不正常，可以初步确认故障与驱动公共部分有关。

测量驱动器的电源电压及直流母线电压,发现直流母线电压为直流200 V左右。考虑到对于交流380 V输入的驱动器,其直流母线电压正常情况下应为600 V左右。该机床进线电压交流380 V为正常,伺服系统业已报警,因此故障与直流主回路无关。

根据驱动系统的主回路原理图,注意检查直流母线各元器件,确认放电电阻损坏。更换放电电阻后,故障排除,机床恢复正常。

例 4-26 一台配置 DYNAPATH 20M 系统的数控铣床,加工零件时的 Y 向加工尺寸与编程尺寸存在较大的误差,而且误差值与 Y 轴的移动距离成正比,距离越长,误差越大。

故障分析 为了确认故障原因,维修时对机床 Y 轴的定位精度进行了仔细测量。测量后发现,机床 Y 轴每移动一个螺距,实际移动距离均相差 0.1 mm 左右,而且具有固定的规律。

根据故障现象,机床存在以上问题似乎与系统的参数设定有关,即系统的指令倍率、检测倍率、反馈脉冲数等参数设定错误,是产生以上故障的常见原因。但在本机床上,由于机床参数被存储于 EPROM 上,因此参数出错的可能性较小。

进一步观察、测量机床 Y 轴移动情况,发现该机床 Y 轴伺服在移动到某一固定角度时都有一冲击过程;在无冲击的区域,测量实际移动距离与指令值相符。根据以上现象,初步判定,故障原因与位置检测系统有关。

因该机床采用的是半闭环系统,维修时拆下伺服内装式编码器检查,经仔细观察发现,在冲击的区域,编码器动光栅上有一明显的黑斑。

考虑到更换编码器的成本与时间问题,维修时对编码器进行了仔细的清洗,洗去由于轴承润滑脂融化产生的黑斑。

重新安装编码器后,机床可以正常工作,Y 轴冲击现象消失,精度恢复。

例 4-27 配置某系统的数控铣床,采用 FUNAC S 系列三轴一体型伺服驱动器,开机后,X、Y 轴工作正常,但手动移动 Z 轴,发现在较小的范围内,Z 轴可以运动,但继续移动 Z 轴,系统出现伺服报警。

故障分析 根据故障现象,检查机床实际工作情况,发现开机后 Z 轴可以少量运动,不久温度迅速上升,表面发烫。

引起以上故障的原因可能是机床电气控制系统故障或机械传动系统不良。为了确定故障部位,考虑到本机床采用的是半闭环结构,维修时首先松开伺服与丝杠的连接,并再次开机试验,发现故障现象不变,故确认报警是由电气控制系统的不良引起的。

由于机床 Z 轴伺服电动机带有制动器,开机后测量制动器的输入电压正常;在系统、驱动器关机的情况下,对制动器单独加入电源进行试验,手动转动 Z 轴,发现制动器已松开,手动转动轴平稳、轻松,证明制动器工作良好。

为了进一步缩小故障部位,确认 Z 轴伺服电动机的工作情况,维修时利用同规格的 X 轴在机床侧进行了互换试验,发现换上的伺服电动机同样出现发热现象,且工作时的故障现象不变,从而排除了伺服电动机本身的原因。

为了确认驱动器的工作情况,维修时在驱动器侧对 X、Z 轴的驱动器进行了互换试验,即将 X 轴驱动器与 Z 轴伺服电动机连接,Z 轴驱动器与 X 轴伺服电动机连接。经试验发现故障转移到了 X 轴,Z 轴工作恢复正常。

根据以上试验,可以确认以下几点。

① 机床机械传动系统正常,驱动器工作良好。

② 数控系统工作正常;因为当 Z 轴驱动器带 X 轴时,机床无报警。

③ Z 轴伺服电动机工作正常;因为将它在机床侧与 X 轴互换后,工作正常。

④ Z 轴驱动器工作正常;因为通过 X 轴驱动器(确认是无故障的)在电柜侧互换,控制 Z 轴后,同样发生故障。

综合以上判断,可以确认故障是由 Z 轴伺服电动机的电缆连接引起的。

仔细检查伺服的电缆连接,发现该机床在出厂时的电枢线连接错误,即驱动器的 L/M/N 端子未与插头的 A/B/C 连接端一一对应,相序存在错误;重新连接后,故障消失,Z 轴可以正常工作。

例 4-28 一台配置 FANUC 7M 系统的加工中心,开机时,系统 CRT 显示"系统处于'急停'状态"和 "伺服驱动系统未准备好"报警。

故障分析 在 FANUC 7M 系统中,引起上述两项报警的常见原因是数控系统的机床参数丢失或伺服驱动系统存在故障。

检查机床参数正常;但速度控制单元上的报警指示灯均未亮,表明伺服驱动系统未准备好,且故障原因在速度控制单元。

进一步检查发现,Z 轴伺服驱动器上的 30A(晶闸管主回路)和 1.3A(控制回路)熔断器均已经熔断,说明 Z 轴驱动器主回路存在短路。

驱动器主回路存在短路通常都是由于晶闸管被击穿引起的。故应用万用表检查主回路的晶闸管,发现其中的两只晶闸管已被击穿,造成了主回路的短路。更换晶闸管后,驱动器恢复正常。

例 4-29 某配置 FANUC 6M 系统的进口立式加工中心,在自动加工过程中,出现 ALM402、ALM403、ALM441 报警。

故障分析 FANUC 6M 出现以上报警点的含义如下。

ALM401:附加第一轴(第 4 轴)速度控制单元过载报警。

ALM403:第 4 轴速度控制单元未准备好报警。

ALM441:第 4 轴位置跟随误差超过报警。

由于该机床的第 4 轴（A 轴）为数控转台，根据报警的含义，检查 A 轴速度控制单元及伺服电动机，发现该轴伺服电动机表面温度明显过高，证明 A 轴事实上存在过载。

为了分清故障部位，在回转台上取下伺服电动机，旋转 A 轴蜗杆，发现蜗杆已被完全夹紧。考虑到该轴有液压夹紧机构，在松开 A 轴液压夹紧机构后再试验，但蜗杆仍无法转动，由此确认故障是由 A 轴机械负载过重引起的。

打开 A 轴转台检查，发现转台内部的夹紧装置及检测开关位置调节不当，使 A 轴在松开状态下仍然无法转动；重新调整转台夹紧装置及检测开关后，再次试验，报警消失，机床恢复正常。

例 4-30 一台配置 FANUC 7M 系统的立式加工中心，开机时，系统出现 ALM05、ALM07 和 ALM37 报警。

故障分析 FANUC 7M 系统 ALM 05 报警的含义是"系统处于'急停'状态"。

ALM 07 报警的含义是"伺服驱动系统未准备好"。

ALM 37 报警的含义是系统"速度控制单元未准备好，位置跟随误差超差"，可能的原因如下。

① 过载。

② 伺服变压器过热。

③ 伺服变压器保护熔断器熔断。

④ 输入单元的 EMG(IN1) 和 EMG(IN2) 之间的触点开路。

⑤ 输入单元交流 100 V 熔断器熔断（F5）。

⑥ 伺服驱动器与 CNC 间的信号电缆连接不良。

⑦ 伺服驱动器的主接触器（MCC）断开。

综合分析以上故障可知，当速度控制单元出现故障时，一般均会出现 ALM 37 报警，因此故障维修应针对 ALM 37 报警进行。

在确认速度控制单元与 CNC、伺服电动机的连接无误后，考虑到机床中使用的 X、Y、Z 伺服驱动系统的结构和参数完全一致，为了迅速判断故障部位，加快维修进度，维修时首先将 Y、Z 两轴的 CNC 位置控制器输出连线 XC（Z 轴）和 XF（Y 轴），以及测速反馈线的 XE（Z 轴）和 XH（Y 轴）进行了对调。这样，相当于用 CNC 的 Y 轴信号控制 Z 轴，用 CNC 的 Z 轴信号控制 Y 轴，以判断故障部位是在 CNC 侧还是在驱动侧。经过以上调换后开机，发现故障现象仍然不变，说明本故障与 CNC 无关。

在此基础上，为了进一步判别故障部位，为区分故障是由伺服电动机还是由驱动器引起的，维修时再次将 Y、Z 轴速度控制单元进行整体对调。经试验，故障仍然不变，从而进一步排除了速度控制单元的原因，将故障范围缩小到 Y 轴直流伺服电动机上。

为此,拆开了直流伺服电动机,经检查发现,其内装测速发电机与伺服电动机间的连接齿轮存在松动,其余部分均正常。将其连接紧固后,故障排除。

例 4-31 某配备 FANUC 3MA 系统的数控铣床,在运行过程中,系统显示 ALM 31 报警。

故障分析 FANUC 3MA 系统显示 ALM 31 报警的含义是"坐标轴的位置跟随误差大于规定值"。

通过系统的诊断参数 DGN 800、801、802 检查,发现机床停止时 DGN 800(X 轴的位置跟随误差)在-1与-2之间变化,DGN 801(Y 轴的位置跟随误差)在$+1$与-1之间变化,但 DGN 802(Z 轴的位置跟随误差)始终为"0"。由伺服系统的停止时闭环动态调整过程可知,其位置跟随误差不可以始终为"0",现象表明 Z 轴位置测量回路可能存在故障。

为进一步判定故障部位,采用交换法将 Z 轴和 X 轴驱动器与反馈信号互换,即利用系统的 X 轴输出控制 Z 轴伺服电动机。此时,诊断参数 DGN 800 数值变为"0",但 DGN 802 开始有了变化,这说明系统的 Z 轴输出以及位置测量输入接口无故障。故障最大的可能是 Z 轴伺服电动机的内装式编码器的连接电缆存在不良。

通过示波器检查 Z 轴的编码器,发现该编码器输出信号不良;更换新的编码器,机床即恢复正常。

例 4-32 一台采用 FANUC 6M 系统的卧式加工中心,在 B 轴旋转时(不论手动或回参考点)出现 ALM 403、ALM 441 报警。

故障分析 FANUC 6M 系统出现 ALM 403 报警是第 4 轴速度控制单元未准备好报警。

ALM 441 报警含义:第 4 轴位置跟随误差超过报警。

检查该机床的实际情况,发现机床配用的是齿牙盘回转工作台,工作台的回转应首先抬起转台后才能进行。

检查该机床的实际动作,当按下 B 轴方向键后,转台有"抬起"动作,但回转动作一开始即出现以上报警。

现场分析,估计报警是由工作台抬起不到位引起的。进一步检查确认以上原因,重新调节转台抬起行程,确保抬起到位后故障排除,机床恢复正常。

例 4-33 一台采用三菱 MELDASL 3A 数控系统的数控车床,在使用过程中多次出现"S01 伺服报警 0032"。

故障分析 0032 报警是伺服系统的过电流报警。

在通常情况下,若开机后每次都出现该报警,机床不能工作,则故障原因一般以驱动器的大功率晶体管模块损坏的情况居多。

在本机床上由于故障时有发生,但有时可以正常工作,因此初步判定故障原因不在晶体管模块本身。

经现场检查,发现伺服电动机的机壳与动力线的插头上有大量的切削液,测量的电枢线与机床地线间的绝缘电阻值只有数千欧姆,因此判定故障原因是电枢线的局部短路引起的过电流。

经清理、烘干并采取防水措施后,机床恢复正常。

4.6　进给伺服电动机故障诊断与维修

4.6.1　步进电动机常见故障及维修

步进电动机常见故障见表4-40。

表 4-40　步进电动机常见故障及排除

故 障 现 象	故 障 原 因	排 除 措 施
电动机尖叫	CNC 中与伺服驱动有关的参数设定、调整不当	正确设置参数
电动机不能旋转	保险丝是否熔断	更换保险丝
	动力线短路	确保动力线连接良好
	参数设置不当	依照参数说明书,重新设置相关参数
	电动机卡死	排除卡死的故障原因,经验证确保电动机正常后方可继续使用
	生锈或故障	更换步进电动机
电动机发热异常	动力线 R、S、T 连线不搭配	正确连接 R、S、T 线

4.6.2　直流伺服电动机故障诊断及维修

1. 电动机不转

当数控机床开机后,CNC 工作正常,"机床锁住"等信号已释放,按下方向键后系统显示伺服电动机在运动(坐标轴位置值在变化),但实际上伺服电动机不转,其原因见表4-41。

表 4-41　直流伺服电动机不转原因及排除

故 障 原 因	检 查 步 骤	排 除 措 施
动力线断线或接触不良	依次用万用表测量动力线 R、S、T 端子	正确连接动力线
使能信号（ENABLE）没有送到速度控制单元	如果没有使能信号，通常驱动器上的 PRDY 指示灯不亮	确保使能的条件，正常使能
速度指令电压（VCMD）为零	测量数控装置的速度指令电压输出端口是否有输出	确保数控装置由指令电压输出
	如果数控装置端有输出，测量速度指令线的驱动器端是否有电压	确保指令输出电压传输到位
永磁体脱落	—	更换永磁体或电动机
制动器未松开	检查制动器，依次排查制动电路	确保制动器能工作正常
制动器断	—	更换制动器
整流桥或驱动器损坏	用交换法判断是否有故障	更换驱动器
电动机故障		更换电动机

2. 过热

直流伺服电动机过热报警原因及排除见表 4-42。

表 4-42　直流伺服电动机过热报警原因及排除

故 障 原 因	检 查 步 骤	排 除 措 施
负载过大	校核工作负载是否过大	改善切削条件，重新考虑切削负载
换向器绝缘不正常或内部短路	检查是否因切削液和电刷灰引起换向器绝缘不正常	做好电动机的密封处理，定期清理电刷灰
磁钢去磁	检查是否因电枢电流大于磁钢去磁最大允许电流	更换磁钢或电动机
制动器不释放	检查是否制动线圈断线、制动器为松开、制动摩擦片间隙调整不当	更换制动器或调整制动摩擦片的间隙
	检查是否制动电路故障	依次排查制动电路，确保正常
温度检测开关不良	一般用手摸能感觉到温度	更换温控开关

3. 旋转时有大的冲击

机床一开机，伺服电动机即有冲击，通常是由于电枢或测速发电机极性相反引起的。若冲击在运动过程中，其原因及排除见表 4-43。

表 4-43　旋转时有大的冲击原因及排除

故 障 原 因	检 查 步 骤	排 除 措 施
负载不均匀	目测和分析负载	改善切削条件
测速发电机输出电压突变	在不损坏机床的情况下,重现故障,测量反馈电压	更换测速发电机
输出给电动机电压的波纹太大	是否外界的电压变化异常	采用稳压电源
	驱动器有故障	更换驱动器
电枢绕组不良	采用交换法,确认电动机电枢是否有故障	更换电动机
电枢绕组内部短路	测量电枢的接线端子	排除短路点
电枢绕组对地短路	测量电枢绕组的对地电阻	处理好屏蔽与接地
脉冲编码器不良	测量编码器输出信号	更换编码器

4. 低速加工时工件表面有大的振纹

低速加工时工件表面有大的振纹,原因较多,有刀具、切削参数、机床等方面的原因,应予以综合分析,从电动机方面看有以下原因,见表 4-44。

表 4-44　低速加工时工件表面有大的振纹原因及排除

故 障 原 因	检 查 步 骤	排 除 措 施
速度环增益设定不当	检查增益参数是否与要求一致	依照参数说明书,正确设置参数
电动机的永磁体被局部去磁	采用交换法判断	新充磁或更换永磁体
电动机性能下降,纹波过大		更换电动机

5. 电动机运行噪声大

故障原因及排除见表 4-45。

表 4-45　电动机运行噪声大的原因及排除

故 障 原 因	检 查 步 骤	排 除 措 施
换向器接触面粗糙换向器损坏	拆卸下来后目测检验	更换换向器
轴向间隙过大	—	在数控装置端进行机床的螺距误差补偿与反向间隙补偿
换向器的局部短路(如切削液等进入电刷槽中)	测量其接线端子,判断是否短路	更换换向器

6. 在运转、停车或变速时振动

造成直流伺服电动机转动不稳、振动的原因及排除见表 4-46。

表 4-46　运转、停车或变速时振动原因及排除

故障原因	检查步骤	排除措施
脉冲编码器不良	测量脉冲编码器的反馈信号	更换脉冲编码器
绕组内部短路	测量电枢的接线端子	排除短路点
绕组对地短路	测量电枢绕组的对地电阻	处理好屏蔽与接地
电动机接触不良	—	重新调整、安装电动机
电动机故障	用交换法判断	更换电动机

4.6.3　交流伺服电动机的故障诊断及维修

1. 交流伺服电动机的基本检查

原则上说，交流伺服电动机可以不需要维修，因为它不易损坏。但由于交流伺服电动机内含有精密检测器，因此，发生碰撞、冲击时可能会引起故障，维修时应对其做如下检查：

① 是否受到任何机械损伤？

② 旋转部分是否可用手正常转动？

③ 对于带制动器的交流伺服电动机，制动器是否正常？

④ 是否有任何松动螺钉或间隙？

⑤ 是否安装在潮湿、温度变化剧烈和有灰尘的地方？

等等。

2. 交流伺服电动机的安装注意点

维修完成后，安装要注意以下几点。

① 由于伺服防水结构不是很严密，如果切削液、润滑油等渗入内部，会引起绝缘性能降低或绕组短路，因此，应注意尽可能避免切削液溅入；

② 当伺服电动机安装在齿轮箱上时，加注润滑油时应注意齿轮箱的润滑油油面高度必须低于伺服的输出轴，防止润滑油渗入内部。

③ 固定伺服联轴器、齿轮、同步带等连接件时，在任何情况下，作用在上的力不能超过容许的径向、轴向负载，见表 4-47。

表 4-47　交流伺服电动机容许的径向、轴向负载

电动机形式	容许的径向负载	电动机形式	容许的径向负载
1—0,2—0	25 kg	10,20,30,30R	450 kg
0,5	75 kg	—	—

④ 按说明书规定,对伺服和控制电路之间进行正确的连接(见机床连接图)。连接中的错误,可能引起的失控或振荡,也可能使机械件损坏。当接线完成后,在通电之前,必须进行电源线和壳体之间的绝缘测量,测量用 500 MΩ 表进行;然后再用万用表检查信号线和壳体之间的绝缘。注意:不能用兆欧表测量脉冲编码器输入信号的绝缘。

3. 交流伺服电动机常见的故障及排除

交流伺服电动机常见故障原因及排除见表 4-48。

表 4-48　交流伺服电动机常见故障原因及排除

故 障 现 象	故 障 原 因	排 除 措 施
接线故障(如插座脱焊或端子接线松开)	虚焊,连接不牢固	确保连接正常且稳定
位置检测装置故障	检验其是否有输出信号	更换反馈装置
得电不松开、失电不吸合制动	电磁制动故障	更换电磁阀
失控、振动	检测转子位置的霍尔开关等损坏	更换霍尔开关或编码器

4. 判断交流伺服电动机故障的方法

① 用万用表或电桥测量电枢绕组的直流电阻,检查是否断路,并用兆欧表检查绝缘是否良好。

② 将电动机与机械装置分离,用手转动转子,正常情况下感觉有阻力,转一个角度后手放开,转子有返回现象;如果用手转动转子时能连续转几圈并自由停下,说明电动机已损坏;如果用手转不动或转动后无返回,机械部分可能有故障。

5. 脉冲编码器的更换

如交流伺服的脉冲编码器不良,就应更换脉冲编码器。更换编码器应按规定

步骤进行(请参照相应安装说明书)。注意,原连接部分无定位标记的,编码器不能随便拆离,不然会使相位错位;对采用霍尔元件换向的应注意开关的出线顺序。平时不应敲击在安装位置检测装置的部位。另外,伺服电动机一般在定子中埋设热敏电阻,当出现过热报警时,应检查热敏电阻是否正常。

4.7 进给驱动系统的维护

4.7.1 直流伺服电动机的维护

1. 存放要求

不要将直流伺服电动机长期存放在室外,也要避免存放在适度高,温度有急剧变化和灰尘多的地方;如需存放一年以上,应将电刷从电动机上取下来,否则容易腐蚀损坏换向器。

2. 机床长期不运行时的保养

当机床长达几个月不开动的情况下,要对全部电刷进行检查,并认真检查换向器表面是否生锈。如有锈,要用特别缓慢的速度充分、均匀地运转,经过 1~2 h 后再行检查,直至处于正常状态方可使用机床。

3. 电动机的日常维护

(1)每天在机床运行时的维护检查。在运行过程中要注意观察其旋转速度,以及是否有异常的振动和噪声,是否有异常臭味等;检查电动机的机壳和轴承的温度。

(2)定期维护。由于直流伺服电动机带有数对电刷,旋转时,电刷与换向器摩擦而逐渐磨损。电刷异常或过度磨损,会影响电动机的工作性能,所以对直流伺服电动机的日常维护也是相当必要的。要每月定期对电刷进行清理和检查。数控车床、铣床和加工中心的直流伺服电动机应每年检查一次,频繁加、减速的机床(如冲床等)中的直流伺服电动机应每两个月检查一次,检查步骤如下。

① 在数控系统处于断电状态,且已经完全冷却的情况下进行检查。

② 取下橡胶刷帽,用螺钉旋具刀拧下刷盖取出电刷。

③ 测量电刷长度,如 FANUC 直流伺服电动机的电刷由 10 mm 磨损到小于 5 mm 时,必须更换同型号的新电刷。

④ 仔细检查电刷的弧形接触面是否有深沟或裂痕,以及电刷弹簧上有无打火痕迹。如有上述现象,则要考虑工作条件是否过分恶劣或电刷本身是否有问题。

⑤ 将不含金属粉末及水分的压缩空气通入装电刷的刷握孔,吹净粘在刷握孔

壁上的电刷粉末。如果难以吹净,可用螺钉旋具尖轻轻清理,直至孔壁全部干净为止,但要注意不要碰到换向器表面。

⑥ 重新装上电刷,拧紧刷盖。如果是更换了新电刷,要空运转跑合一段时间,以使电刷表面与换向器表面吻合良好。

4.7.2 交流伺服电动机的维护

与直流伺服电动机相比,交流伺服电动机最大的优点是不存在电刷维护的问题。应用于进给驱动系统的交流伺服电动机多采用永磁式同步交流伺服电动机,其特点是:磁极是转子,定子的电枢绕组与三相交流电枢绕组一样,但它有三相逆变器供电,通过转子位置检测其产生的信号去控制定子绕组的开关器件,使其有序轮流导通,实现换流作用,从而使转子连续不断地旋转;转子位置检测器与转子同轴安装,用于转子的位置检测,检测装置一般为霍尔开关或具有相位检测功能的光电脉冲编码器。

习题与思考题

1. 进给驱动系统可分为哪几类? 简述其各自的特点。

2. 结合实际,调查经济型数控机床经常发生的故障,并提出使用建议。

3. 进给伺服驱动系统有哪几个组成部分? 简述其功能。

4. 列表总结机床进给伺服驱动系统故障主要有哪些?

5. 简述直流电动机的维护过程。

6. 结合实际及书本知识,给不同类型的进给伺服驱动系统制定一份加工前的检查步骤表以及使用注意事项表。

第 5 章　主轴驱动系统故障诊断与维修

　　数控机床的主轴驱动系统也就是主传动系统,它的性能直接决定了加工工件的表面质量,因此,在数控机床中,主轴驱动系统的维护维修也就显得很重要。

　　本章首先介绍主轴驱动系统,然后介绍直流主轴伺服系统的故障诊断与维修,虽然这类系统目前已很少采用,但现在正在使用的还不少;接着介绍主轴通用变频器及其故障与维修,这是目前中档数控机床广泛采用的一类主轴驱动系统;紧接着介绍交流伺服主轴驱动系统的故障诊断与维修;最后介绍交流伺服主轴驱动系统的维护。

5.1　主轴驱动系统概述

　　主轴驱动系统是在数控系统中完成主运动的动力装置部分。主轴驱动系统通过传动机构转变成主轴上安装的刀具或工件的切削力矩和切削速度,配合进给运动加工出理想的零件。主轴的运动是零件加工的成形运动之一,其精度对零件的加工精度有较大的影响。

5.1.1　数控机床对主轴驱动系统的要求

　　数控机床的主轴驱动系统和进给驱动系统有较大的差别。数控机床主轴的工作运动通常是旋转运动,不像进给驱动系统需要丝杠或其他直线运动装置做往复运动。数控机床通常通过主轴的回转与进给轴的进给实现刀具与工件的快速相对切削运动。在 20 世纪 60~70 年代,数控机床的主轴一般采用三相感应电动机配多级齿轮变速箱实现有级变速的驱动方式。随着刀具技术、生产技术、加工工艺以及生产效率的不断发展,上述传统的主轴驱动已不能满足生产的需要。现代数控机床对主轴传动提出了以下更高的要求。

1. 调速范围宽并实现无级调速

　　这是为了保证加工时选用合适的切削用量,以获得最佳的生产率、加工精度和表面质量。特别是具有自动换刀功能的数控加工中心,为适应各种刀具、工序和各种材料的加工要求,对主轴的调速范围要求更高,要求主轴能在较宽的转速范围内根据数控系统的指令自动实现无级调速,并减少中间传动环节,简化主轴箱。

　　目前主轴驱动装置的恒转矩调速范围已可达 1:100,恒功率调速范围也可达

1∶30,一般过载 1.5 倍时可持续工作 30 min。

主轴变速分为有级变速、无级变速和分段无级变速三种形式,其中有级变速仅用于经济型数控机床,大多数数控机床均采用无级变速或分段无级变速。在无级变速中,变频调速主轴一般用于普及型数控机床,交流伺服主轴则用于中、高档数控机床。

2. 恒功率范围宽

主轴在全速范围内均能提供切削所需功率,并尽可能在全速范围内提供主轴电动机的最大功率。由于主轴电动机与驱动装置的限制,主轴在低速段均为恒转矩输出。为满足数控机床低速、强力切削的需要,常采用分段无级变速的方法(即在低速段采用机械减速装置),以扩大输出转矩。

3. 具有 4 象限驱动能力

要求主轴在正、反向转动时均可进行自动加、减速控制,并且加、减速时间要短。目前一般伺服主轴可以在 1 s 内从静止加速到 6000 r/min。

4. 具有位置控制能力

即具有进给功能(C 轴功能)和定向功能(准停功能),以满足加工中心自动换刀、刚性攻丝、螺纹切削以及车削中心的某些加工工艺的需要。

5. 具有较高的精度与刚度,传动平稳,噪音低

数控机床加工精度的提高与主轴系统的精度密切相关。为了提高传动件的制造精度与刚度,采用齿轮传动时齿轮齿面应采用高频感应加热淬火工艺以增加耐磨性,最后一级一般用斜齿轮传动,使传动平稳。采用带传动时应采用齿型带。为提高主轴的组件的刚性,应采用精度高的轴承及合理的支撑跨距。在结构允许的条件下,应适当增加齿轮宽度,提高齿轮的重叠系数。变速滑移齿轮一般都用花键传动,采用内径定心。侧面定心的花键对降低噪声更为有利,因为这种定心方式传动间隙小,接触面大,但需要采用专门的刀具和花键磨床加工。

6. 良好的抗振性和热稳定性

数控机床加工时,可能由持续切削、加工余量不均匀、运动部件不平衡以及切削过程中的自振等引起冲击力和交变力,使主轴产生振动,影响加工精度和表面粗糙度,严重时甚至可能损坏刀具和主轴系统中的零件,使其无法工作。主轴系统的发热使其中的零部件产生热变形,降低传动效率,影响零部件之间的相对位置精度和运动精度,从而造成加工误差。因此,主轴组件要有较高的固有频率,较好的动平衡,且要保持合适的配合间隙,并要进行循环润滑。

5.1.2 不同类型的主轴系统的特点和使用范围

1. 普通鼠笼式异步电动机配齿轮变速箱

这是最经济的一种主轴配置方式,但只能实现有级调速。由于电动机始终工作在额定转速下,经齿轮减速后,在主轴低速下输出力矩大,重切削能力强,非常适合粗加工和半精加工的要求。如果加工产品比较单一,对主轴转速没有太高的要求,配置在数控机床上也能起到很好的效果;它的缺点是噪音比较大,由于电动机工作在工频下,主轴转速范围不大,不适合有色金属切削和需要频繁变换主轴速度的加工场合。

2. 普通鼠笼式异步电动机配简易型变频器

可以实现主轴的无级调速,主轴电动机只有工作在 500 r/min 以上时才能有比较满意的力矩输出,否则,特别是车床很容易出现堵转的情况;一般采用两挡齿轮或皮带变速,但主轴仍然只能工作在中高速范围。另外,因为受到普通电动机最高转速的限制,主轴的转速范围受到较大的限制。

这种方案适用丁需要无级调速但对低速和高速都不要求的场合,例如数控钻铣床。目前,国内生产的简易型变频器品种较多。

3. 普通鼠笼式异步电动机配通用变频器

目前进口的通用变频器,除了具有 U/f 曲线调节外,一般还具有无反馈矢量控制功能,会对电动机的低速特性有所改善;配合两级齿轮变速,基本上可以满足车床低速(100~200 r/min)小加工余量的加工,但同样受电动机最高转速的限制。这是目前经济型数控机床比较常用的主轴驱动系统。

4. 专用变频电动机配通用变频器

一般采用有反馈矢量控制,低速甚至零速时都可以有较大的力矩输出,有些还具有定向甚至分度进给的功能,是非常有竞争力的产品。以先马 YPNC 系列变频电动机为例:电压,三相 200 V、220 V、380 V、400 V 可选;输出功率,1.5~18.5 kW;变频范围,2~200 Hz;30 min 150% 过载能力;支持 V/f 控制、V/f+PG(编码器)控制、无 PG 矢量控制、有 PG 矢量控制。提供通用变频器的厂家以国外公司为主,如西门子、安川、富士、三菱、日立等。

中档数控机床主要采用这种方案,主轴传动两挡变速甚至仅一挡即可实现转速在 100~200 r/min 时车、铣的重力切削。一些有定向功能的还可以应用于要求精镗加工的数控镗铣床;若应用在加工中心上,还不很理想,必须采用其他辅助机构完成定向换刀的功能,而且也不能达到刚性攻丝的要求。

5. 伺服主轴驱动系统

伺服主轴驱动系统具有响应快、速度高、过载能力强的特点,还可以实现定向和进给功能,当然价格也是最高的,通常是同功率变频器主轴驱动系统的 2~3 倍以上。伺服主轴驱动系统主要应用于加工中心上,用以满足系统自动换刀、刚性攻丝、主轴 C 轴进给功能等对主轴位置控制性能要求很高的加工。

6. 电主轴

电主轴是主轴电动机的一种结构形式,驱动器可以是变频器或主轴伺服,也可以不要驱动器。由于电主轴将电动机和主轴合二为一,没有传动机构,因此大大简化了主轴的结构,并且提高了主轴的精度,但是抗冲击能力较弱,而且功率还不能太大,一般在 10 kW 以下。由于结构上的优势,电主轴主要向高速方向发展,一般在 10 000 r/min 以上。

安装电主轴的机床主要用于精加工和高速加工,例如高速精密加工中心。另外,在雕刻机和有色金属以及非金属材料加工机床上应用较多。这些机床由于只对主轴高转速有要求,因此,往往不用主轴驱动器。

5.1.3 常用的主轴驱动系统介绍

1. FANUC 主轴驱动系统

从 20 世纪 80 年代开始,该公司已使用了交流主轴驱动系统,直流驱动主轴系统已被交流主轴驱动系统所取代。目前三个系列交流主轴电动机的额定输出功率范围为:S 系列电动机,1.5～37 kW;H 系列电动机,1.5～22 kW;P 系列电动机,3.7～37 kW。该公司交流主轴驱动系统的特点为:

①采用微处理器控制技术,进行矢量计算,从而实现最佳控制;

②主回路采用晶体管 PWM 逆变器,使电动机电流非常接近正弦波性;

③具有主轴定向控制、数字和模拟输入接口等功能。

例如,FANUC S 系列主轴单元伺服系统的基本配置。S 系列主轴单元伺服系统的连接方法如图 5-1 所示。其中 K1 为从变压器副边输出的 AC200V 的三相电

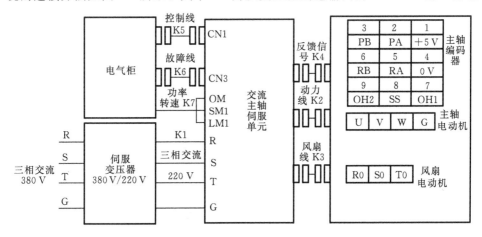

图 5-1 S 系列主轴单元伺服系统的连接方法

源电缆,应接到主轴伺服单元的 R、S、T 和 G 端。K2 为从主轴单元的 U、V、W 和 G 端输出到电动机的动力线,应与接线盒内的指示相符。K3 为主轴伺服单元的端子 T 上的 R0、S0 和 T0 输出到主轴风扇电动机的动力线,应使风扇向外排风。K4 为主轴电动机的编码器反馈电缆,其中 PA、PB、RA、RB 用做速度反馈信号,OH1、OH2 为电动机的温控开关接点,SS 为屏蔽线。K5 为从 NC 和 PMC 输出到主轴伺服单元的控制信号电缆,接到主轴伺服单元的 50 芯插座 CN1,其中的信号含义见表 5-1。K6 电缆从主轴伺服单元的 20 芯插座 CN3 输出主轴故障识别信号。该信号由 AL8、AL4、AL2、AL1 以及 COM 组成,由它们产生的 16 种二进制状态表示相应的故障类型,这些信号进入 PMC 后,由相应的译码程序处理后显示在 CRT 上。

表 5-1 主轴控制信号一览表

插头芯号	信号名称	功　能
1、2	SAR1,2	主轴速度到达信号(输出)
3、4	SST1,2	主轴零速信号(输出)
5	TLML	主轴扭矩限制信号(输入)
6	OT	TLML、TMLH 信号地线
7、8	MRDY1,2	主轴运行准备信号(输入)
9、10	TLM5,6	主轴扭矩限制信号(输出)
11、12	ALM1,2	主轴故障(输出)
13	OR	主轴故障报警公共线
14	OS	主轴速度连续修调,正反转信号地线
15、16	STD1,2	主轴速度检测信号(输出)
17	CTH	主轴高速挡信号(输入)
18	OM	主轴转速表/功率表地线
19、20	ARST1,2	主轴报警复位信号(输入)
21	TLMH	主轴扭矩限制信号(大扭矩)(输入)
22、23	ORAR1,2	主轴定向完成信号(输出)
24	CTM	主轴中挡信号(输入)
25、26	ORCM1,2	主轴定向命令信号(输入)
27、28	OVR1,2	主轴速度连续修调命令(信号)
29	+15 V	+15 V 电源

插头芯号	信号名称	功　　能
30、31	DA2,E	主轴速度命令(模拟电压)(输入)
45	SFR	主轴正转命令(输入)
46	SRV	主轴反转命令(输入)
47、48	EPS1,2	主轴急停命令(输入)
49	LM1	主轴功率表信号(输出)
50	SM1	主轴速度表信号(输出)

2. SIEMENS 主轴驱动系统

西门子公司生产的直流主轴电动机有 1GG5、1GF5、1GL5 和 1GH5 四个系列,与这四个系列电动机配套的 6RA24、6RA27 系列驱动装置采用晶闸管控制。

20 世纪 80 年代初期,该公司又推出了 1PH5 和 1PH6 两个系列的交流主轴电动机,功率范围为 3～100 kW。驱动装置为 6SC650 系列交流主轴驱动装置或 6SC611A(SIMODRIVE 611A)主轴驱动模块,主回路采用晶体管 SPWM 变频器控制的方式,具有能量再生制动功能。另外,采用微处理器 80186 可进行闭环转速、转矩控制及磁场计算,从而完成矢量控制。同过选件实现 C 轴进给控制,在不需要 CNC 的帮助下,实现主轴的定位控制。

3. 通用主轴变频器系统

主轴变频器生产厂家很多,常见的有国外的富士、日立等公司。现以日立公司的产品为例。

日立公司的主轴变频器应用于数控机床上通常有:L100 系列通用型变频器,额定输出功率范围为 0.2～7.5 kW,V/f 特性可选恒转矩/降转矩,可手动/自动提升转矩,载波频率在 0.5～16 Hz 内连续可调;SJ100 系列变频器,一种矢量型变频器,额定输出功率范围为 0.2～7.5 kW,载波频率在 0.5～16 Hz 内连续可调,加减速过程中可分段改变加减速时间,可内部/外部启动直流制动;SJ200/300 系列变频器,额定输出功率范围为 0.75～132 kW,具有两台电动机同时无速度传感器矢量控制运行且电动机常数在/离线自整定功能。

4. 华中数控公司系列主轴驱动系统

HSV-20S 是武汉华中数控股份有限公司推出的全数字交流主轴驱动器。该驱动器结构紧凑、使用方便、可靠性高,采用的是最新专用运动控制 DSP、大规模现场可编程逻辑阵列(FPGA)和智能化功率模块(IPM)等当今最新技术设计,具有 025、050、075、100 多种型号规格,具有很宽的功率选择范围。用户可根据要求选配不同型号驱动器和交流主轴电动机,形成高可靠性、高性能的交流主轴驱动系统。

5.1.4　主轴驱动系统的分类

主轴驱动系统包括主轴驱动器和主轴电动机。数控机床主轴的无级调速是由主轴驱动器完成。主轴驱动系统分为直流主轴驱动系统和交流主轴驱动系统,目前数控机床的主轴驱动多采用交流主轴驱动系统,即交流主轴电动机配备变频器(或主轴伺服驱动器控制)的方式。

20世纪70年代初至80年代中期直流主轴驱动系统在数控机床上占据主导地位,这是由于直流电动机具有良好的调速性能,输出力矩大,过载能力强,精度高,控制原理简单,易于调整。随着微电子技术的迅速发展,加之交流伺服电动机材料、结构及控制理论有了突破性的进展,20世纪80年代初期推出了交流主轴驱动系统,标志着新一代驱动系统的开始。由于交流主轴驱动系统保持了直流主轴驱动系统的优越性,而且交流电动机无需维护,便于制造,不受恶劣环境影响,所以目前直流主轴驱动系统已逐步被交流主轴驱动系统所取代。从20世纪90年代开始,交流主轴伺服驱动系统已走向数字化,驱动系统中的电流环、速度环的反馈控制已全部数字化,系统的控制模型和动态补偿均由高速微处理器实时处理,增强了系统自诊断能力,提高了系统的快速性和精度。

5.2　直流主轴驱动系统故障诊断与维修

5.2.1　直流主轴驱动系统介绍

直流主轴电动机驱动器有可控硅调速和脉宽调制调速两种形式。由于脉宽调制调速具有很好的调速性能,因而在对静动态性能要求较高的数控机床进给驱动装置上曾被广泛使用。而三相全控可控硅调速装置则适用于大功率应用场合。

从原理上说,直流主轴驱动系统与通常的直流调速系统无本质的区别,因此直流主轴驱动系统具有以下特点。

① 调速范围宽。采用直流主轴驱动系统的数控机床通常只设置高、低两级速度的机械变速机构,就能得到全部的主轴变换速度,实现无级变速,因此,它具有较宽的调速范围。

② 直流主轴通常采用全封闭的结构形式,可以在有尘埃和切削液飞溅的工业环境中使用。

③ 主轴电动机通常采用特殊的热管冷却系统,能将转子产生的热量迅速向外界发散。此外,为了使发热最小,定子往往采用独特附加磁极,以减小损耗,提高效率。

④ 直流主轴驱动器主回路一般采用晶闸管三相全波整流,以实现四象限的运行。

⑤ 主轴控制性能好。为了便于与数控系统的配合,主轴伺服器一般都带有D/A转换器、"使能"信号输入、"准备好"信号输出、转速/转矩显示输出等信号接口。

⑥ 纯电气主轴定向准停控制功能。这无需机械定位装置,进一步缩短了定位时间。

5.2.2　主轴定向控制方案简介

主轴定向准停控制,实际上是在主轴速度控制基础上增加一个位置控制环。常采用位置编码器或磁性传感器作为检测原件。

当采用位置编码器作为位置检测器件时,由于安装不方便,主轴与编码器之间必须是1:1的传动或将编码器直接安装在主轴轴端。而采用磁性传感器作为位置检测器件时,磁性器件只能直接安装在主轴上,而磁性传感头则固定在主轴箱体上。与使用磁性传感器相比,采用编码器具有定位点在0°~360°范围内灵活可调、定位精度高,定位速度快等优点,而且还可以作为主轴同步进给的位置检测器件。

但直流电动机需要机械换向,换向器表面线速度、换向电流、电压均受到限制,限制了其转速和功率的提高,并且它的恒功率调速范围也较小。换向也增加了电动机制造的难度、成本,并使调速控制系统变得复杂。另外,换向器必须定时停机检查和维修,使用和维护都比较麻烦。

5.2.3　直流主轴驱动系统常见故障诊断及排除

尽管直流主轴驱动系统在目前已应用不多,逐步被交流主轴驱动系统取代,但现有系统的维修还有不少,在此也总结它的故障特点。

（1）主轴速度不正常或不稳定,造成这类故障的原因及排除见表5-2。

表 5-2　主轴速度不正常或不稳定的原因及排除

故 障 原 因	检 查 步 骤	排 除 措 施
电动机负载过重	—	重新考虑负载条件,减轻负载
速度指令电压不良或错误	测量从数控装置主轴接口输出过来的信号	确保主轴控制信号正常
D/A变换器故障		
反馈线断线或接触不良	测量反馈信号	确保接线正确
反馈装置损坏		更换反馈装置

故障原因	检查步骤	排除措施
电动机故障(如励磁丧失等)	采用交换法,可以判断是否有故障	更换电动机
驱动器故障		更换驱动器
误差放大器故障		
印刷线路板太脏	打开驱动器,定期给电路板做清洁	保持电路板的清洁或更换放大器

(2) 电动机速度达到一定值就上不去。例如,FANUC 直流可控硅主轴伺服驱动单元的最高转速为 1160 r/min,它是电动机的调速转换点。当速度在 0～1160 r/min,励磁电流为 6.8 A 恒定,电机主线圈电压由 0～220 V 变化,电动机转速大于 1160 r/min 后,电动机主线圈电压为 220 V 恒定,励磁电流从 6.8 A 开始减小,造成这类故障的原因及排除见表 5-3。

表 5-3　主轴电动机速度达到一定值就上不去的原因及排除

故障原因	检查步骤	排除措施
晶闸管整流部分太脏,造成直流母线电压过低或绝缘性能降低	—	清洁晶闸管,保持内部电路板的清洁
电动机磁体不正常,输出电压不正常	用万用表测量励磁电压	更换磁体或电动机
控制板的励磁回路故障	用交换法测试控制板	更换控制板

(3) 发生过流报警,引起此故障的原因及排除见表 5-4。

表 5-4　主轴过流报警及排除

故障原因	检查步骤	排除措施
驱动器电流极限设定错误	检查设定参数	依照参数说明书设置好参数
主轴负载过大或机械故障	检查是否机械卡住,在停机状态下用手盘主轴,应该非常灵活	确保主轴无机械异常,如果负载过大,重新考虑机床负载条件
长时间切削条件恶劣	—	调整切削参数,改善切削条件

故障原因	检查步骤	排除措施
直流主轴电动机的线圈电阻不正常,换向器太脏	检查直流主轴电动机的线圈电阻是否正常,换向器是否太脏	确保电阻正常,用干燥的压缩空气吹干净
动力线连接不牢固	检查动力线是否连接牢固	拧紧动力线
励磁线连接不牢固	检查励磁线是否连接牢固	拧紧励磁线
驱动器的控制励磁电源存在故障	检查励磁电压是否正常	——
电动机故障(如电枢线圈内部存在局部短路)	采用交换法判断它们是否有故障	更换电动机
驱动器故障(如同步触发脉冲不正确)		更换驱动器

(4)过热或过载报警。这时驱动器的过热报警指示灯会亮,其原因及排除见表 5-5。

表 5-5　主轴过热报警原因及排除

故障原因	检查步骤	排除措施
长期负载过大,电动机太热	用手触摸电动机,感觉是否发热厉害;如果发热很厉害,等冷却后再开机,看是否仍有报警	改善切削条件,调整切削参数,降低负载
电动机或反馈线断线或短路	用万用表测量其输出端子,是否接通状况良好	确保连线正确
电动机故障	采用交换法,确定电动机是否有故障	更换电动机

(5) 保险丝熔断,其原因及排除见表 5-6。

表 5-6　保险丝熔断的原因及排除

故 障 原 因	检 查 步 骤	排 除 措 施
伺服电动机或主回路绝缘不良	检查直流伺服电动机和主回路的绝缘	更换相应部件
电枢线短路	电枢线短路,电枢绕组短路或局部短路,电枢线对地短路	排除短路故障
主回路故障	用万用表检查所有主回路的可控硅是否短路	更换坏的可控硅
控制板故障引起主回路电流过大	—	按电流报警处理方法处理
输入电压太高	用万用表测量输入电压	控制电压在 $-10\% \sim 15\%$ 范围内

(6) 电动机不转,即系统发出指令后,主轴伺服单元或直流主轴电动机不执行,其原因及排除见表 5-7。

表 5-7　电动机不转的原因及排除

故 障 原 因	检 查 步 骤	排 除 措 施
机械卡死	在不通电的情况下,机械轴应该能自由活动	消除机械故障,减轻负载
负载特别大	检查是否在负载特别重的外界情况下	重新考虑机床负载能力
机械连接脱落(如高/低挡齿轮切换啮合不良)	检查机械连接情况	重新调整机械连接
控制信号(如转向信号、速度给定指令电压)未送出	通过 PLC 状态监测功能,查看主轴正/反转信号是否送出,主轴速度给定指令是否给出	从数控系统端找出故障,确保各指令正常

故 障 原 因	检 查 步 骤	排 除 措 施
电动机动力线接触不良	用万用表测量各连线端子的接通情况	确保各连接线正常
电动机励磁线短路		
R、S、T 线不正常		
碳刷不好或严重磨损	检查直流主轴电动机的碳刷是否正常,是否接触不良	更换好的碳刷
电动机励磁回路或主回路阻值不正常	检查励磁回路是否有阻值,或者阻值很大	如果没阻值或阻值很大,更换电动机
驱动器印制线路板表面太脏以致内部电路接触不良	在不通电的情况下,打开驱动器保护盖子,清洁印制线路板	保持驱动器的清洁,有良好的工作环境
触发脉冲电路故障,晶闸管无触发脉冲产生	属驱动器故障,采用交换法判断是否有故障	更换驱动器
控制板故障	用交换法判断是否控制板故障	更换控制板

(7) 主轴定向不停止。有的系统会提示超时报警,其可能原因及排除见表 5-8。

表 5-8　主轴定向不停止的原因及排除

故 障 原 因	检 查 步 骤	排 除 措 施
主轴没接收到编码器信号	编码器故障,没有输出零位信号	更换编码器
	反馈回路故障,没有传入到系统	消除反馈信号传输中的断路
磁性传感器故障	如果采用磁性传感器定位,检查相关的指示灯是否点亮	如果没亮,有故障,更换磁性传感器
定向板上的继电器损坏	如果主轴停在准停位,仍有报警,则说明定向板上的继电器损坏	更换相应继电器

（8）电刷磨损严重或电刷面上有划痕,其原因及排除见表 5-9。

表 5-9　电刷磨损严重或电刷面上有划痕的原因及排除

故 障 原 因	检 查 步 骤	排 除 措 施
主轴连续长时间过载工作	—	有计划地使用机床
主轴电动机换向器表面太脏或有伤痕	目测	清洁换向器
电刷上有切削液进入	—	做好密封措施
驱动器控制回路的设定、调整不当	检查参数是否正确	依照参数说明书,重新设置好参数

（9）过电压吸收器烧坏。通常情况下,它是由于外加电压过高或瞬间电网电压干扰引起的。

5.2.4　维修实例

例 5-1　某配置 SIEMENS 6RA26×× 系列直流主轴驱动器的数控机床,开机后显示主轴报警。

故障分析　检查 SIEMENS 6RA26×× 系列直流主轴驱动器,发现报警的含义与提示是“电源故障”,其可能的原因有:

①电源相序接反;

②电源缺相,相位不正确;

③电源电压低于额定值的 80%。

测量驱动器输入电压正常,相序正确,但主驱动仍有报警,因此可能的原因是电源板存在故障。

根据 SIEMENS 6RA26×× 系列直流主轴驱动器原理图,逐级测量各板的电源回路,发现触发板的同步电源中有一相低于正常电压。

检查确认印制电路板存在虚焊,导致了同步电源的电压降低,引起了电源报警。重新焊接后电压恢复正常,报警消失,机床恢复正常。

例 5-2　某配置 FANUC 15 型直流主轴驱动器的数控仿形铣床,主轴在启动后,运转过程中声音沉闷;当主轴制动时,CRT 显示“FEED HOLD”(进给保持),主轴驱动装置的过电流报警指示灯亮。

故障分析　为了判别主轴过电流报警产生的原因,维修时首先脱开主轴与主轴间的连接,检查机械传动系统,未发现异常,因此排除了机械上的原因。接着测量、检查绕组、对地电阻及它们的连接情况,在对换向器及电刷进行检查时,发现部分电刷已达使用极限,换向器表面有严重的烧熔痕迹。

针对以上问题,维修时首先更换同型号的电刷,并拆开,对换向器的表面进行修磨处理。

重新安装后再进行试车,当时故障消失;但在第 2 天开机时,又再次出现上述故障,并且在机床通电约 30 min 之后,故障自动消失。

根据以上现象,由于排除了机械传动系统、主轴、连接方面的原因,故而可以判定故障原因在主轴驱动器上。

对照主轴伺服驱动系统的原理图,重点针对电流反馈环节的有关线路进行分析检查;对电路板中有可能虚焊的部位进行重新焊接,对全部接插件进行表面处理,但故障现象仍然存在。

由于维修现场无驱动器备件,不可能进行驱动器的电路板互换处理,为了确定故障的大致部位,针对机床通电约 30 min 后故障可以自动消失这一特点,维修时采用局部升温的方法。通过吹风机在距电路板 8～10 cm 处,对电路板的每一部分进行局部升温,结果发现当对触发线路升温后,主轴运转可以马上恢复正常。由此分析,初步判定故障部位在驱动器的触发线路上。

通过示波器观察触发部分线路的输出波形,发现其中的一片集成电路在常温下无触发脉冲发生,引起整流回路 U 相的 4 只晶闸管(正组和反组各两只)的触发脉冲消失;更换此芯片后故障排除。

维修完成后,进一步分析故障原因,在主轴驱动器工作时,三相全控桥整流主回路有一相无触发脉冲,导致直流母线整流电压波形脉动变大,谐波分量提高,产生换向困难,运行声音沉闷。

当主轴制动时,由于驱动器采用的是回馈制动,控制线路首先要关断正组的触发脉冲,并触发反组的晶闸管使其逆变。逆变时同样由于缺一相触发脉冲,使能量不能及时回馈电网,因此产生过流,从而驱动器产生过电流报警,保护电路动作。

5.2.5 直流主轴驱动系统使用注意事项和日常维护

1. 安装注意事项

主轴伺服系统对安装有较高的要求,这些要求是保证驱动器正常工作的前提条件,在维修时必须引起注意。

(1)安装驱动器的电柜必须密封。为了防止电柜内温度过高,电柜设计时应将温升控制在 15℃ 以下。电柜的外部空气引入口应设置过滤器,防止从排气口浸入尘埃或烟雾;电缆出入口、柜门等部分应进行密封,冷却电扇不要直接吹向驱动器,以免附着粉尘。

(2)维修完成后,进行重新安装时,要遵循下列原则:

① 安装面要平,且有足够的刚性;

② 电刷应定期维修及更换,安装位置应尽可能使驱动器检修容易;

③ 冷却进风口的进风要充分,安装位置要尽可能使冷却部分检修容易;

④ 应安装在灰尘少、湿度不高的场所,环境温度应在 40℃ 以下;

⑤ 应安装在切削液和油不能直接溅到的位置上。

2. 使用检查

（1）伺服系统启动前的检查：

① 伺服单元和电动机的信号线、动力线等的连接是否正常，是否松动以及绝缘是否良好；

② 强电柜和电动机是否可靠接地；

③ 电动机的电刷的安装是否牢固，电动机安装螺栓是否完全拧紧。

（2）使用时的检查：

① 速度指令与转速是否一致，负载指示是否正常；

② 是否有异常声音和异常振动；

③ 是否有轴承温度急剧上升等不正常现象；

④ 电刷上是否有显著的火花痕迹。

3. 日常维护

对于工作正常的主轴驱动系统，应进行如下日常维护：

（1）电柜的空气过滤器每月应清扫一次；

（2）电柜及驱动器的冷却风扇应定期检查；

（3）建议操作人员每天注意主轴的旋转速度、异常振动、异常声音、通风状态、轴承温度、外表温度和异常臭味；

（4）建议维护人员每月对电刷、换向器进行检查；

（5）建议维护人员每半年对测速发电机、轴承、热管冷却部分、绝缘电阻进行检测。

5.3　主轴通用变频器

5.3.1　变频器简介

随着交流调速技术的发展，目前数控机床的主轴驱动多采用交流主轴配变频器控制的方式。变频器的控制方式从最初的电压空间矢量控制（磁通转迹法）到矢量控制（磁通定向控制），发展至今为直接转矩控制，从而能方便地实现无速度传感器化；脉宽调制技术（PWM）从正弦 PWM 发展至优化 PWM 和随机 PWM，以实现电流谐波畸变小，电压利用率最高，效率最优，转矩脉冲最小及噪声强度大幅度削弱的目标；功率器件由 GTO、GTR、IGBT 发展到智能模块 IPM，其开关速度快，驱动电流小，控制驱动简单，故障率降低，干扰得到有效控制，保护功能进一步完善。

随着数控控制的 SPWM 变频调速系统的发展，数控机床主轴驱动也越来越多地采用通用变频器控制。所谓"通用"，包含着两方面的含义：一是可以和通用的鼠笼形异步电动机配套应用；二是具有多种可供选择的功能，可应用于各种不同性质的负载。

如三菱 FR-A500 系列变频器既可以通过 2、5 端，用 CNC 系统输出的模拟信号来控制转速,也可通过拨码开关的编码输出或 CNC 系统的数字信号输出值 RH、RM 和 RL 端,以及变频器的参数设置实现从最低速到最高速的变速。

值得注意的是,变频器的冷却方式都采用风扇强迫冷却。如果通风不良,器件的温度将会升高,有时即使变频器并没有跳闸,但器件的使用寿命已经下降。所以,应注意冷却风扇的运行状况是否正常,经常清洁滤网和散热器的风道,以保证变频器的正常运转。

例如:AC200S 是矢量控制晶体管正弦波 PWM 的主轴驱动装置,由带冷却风扇和电容器的机架、主轴驱动装置、电源和再生电路及装配有编码器的主轴电动机组成。当出现主轴电动机不转的故障时,可逐个检查各装置是否正常。

5.3.2　变频器接线图

国外某系列变频器的接线图如图 5-2 所示。

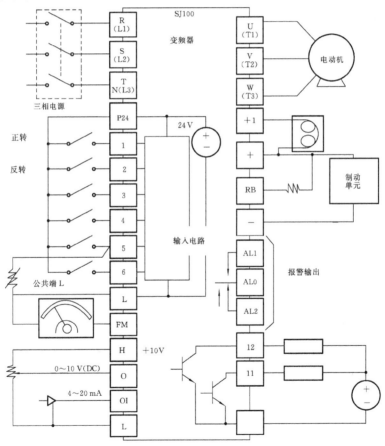

图 5-2　某系列变频器接口接线图

5.3.3　变频器调速原理与特性

1. 变频调速公式

$$U_x \propto E = Cf\Phi \quad (C \text{ 为常数})$$

$$\Phi \propto E/f \approx U_x/f$$

当 U_x 不变时，$f\downarrow \Rightarrow \Phi\uparrow$（造成磁路过饱和）$\Rightarrow I$（励磁电流）$\uparrow \Rightarrow$ 铁芯过热。

为了解决铁芯过热的问题，须使 $f\downarrow \Rightarrow U_x\downarrow$，即频率与电压能协调控制，亦即 U_x 必须与 f 成比例变化。

2. 恒转矩调速

恒转矩变频调速系统中，如能保持 $U_x/f =$ 定值，则 f 变化时，能保持过载能力不变（理论上）。

在基频 f_n（即额定频率）以下调速时，保持 $U_1/f_1 =$ 常数调节，即恒转矩调速。

最大转矩：$T_m \approx \dfrac{m_1 p}{8\pi^2(L_1 + L'_2)}\left(\dfrac{U_1}{f_1}\right)^2$

启动转矩：$T_{st} \approx \dfrac{m_1 p r'_2}{8\pi^2(L_1 + L'_2)^2}\left(\dfrac{U_1}{f_1}\right)^2 \dfrac{1}{f_1}$

临界点转速降：$\Delta n_m = S_m n_1 \approx \dfrac{r'_2}{2\pi f_1(L_1 + L'_2)}\dfrac{60 f_1}{p}$

从上式可知：当 f_1 减小时，最大转矩 T_m 不变，启动转矩 T_{st} 增大，临界点转速降不变，因此，机械特性随频率的降低而向下平移，如图 5-3 中虚线所示。

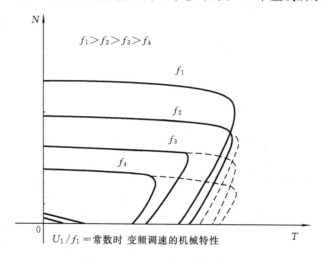

图 5-3　实际恒转矩特性曲线

实际上，由于定子电阻 r_1 的存在，随着 f_1 的降低（$U_1/f_1 =$ 常数），T_m 将减小；当 f_1 很低时，T_m 减小很多，如图 5-3 中实线所示。

3. 恒功率变频调速

在基频以上调速时,频率从 $f_1 \to N$ 往上增高,但电压 U_1 却不能增加得比额定电压还大,最大只能保持 $U_1 = U_{1N}$。由上述公式可知,这迫使 Φ 与 f 成反比降低,T_m 与 T_{st} 均随频率 f_1 的增高而减小,Δn_m 保持不变,机械特性如图 5-4 所示,这近似为恒功率调速,相当于直流电动机弱磁调速的情况。

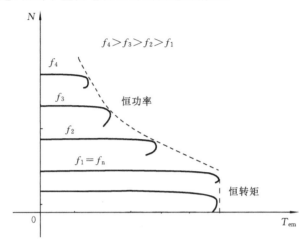

图 5-4 恒转矩和恒功率变频调速时的机械特性

4. 变频调速时异步电动机的特性曲线

图 5-5 所示的为异步电动机变频调速控制特性示意图。

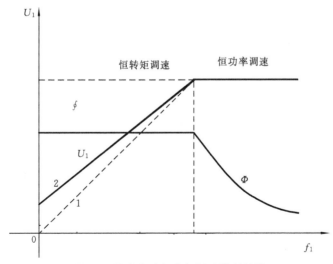

图 5-5 异步电动机变频调速控制特性
1-不带定子电压补偿;2-带定子电压补偿

图 5-6 所示的为变频调速时功率、转矩变化特性示意图。

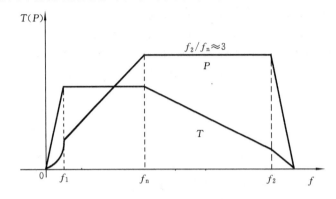

图 5-6 变频调速时功率、转矩变化特性

5.3.4 主轴通用变频器常见报警、故障及处理

1. 通用变频器常见报警及保护

为了保证驱动器安全、可靠地运行,在主轴伺服系统出现故障和异常等情况时,设置了较多的保护功能,这些保护功能与主轴驱动器的故障检测与维修密切相关。当驱动器出现故障时,可以根据保护功能的情况分析故障原因。

(1)接地保护。

在伺服驱动器的输出线路以及主轴内部等出现对地短路时,可以通过快速熔断器切断电源,对驱动器进行保护。

(2)过载保护。

当驱动器、负载超过额定值时,安装在内部的热开关或主回路的热继电器将动作,对其进行过载保护。

(3)速度偏差过大报警。

当主轴的速度由于某种原因偏离了指令速度且达到一定的误差后,驱动器将发出报警并进行保护。

(4)瞬时过电流报警。

当驱动器中由于内部短路、输出短路等原因产生异常的大电流时,驱动器将发出报警并进行保护。

(5)速度检测回路断线或短路报警。

当测速发电机出现信号断线或短路时,驱动器将发出报警并进行保护。

(6)速度超过报警。

当检测出的主轴转速超过额定值的 115% 时,驱动器将发出报警并进行保护。

(7)励磁监控。

如果主轴励磁电流过低或无励磁电流,为防止飞车,驱动器将发出报警并进行保护。

(8) 短路保护。

当主回路发生短路时,驱动器可以通过相应的快速熔断器进行短路保护。

(9) 相序报警。

当三相输入电源相序不正确或缺相时,驱动器将发出报警。

驱动器出现保护性的故障(也叫报警)时,首先通过驱动器自身的指示灯以报警的形式反映出内容,具体说明见表5-10。

表 5-10　通用变频器常见报警

报警名称	报警时的LED显示	动作内容
对地短路	对地短路故障	检测到变频器输出电路对地短路时动作(一般为≥30 kW),而对≤22 kW变频器发生对地短路时作过电流保护动作。此功能只保护变频器。为保障人身安全和防止火警事故等,应采用另外的漏电保护继电器或漏电短路器等进行保护
过电压	加速时过电压	由于再生电流增加,使主电路直流电压达到过电压检出值(有些变频器为DC800 V)时,保护动作(但是如果由变频器输入侧错误地输入控制电路电压值时,将不能显示此报警)
	减速时过电流	
	恒速时过电流	
欠电压	欠电压	电源电压降低等使主电路直流电压低至欠电压检出值(有些变频器为DC400 V)以下时,保护功能动作。注意:当电压低至不能维持变频器控制电路电压值时,将不显示报警
电源缺相	电源缺相	连接的三相输入电源L1/R、L2/S、L3/T中任何一相缺时,有些变频器能在3相电压不平衡状态下运行,但可能造成某些器件(如主电路整流二极管和主滤波电容器)损坏,这种情况下变频器会报警和停止运行
过热	散热片过热	如内部的冷却风扇发生故障,散热片温度上升,则产生保护动作
	变频器内部过热	如变频器内通风散热不良等,则其内部温度上升,保护动作
	制动电阻过热	当采用制动电阻且使用频率过高时,会使其温度上升,为防止制动电阻烧损(有时会有"叭"的很大的爆炸声),保护动作

报警名称	报警时的 LED 显示	动 作 内 容
外部报警	外部报警	当控制电路端子连接控制单元、制动电阻、外部热继电器等外部设备的报警常闭触点时,按这些触点的信号动作
过载	电动机过负载	当电动机所拖动的负载过大,使通过电子热继电器的电流超过设定值时,按反时限特性保护动作
过载	变频器过负载	此报警一般为变频器主电路半导体元件的温度保护,按变频器输出电流超过过载额定值时保护动作
通讯错误	RS 通讯错误	当通讯出错时,则保护动作

2. 通用变频器常见故障及处理

常见此故障及处理见表 5-11。

表 5-11　通用变频器常见故障及处理

故障现象	发生时的工作状况	处 理 方 法
电动机不运转	变频器输出端子 U、V、W 不能提供电源	检查电源是否已提供给端子
电动机不运转	变频器输出端子 U、V、W 不能提供电源	检查运行命令是否有效
电动机不运转	变频器输出端子 U、V、W 不能提供电源	检查 RS(复位)功能或自由运行/停车功能是否处于开启状态
电动机不运转	负载过重	检查电动机负载是否太重
电动机不运转	任选远程操作器被使用	确保其操作设定正确
电动机反转	输出端子 U/T1、V/T2 和 W/T3 的连接不正确	使得电动机的相序与端子连接相对应,通常来说,正转(FWD),U−V−W;反转(REV),U−W−V
电动机反转	电动机正反转的相序未与 U/T1、V/T2 和 W/T3 相对应	使得电动机的相序与端子连接相对应,通常来说,正转(FWD),U−V−W;反转(REV),U−W−V
电动机反转	控制端子(FW)和(RV)连线不正确	端子(FW)用于正转,(RV)用于反转

故障现象	发生时的工作状况	处 理 方 法
电动机转速不能到达	如果使用模拟输入,电流或电压"O"或"OI"	检查连线
		检查电位器或信号发生器
	负载太重	减少负载
		重负载激活了过载限定(根据需要不让此过载信号输出)
转动不稳定	负载波动过大	增加电动机容量(变频器及电动机)
	电源不稳定	解决电源问题
	该现象只是出现在某一特定频率下	稍微改变输出频率,使用调频设定将有此问题的频率跳过
过流	加速中过流	电动机是否短路或局部短路,输出线绝缘是否良好
		延长加速时间
		检查变频器配置若不合理,增大变频器容量
		降低转矩提升设定值
	恒速中过流	检查电动机是否短路或局部短路,输出线绝缘是否良好
		检查电动机是否堵转,机械负载是否有突变
		检查变频器容量是否太小,若是,则增大变频器容量
		检查电网电压是否有突变
	减速中或停车时过流	检查输出连线绝缘是否良好,电动机是否有短路现象
		延长减速时间
		更换容量较大的变频器
		直流制动量太大,减少直流制动量
		机械故障,送厂维修
短路	对地短路	检查电动机连线是否短路
		检查输出线绝缘是否良好
		送修

故障现象	发生时的工作状况	处 理 方 法
过压	停车中过压	延长减速时间或加装刹车电阻；改善电网电压，检查是否有突变电压产生
	加速中过压	
	恒速中过压	
	减速中过压	
低压		检查输入电压是否正常
		检查负载是否有突变
		检查是否缺相
变频器过热		检查风扇是否堵转，散热片是否有异物
		检查环境温度是否正常
		检查通风空间是否足够，空气是否能对流
变频器过载	连续超负载 150% 1 min 以上	检查变频器容量是否过小，若是，则加大容量
		检查机械负载是否有卡死现象
		若 V/F 曲线设定不良，则重新设定
电动机过载	连续超负载 150% 1 min 以上	检查机械负载是否有突变
		电动机配置加大
		检查电动机发热绝缘变差
		检查电压是否波动过大
		检查是否存在缺相
		检查机械负载增大
电动机过转矩		检查机械负载是否有波动
		检查电动机配置是否偏小

注：① 电源电压过高。变频器一般允许电源电压向上波动的范围是 +10%，超过此范围时进行保护。

② 降速过快。如果将减速时间设定得太短，则在再生制动过程中制动电阻来不及将能量放掉，直流回路电压过高，形成高电压。

③ 电源电压低于额定值电压 10%。

④ 过电流可分为：非短路性过电流（可能发生在严重过载或加速过快时）、短路性过电流（可能发生在负载侧短路或负载侧接地时）。另外，如果变频器逆变桥同一桥臂的上、下两晶体管同时导通，则形成"直通"。因为变频器在运行时，同一桥臂的上、下两晶体管总是处于交替导通状态；在交替导通的过程中，必须保证只有在一个晶体管完全截止后，另一个晶体管才开始导通。

如果由于某种原因,如环境温度过高等,使元器件参数发生飘移,就可能导致直通。

3. 通用变频器故障维修实例

例 5-3 变频器出现过电压报警的维修。

配置某系统的数控车床,主轴驱动采用三菱公司的 E540 变频器,在加工过程中,变频器出现过压报警。

故障分析 仔细观察机床故障产生的过程,发现故障总是在主轴启动、制动时发生,因此,可以初步确定故障的产生与变频器的加/减速时间设定有关。当加/减速时间设定不当(如主轴启动/制动频繁或时间设定太短),变频器的加/减速无法在规定的时间内完成,通常容易产生过电压报警。

修改变频器参数,适当增加加/减速时间后,故障消除。

例 5-4 安川变频主轴在换刀时出现旋转的故障维修。

配置某系统的数控车床,开机时发现当机床进行换刀动作时,主轴也随之转动。

故障分析 由于该机床采用的是安川变频器控制主轴,主轴转速是通过系统输出的模拟电压控制的。根据以往的经验,安川变频器对输入信号的干扰比较敏感,因此初步确认故障原因与线路有关。

为了确认,再次检查机床的主轴驱动器、刀架控制的原理图与实际接线,可以判定在线路连接、控制上两者相互独立,不存在相互影响。

进一步检查变频器的输入模拟量屏蔽电缆布线与屏蔽线连接,发现该电缆的布线位置与屏蔽线连接均不合理,将电缆重新布线并对屏蔽线进行重新连接后,故障消除。

5.4 交流伺服主轴驱动系统故障诊断与维修

5.4.1 交流伺服主轴驱动系统

交流伺服主轴驱动系统通常采用感应电动机作为驱动电动机,由伺服驱动器实施控制,有速度开环或闭环控制两种方式。也有的采用永磁式同步交流伺服电动机作为驱动电动机,由伺服驱动器实现速度环的矢量控制,具有快速的动态响应特性,但其恒功率调速范围较小。

与交流伺服驱动系统一样,交流主轴驱动系统也有模拟式和数字式两种类型,交流主轴驱动系统与直流主轴驱动系统相比,具有如下特点。

① 由于驱动系统采用微处理器和现代控制理论进行控制,因此其运行平稳、振动和噪声小。

② 驱动系统一般都具有再生制动功能,在制动时,既可将能量反馈回电网,起到节能的效果,又可以加快启/制动速度。

③ 特别是对于全数字式主轴驱动系统,可直接使用 CNC 的数字量输出信号控制驱动器,不需要经过 D/A 转换,转速控制精度得到了提高。

④ 与数字式交流伺服驱动一样,在数字式主轴驱动系统中,还可采用参数设定方法对系统进行静态调整与动态优化,系统设定灵活、调整准确。

⑤ 由于交流主轴无换向器,主轴通常不需要进行维修。

⑥ 主轴转速的提高不受换向器的限制,其最高转速通常比直流主轴的更高,可达到每分钟数万转。

5.4.2 交流伺服主轴驱动系统常见故障及维修

交流主轴驱动系统按信号形式又可分为交流模拟型主轴驱动单元和交流数字型主轴驱动单元。交流主轴驱动除了有直流主轴驱动同样的过热、过载、转速不正常报警或故障外,还有另外的故障条目,总结如下。

(1) 主轴不能转动,且无任何报警显示。引起此故障的原因及排除见表5-12。

表 5-12　主轴不能转动,且无任何报警显示的原因及排除

故障原因	检查步骤	排除措施
机械负载过大	—	尽量减轻机械负载
主轴与电动机连接皮带过松	在停机的状态下,查看皮带的松紧程度	调整皮带
主轴中的拉杆未拉紧夹持刀具的拉钉(在车床上就是卡盘未夹紧工件)	有的机床会设置敏感元件的反馈信号,检查此反馈信号是否到位	重新装夹好刀具或工件
系统处于急停状态	检查主轴单元的主交流接触器是否吸合	根据实际情况,松开急停
机械准备好信号断路		排查机械准备信号电路
主轴动力线断线	用万用表测量动力线电压	确保电源输入正常
电源缺相		
正反转信号同时输入	利用 PLC 监查功能查看相应信号	—
无正反转信号	通过 PLC 监视画面,观察正反转指示信号是否发出	一般为数控装置的输出有问题,排查系统的主轴信号输出端子
没有速度控制信号输出	测量输出的信号是否正常	

故障原因	检查步骤	排除措施
使能信号没有接通	通过 CRT 观察 I/O 状态,分析机床 PLC 梯形图(或流程图),以确定主轴的启动条件,如润滑、冷却等是否满足	检查外部启动的条件是否符合
主轴驱动装置故障	有条件的话,利用交换法确定是否有故障	更换主轴驱动装置
主轴电动机故障		更换电动机

（2）主轴速度指令无效,转速仅有 1～2 r/min,故障的原因及排除见表 5-13。

表 5-13　主轴速度指令无效,转速仅有 1～2 r/min 的故障及排除

故障原因	检查步骤	排除措施
动力线连接错误	检查主轴伺服与电动机之间的 U、V、W 连线	确保连线对应
CNC 模拟量输出（D/A）转换电路故障	用交换法判断是否有故障	更换相应电路板
CNC 速度输出模拟量与驱动器连接不良或断线	测量相应信号,是否有输出且是否正常	更换指令发送口或更换数控装置
主轴驱动器参数设定不当	查看驱动器参数是否正常	依照参数说明书,正确设置参数
反馈线连接不正常	查看反馈连线	确保反馈连线正确
反馈信号不正常	检查反馈信号的波形	调整波形至正确或更换编码器

（3）速度偏差过大,指主轴电动机的实际速度与指令速度的误差值超过允许值,一般是启动时电动机没有转动或速度上不去。引起此故障的原因及排除见表 5-14。

表 5-14　速度偏差过大报警及排除

故障原因	检查步骤	排除措施
反馈连接不良	不启动主轴,用手盘动主轴使主轴电动机以较快速度转起来,估计电动机的实际速度,监视反馈的实际转速	确保反馈连线正确
反馈装置故障		更换反馈装置

故 障 原 因	检 查 步 骤	排 除 措 施
动力线连接不正常	用万用表或兆欧表检查电动机或动力线是否正常(包括相序是否正常)	确保动力线连接正确
动力电压不正常		确保动力线电压正常
机床切削负荷太重,切削条件恶劣	—	重新考虑负载条件,减轻负载,调整切削参数
机械传动系统不良	—	改善机械传动系统条件
制动器未松开	查明制动器松开的原因	确保制动电路正常
驱动器故障	利用交换法判断是否有故障	更换出错单元
电流调节器控制板故障		
电动机故障		

（4）过载报警。切削用量过大,频繁正、反转等均可引起过载报警,具体表现为主轴过热、主轴驱动装置显示过电流报警等,导致此故障的原因及排除见表5-15。

表 5-15　过载报警原因及排除

出现报警时间	故 障 原 因	检 查 步 骤	排 除 措 施
长时间开机后再出现此报警	负载太大	检查机械负载	调整切削参数,改善切削条件,减轻负载
	频繁正、反转	—	减少正、反转次数
开机后即出现此报警	热控开关坏了	用万用表测量相应管脚	更换热控开关
	控制板有故障	用交换法判断是否有故障	如有故障,更换控制板

（5）主轴振动或噪声过大,首先要区别异常噪声及振动发生在主轴机械部分还是在电气驱动部分。检查方法详述如下。

① 若在减速过程中发生,一般是由驱动装置造成的,如交流驱动中的再生回路故障;

② 若在恒转速时产生,可通过观察主轴在停车过程中是否有噪声和振动来区别;如存在,则主轴机械部分有问题;

③ 检查振动周期是否与转速有关,如无关,一般是主轴驱动装置未调整好;如有关系,应检查主轴机械部分是否良好,测速装置是否正常。造成这类故障的原因及排除见表5-16。

表 5-16　主轴振动或噪声过大的原因及排除

故障部位	故障原因	检查步骤	排除措施
电气部分故障	系统电源缺相、相序不正确或电压不正常	测量输入的系统电源	确保电源正常
	反馈不正确	测量反馈信号	确保接线正确,且反馈装置正常
	驱动器异常,如增益调整电路或颤动调整电路的调整不当	—	根据参数说明书,设置好相关参数
	三相输入的相序不对	用万用表测量输入电源	确保电源正常
机械部分故障	主轴负载过大	—	重新考虑负载条件,减轻负载
	润滑不良	检查是否缺润滑油	加注润滑油
		检查是否润滑电路或电动机故障	检修润滑电路
		检查导油管是否漏润滑油	更换润滑导油管
	主轴与主轴电动机的连接皮带过紧	在停机的情况下,检查皮带松紧程度	调整皮带的连接
	轴承故障、主轴和主轴电动机之间离合器故障	目测,可判断这个机械连接是否正常	调整轴承
	轴承拉毛或损坏	可拆开相关机械结构后目测	更换轴承
	齿轮严重损伤		更换齿轮
	主轴部件上动平衡不好(从最高速度向下时发生此故障)	当主轴电动机以最高速度运转时,关掉电源,使其惯性运转,检查是否仍有声音	校核主轴部件上的动平衡条件,调整机械部分
	轴承预紧力不够或预紧螺钉松动	—	调紧预紧螺钉
	游隙过大或齿轮啮合间隙过大	—	调整机床间隙

例 5-5 配置某系统的数控车床,在加工过程中,发现在端面加工时表面出现周期性波纹。

故障分析 数控车床端面加工时,表面出现振纹的原因很多,在机械方面,如刀具、丝杠、主轴等部件的安装不良、机床的精度不足等等都可能产生以上问题。

但该机床周期性出现上述问题,且有一定规律;根据通常的情况,应与主轴的位置监测系统有关,但仔细检查机床主轴各部分,却未发现任何不良状况。

仔细观察振纹与 X 轴的丝杠螺距相对应情况,维修时再次针对 X 轴进行检查。

检查该机床的机械传动装置,其结构是伺服与滚珠丝杠间通过齿形带进行连接,位置反馈编码器采用的是分离型布置。

检查发现 X 轴的分离式编码器安装位置与丝杠不同心,存在偏心,即编码器轴心线与丝杠中心不在同一直线上,从而造成了 X 轴移动过程中的编码器的旋转不均匀,反映到加工中,则出现周期性波纹。

重新安装、调整编码器后,机床恢复正常。

(6) 直流侧保险丝熔断报警。三相 220V 交流电经整流桥整流到直流 300 V,经过一个保险后给晶体管模块,控制板检测此保险两端的电压,如果太大,则产生此报警。产生此报警的原因及排除见表 5-17。

表 5-17 直流侧保险丝熔断报警的原因及排除

故 障 原 因	检 查 步 骤	排 除 措 施
保险已经断开	用万用表检查直流保险是否断开	确保保险在可工作状态
连接不良	检查主控制板与主轴单元的连接插座是否紧合	确保连线正确
电动机电枢线短路	用万用表测量各输出线,测量是否短路	确保没有短路现象
电动机电枢绕组短路或局部短路		
电动机电枢线对地短路		
输入电源存在缺相	用万用表测量电压	确保电源正常

(7) 主轴在加/减速时工作不正常,其原因及排除见表 5-18。

(8) 外界干扰下主轴转速出现随机和无规律性的波动。具体情况见表 5-19。

(9) 主轴不能进行变速,其原因及排除见表 5-20。

表 5-18 主轴加/减速时工作不正常的原因及排除

故 障 原 因	检 查 步 骤	排 除 措 施
电动机加/减速电流预先设定、调整不当	查看相关参数项是否正常	正确设置参数
加/减速回路时间常数设定不当		
反馈信号不良	可以在不通电的情况下，用手转动主轴，测量反馈信号，是否与主轴转动的速度成比例	如果反馈装置损坏，则更换反馈装置；如果反馈回路故障（如接线错误），则排查相应故障
电动机/负载间的惯量不匹配	—	重新校核负载
机械传动系统不良	—	检查机械传动系统

表 5-19 主轴转速出现随机和无规律性的波动的原因及排除

故 障 原 因	检 查 步 骤	排 除 措 施
屏蔽和接地措施不良		处理好接地，做好屏蔽处理
主轴转速指令信号受到干扰	测量输出信号是否与转速对应的模拟电压匹配	加抗干扰的磁环
反馈信号受到干扰	测量反馈信号与输出信号是否匹配	加抗干扰的磁环

表 5-20 主轴不能进行变速的原因及排除

故 障 原 因	检 查 步 骤	排 除 措 施
CNC 参数设置不当	检查有关主轴的参数	依照参数说明书，正确设置参数
加工程序编程错误	检查加工程序	正确使用控制主轴的 M03、M04、S 指令
D/A 转换电路故障	用交换法判断是否有故障	更换相应电路板
主轴驱动器速度模拟量输入电路故障	测量相应信号，是否有输出且是否正常	更换指令发送口或更换数控装置

例 5-6 一台配置某系统的立式加工中心，主轴在低速时（低于 120 r/min）时，S 指令无效，主轴固定以 120 r/min 转速运转。

故障分析 由于主轴在低速时固定以 120 r/min 转速运转,可能的原因是主轴驱动器以 120 r/min 的转速模拟量输入,或是主轴驱动器控制电路存在不良状况。

为了判定故障原因,检查 CNC 内部 S 代码信号状态,发现它与 S 指令值一一对应;但测量主轴驱动器的数模转换输出(测两端 CH2),发现即使是在 S 为 0 时,D/A 转换器虽然无数字输入信号,但其输出仍然为 0.5 V 左右的电压。

由于本机床的最高转速为 2250 r/min,对照表 5-21 可看出,当 D/A 转换器输出电压为 0.5 V 左右时,转速应为 120 r/min 左右,因此可以判定故障原因是 D/A 转换器(型号:DAC80)损坏引起的。

更换同型号的集成电路后,机床恢复正常。

表 5-21 指令、电压、转速对应表

二进制转速指令	S 模拟输出/V	转速/(r/min)
0000 0000 0000	0	0
0000 0101 1011	0.222	50
0000 1011 0110	0.444	100
1111 1111 1111	9.999	2250

例 5-7 配置某系统的数控车床,使用安川变频器作为主轴驱动装置,当输入指令 S××M03 后,主轴旋转,但转速不能改变。

故障分析 由于该机床主轴采用的是变频器调速,在自动方式下运行时,主轴转速是通过系统输出的模拟电压控制的。利用万用表测量变频器的模拟电压输入,发现在不同转速下模拟电压有变化,说明 CNC 工作正常。

进一步检查主轴的方向输入信号正确,因此初步判定故障原因是变频器的参数设定不当或外部信号不正确。检查变频器参数设定,发现参数设定正确;检查外部控制信号,发现在主轴正转时,变频器的多级固定速度控制输入信号中有一个被固定为"1",断开此信号后,主轴恢复正常。

(10)螺纹或攻丝加工出现"乱牙"故障。数控车床加工螺纹,其实质是在主轴的角位移与 Z 轴进给之间进行插补,"乱牙"是由于主轴与 Z 轴进给不能实现同步引起的。主轴的角位移是通过主轴编码器进行测量的。一般螺纹加工时,系统进行的是主轴每转进给动作,要执行每转进给的指令,主轴必须有每转一个脉冲的反馈信号。

检查故障的具体步骤如下所述。

① 根据 CRT 画面有报警显示确认是"乱牙现象"(具体报警为:主轴转速与进给不匹配)。

② 通过 CRT 调用机床数据或 I/O 状态,观察编码器的信号状态。

③ 用每分钟进给指令代替每转进给指令来执行程序,观察故障是否消除。

引起此故障的原因及排除见表 5-22。

表 5-22　加工螺纹"乱牙"原因及排除

故障原因	检查步骤	排除措施
主轴编码器"零位脉冲"不良或受到干扰	用万用表测量编码器反馈信号,检查是否正常	更换编码器
主轴编码器联轴器松动或断裂	检查编码器连线	证实反馈回路正常
编码器信号线接地、屏蔽不良,被干扰	—	按上面的"外部干扰"故障处理
主轴转速不稳,有抖动	—	按上面提到的"主轴转速不稳"解决
加工程序有问题(如主轴转速尚未稳定,就执行了螺纹加工指令(G32),导致了主轴 Z 轴进给不能实现同步,造成"乱牙")	空运行程序,判断是否有此现象发生	修改加工程序(如在用 G32 前加 G04 延时指令或更改螺纹加工程序的起始点,使其离开工件一段距离,保证在主轴速度稳定后,再开始螺纹加工,即可实现正常的螺纹加工)

例 5-8　配置某系统的数控车床,在 G32 车螺纹时,出现起始段螺纹"乱牙"的故障。

故障分析　数控车床加工螺纹,其实质是主轴的角位移与 Z 轴进给之间进行的插补,"乱牙"是由于主轴与 Z 轴进给不能实现同步引起的。

由于该机床使用的是变频器作为主轴调速装置,主轴速度为开环控制,在不同的负载下,主轴的启动时间不同,且启动时的主轴速度不稳,转速亦有相应的变化,导致了主轴与 Z 轴进给不能实现同步。

解决以上故障的方法有如下两种。

① 通过在主轴旋转指令(M03)后、螺纹加工指令(G32)前增加 G04 延时指令,保证在主轴速度稳定后,再开始螺纹加工。

② 更改螺纹加工程序的起始点,使其离开工件一段距离,保证在主轴速度稳定后,再真正接触工件,开始螺纹的加工。

通过采用以上方法的任何一种都可以解决该例故障,实现正常的螺纹加工。

(11) 机床执行了主轴定向指令后,主轴定向位置出现偏差。

主轴准停用于刀具交换、精镗进、退刀及齿轮换挡等场合,有以下三种实现方式。

① 机械准停控制:由带 V 型槽的定位盘和定位用的液压缸配合动作。

② 磁性传感器的电器准停控制:发磁体安装在主轴后端,磁感器安装在主轴箱上,其安装位置决定了主轴的准停点,发磁体和磁传感器之间的间隙为 1.5±0.5 mm。

③ 编码器型的准停控制：通过主轴内置安装或在机床主轴上直接安装一个光电编码器来实现准停控制，准停角度可任意设定。

上述准停均要经过减速的过程，如减速或增益等参数设置不当，均可引起定位抖动。另外，准停方式①中定位液压缸活塞移动的限位开关失灵，准停方式②中发磁体和磁传感器之间的间隙发生变化或磁传感器失灵均可引起定位抖动。所以引起此故障的原因及排除见表 5-23。

表 5-23　主轴定位点不稳定的故障及排除

故 障 原 因	检 查 步 骤	排 除 措 施
如果是第①种定位方式，可能是限位开关失灵	检查限位信号是否正常传输到了数控系统段	—
如果是第②种定位方式，可能是此传感信号没到位	在系统端测量定位信号	确保定位信号正确传输到数控装置
反馈线连接不良	检查连线	确认连线
主轴编码器"零位脉冲"不良或受到干扰	用万用表测量编码器反馈信号，检查是否正常	更换编码器

例 5-9　采用某系统的立式加工中心，配套 SIEMENS 6SC6502 主轴驱动器，在调试时，出现主轴定位点不稳定的故障。

故障分析　维修时通过多次定位进行反复试验，确认本故障的实际故障现象如下。

① 该机床可以在任意时刻进行主轴定位，定位动作正确。

② 只要机床不关机，不论进行多少次定位，其定位点总是保持不变。

③ 机床关机后，再次开机执行主轴定位，定位位置与关机前不同；在完成定位后，只要不关机，以后每次定位总是保持在该位置不变。

④ 每次关机后，重新定位，其定位点都不同，主轴可以在任意位置定位。

主轴定位的过程事实上是将主轴停止在编码器"零位脉冲"，故障是"零位脉冲"不固定引起的。引起以上故障的原因如下。

① 编码器固定不良，在旋转过程中编码器于主轴的相对位置在不断变化。

② 编码器不良，无"零位脉冲"输出或"零位脉冲"受到干扰。

③ 编码器连接错误。

根据以上可能的原因，逐一检查，排除编码器固定不良、编码器不良的原因。进一步检查编码器的连接，发现该编码器内部的"零位脉冲"U_{a0} 与 $-U_{a0}$ 引出线接反，重新连接后，故障排除。

例 5-10　某配置 YASKAWA J50M 的加工中心，在机床换刀时，出现主轴定位不准的故障。

故障分析 仔细检查机床的定位动作,发现机床在主轴转速小于 10 r/min,主轴定位位置正确,但在主轴转速大于 10 r/min 时,定位点在不同的速度下都不一致。

通过系统的信号诊断参数,检查主轴编码器信号输入,发现该机床的主轴零位脉冲输入信号在一转内有多个,引起了定位点的混乱。检查 CNC 与主轴编码器的连接,发现机床出厂时,主轴编码器的连接电缆线未按照规定的要求使用双绞屏蔽线;当机床环境发生变化后,由于线路的干扰,引起了主轴零位脉冲的混乱。重新使用双绞屏蔽线连接后,故障消除,机床恢复正常工作。

(12) 主轴出力不足。引起此故障的原因及排除见表 5-24。

表 5-24 主轴出力不足的故障及排除

故障原因	检查步骤	排除措施
齿形皮带调节过松	在停机状态下,打开保护盖后,可观测	调整皮带间隙
主轴刚性差	一般为新机床,可能出现此问题	——
主轴电动机故障	有条件可用交换法测试	更换好的电动机

(13) 主轴不能松刀。引起此故障的原因及排除见表 5-25。

表 5-25 主轴不能松刀的故障及排除

故障原因	检查步骤	排除措施
液压或气压压力不足	检查后面的液压表或气压表	开启液压阀或气压阀,加大压力
弹簧损坏	—	更换弹簧
松拉刀气缸损坏	—	修松拉刀气缸
松拉刀电磁换向阀故障	直接给电磁换向阀加上控制信号,观察电磁换向阀是否动作	修换电磁换向阀
松拉刀的检测开关故障	用手按下检测开关,另一人观察是否有信号输入	修换检测开关
松拉刀夹爪损坏	可目测	修换松拉刀夹爪

例 5-10 某公司现有的 JCS-018 立式加工中心采用的是日本 FANUC-BESK7M 系统。该系统采用 16 位微处理器控制,伺服驱动单元为大惯量直流伺服电动机,主电动机由三相全波可控硅无环流电路驱动,旋转变压器作为位置检测

元件,测速发电机构成速度反馈。正常加工过程中,当执行换刀动作 M06 时,刀套下,主轴不定向,不换刀,主轴又按下一把刀的程序继续加工,无报警。

故障分析 执行换刀指令 M06 动作顺序为:主轴定向→刀套下→75°转出→手臂下→180°回转换刀→手臂上→75°转回→刀套上→180°油缸复位→发出"FIN"指令,再执行下段程序。结合故障分析,检查 PC 输出板,执行换刀动作的元器件;当检查到 G3 时,发现异常。正常条件下,G3 在换刀时,其管脚 2 为高电平,3 为高电平,24 V 不送出,执行换刀动作;当换刀完毕后,管脚 2 变为低电平,而使 24 V 电压送出,发出"FIN"指令,即 MT 信号执行完毕。管脚 2 现在无论为高电平或低电平,"FIN"指令发出,均有 24 V 输出,MT 信号执行完毕送出,从而 NC 执行下段程序。此时其刀具尚未交换,易发生撞件的可能。据此拆下 G3 芯片,其为干簧电器,根据其性能而采用松下 DSZY-S-DC5C 代替,故障解决。

(14) 主轴不能正常工作。引起此故障的原因及排除见表 5-26。

表 5-26 主轴不能正常工作的故障及排除

故障原因	检查步骤	排除措施
松紧刀检测不到位	利用系统诊断画面中可观测 PLC 的 I/O 状态,查看松紧刀位信号是否到位	确认拉刀机构工作正常
	检查拉刀机构(包括液压、气压压力,松紧刀接近开关和电磁阀)	
主轴齿轮挡位未到达	利用系统诊断画面可观测 PLC 的 I/O 状态的主轴挡位是否到达	确认挡位已到达
切削过载	—	按切削规范正确使用机床
刀库机械手不在规定位置	利用系统诊断画面可观测 PLC 的 I/O 状态的机械手或刀库到位信号是否到达	记实机械手或刀库能正常退回规定位
斗笠式刀库没有退回规定位		
主轴电动机模块出错	用交换法检测相应模块是否故障	更换有故障的部分
主机机械部分损坏	最好不要上电检测	维修机械部分

例 5-11 某立式加工中心,配置 SIEMENS 6SC6502 主轴驱动器,在调试时,

出现主轴驱动器 F15 报警。

故障分析　SIEMENS 6SC650 系列主轴驱动器出现 F15 报警的含义是"驱动器过热报警",可能的原因如下所述。

① 驱动器过载(与驱动器匹配不正确)。

② 环境温度太高。

③ 热敏电阻故障。

④ 风扇故障。

⑤ 断路器 Q1 或 Q2 跳闸。

由于本故障在开机时即出现,可以排除驱动器过载、环境温度太高等原因;检查断路器 Q1 或 Q2 位置正确,风扇已经正常旋转,因此故障原因与热敏电阻本身或其连接有关。

拆开驱动器检查,发现 A01 版与转换板间的电缆插接不良;重新插接后,故障排除,主轴工作正常。

5.4.3　各种型号主轴驱动单元的维修实例

例 5-12　驱动器出现过电流报警的故障维修。

故障现象　一台配置某系统的卧式加工中心,在加工时主轴运行突然停止,驱动器显示过电流报警。

故障分析　检查交流主轴驱动器主回路,发现再生制动回路故障,主回路的熔断器均熔断,经更换熔断器后机床恢复正常。但机床正常运行数天后,再次出现同样故障。

由于故障重复出现,证明该机床主轴系统存在问题,根据报警现象,分析可能存在的主要原因如下。

① 主轴驱动器控制板不良。

② 连续过载。

③ 绕组存在局部短路。

在以上几点中,根据现场实际加工情况,过载的原因可以排除。考虑到换上元器件后,驱动器可以正常工作数天,故主轴驱动器控制板不良的可能性也较小。因此,可能性最大的是绕组存在局部短路。

维修时仔细测量绕组的各项电阻,发现 U 相对地绝缘电阻较小,证明该相存在局部对地短路。

拆开检查发现,内部绕组与引出线的连接处绝缘套已经老化;经重新连接后,对地电阻恢复正常。

再次更换元器件后,机床恢复正常,故障不再出现。

例 5-13　主轴高速出现异常振动的故障维修。

故障现象　配置某系统的数控车床,当主轴高速(3 000 r/min 以上)旋转时,机床出现异常振动。

故障分析　数控机床的振动与机械系统的设计、安装、调整以及机械系统的固有频率、主轴驱动系统的固有频率等因素有关,其原因通常比较复杂。

但在本机床上,由于故障前交流主轴驱动系统工作正常,可以在高速下旋转;且主轴在超过 3 000 r/min 时,在任意转速下振动均存在,可以排除机械共振的因素。

检查机床机械传动系统的安装与连接,未发现异常,且在脱开主轴与机床主轴的连接后,在控制面板上观察主轴转速、转矩或负载电流值显示,发现其中有较大的变化,因此初步可以判定故障在主轴驱动系统的电气部分。

仔细检查机床的主轴驱动系统连接,最终发现该机床主轴驱动器的接地线连接不良,将接地线重新连接后,机床恢复正常。

例 5-14　主轴引起的程序段无法继续执行的故障维修。

故障现象　一台配置 FANUC 6 系统的卧式加工中心,在进行自动加工时,程序执行到 M03 S××××程序段后,主轴能启动,转速正确,但无法继续执行下一程序段,系统、驱动器无任何报警。

故障分析　现场检查发现该机床在 MDI 方式下,手动输入 M03 或 M04 指令,主轴可以正常旋转,但修改 S 指令值,新的 S 指令无法生效;而用 M05 指令停止主轴或按复位键清除后,可执行任何转速的指令。

检查机床诊断参数 DGN700.0＝1,表明机床正在执行 M、S、T 功能;进一步检查 PLC 程序梯形图,发现主轴正转信号 SFR 或主轴反转信号 SRV 可以为"1",即 M 指令已经正常输出,但 S 功能完成信号 SFIN(诊断号为 DGN208.3)为"0",导致了机床处于等待状态。

继续检查梯形图,发现该机床 SFIN＝1 的条件是:S 功能选通信号 SF(诊断号为 DGN66.2)为"1"、主轴速度到达信号 SAR(诊断信号为 DGN35.7)为"1"、主轴变速完成信号 SPE(诊断号为 DGN208.1)为"1"。而实际状态是 SF＝1,SAR＝0,SPE＝0,故 SFIN＝0。从系统手册可知,SF、SPE、SFIN 为 CNC 到 PLC 的内部信号,SAR 与外部条件有关。

检查 SAR 信号输入发现,故障时驱动器"主轴速度到达"信号输出为高电平,但数控系统 I/O 板上对应的 SAR 信号却为低电平。

检查信号连接,发现电缆中存在断线,重新连接后,机床恢复正常。

例 5-15　不执行螺纹加工的故障维修。

故障现象　配置 FANOC0-TD 系统的数控车床,在自动加工时,发现机床不执行螺纹加工程序。

故障分析 数控车床加工螺纹,其实质是主轴的转角与 Z 轴进给之间进行的插补。主轴的角位移通过主轴编码器进行测量。

在本机床上,由于主轴能正常旋转与变速,分析故障原因主要有以下几种。

① 主轴编码器与主轴驱动器之间的连接不良。

② 主轴编码器故障。

③ 主轴驱动器与数控装置之间的位置反馈信号电缆连接不良。

经查主轴编码器与主轴驱动器的连接正常,故可以排除第①项;且 CRT 可以正常显示主轴转速,因此说明主轴编码器的 A、$-$A、B、$-$B 信号正常;再利用示波器检查 Z、$-$Z 信号,可以确认编码器零脉冲输出信号正确。

继续检查,可以确定主轴位置监测系统工作正常。根据数控系统的说明书进一步分析螺纹加工功能与信号的要求,可以知道螺纹加工时,系统进行的是主轴每转进给动作,因此它与主轴的速度到达信号有关。

在 FANUC0-TD 系统上,主轴的每转进给动作与参数 PRM24.2 的设定有关,当该位设定为"0"时,Z 轴进给时不监测"主轴速度到达"信号;设定为"1"时,Z 轴进给时需要检测"主轴速度到达"信号。

在本机床上,检查发现该位设定为"1",因此只有"主轴速度到达"信号为"1"时,才能实现进给。

通过系统的诊断功能,检查发现当实际主轴转速显示值与系统的指令值一致时,才能实现进给,但"主轴速度到达"信号仍然为"0"。

进一步检查发现,该信号连接线断开;重新连接后,螺纹加工动作恢复正常。

例 5-16 三菱 FR 主轴驱动器主轴噪声大的故障维修。

故障现象 一台使用 MELDAS M3 控制器和三菱 FR-SF-22K 主轴控制器的数控机床,主轴噪声较大,且在主轴空载情况下,负载表指示超过 40%。

故障分析 考虑到主轴负载在空载时已经达到 40% 以上,初步认为机床机械传动系统存在故障。维修的第一步是脱开主轴的运转情况。

经试验,发现主轴负载表指示已恢复正常,但主轴仍有噪声,由此判定该主轴系统的机械、电气两方面都存在故障。

在机械方面,检查主轴机械传动系统,发现主轴转动明显过紧;进一步检查发现主轴轴承已经损坏,更换后,主轴机械传动系统恢复正常。

在电气方面,首先检查主轴驱动器的参数设定,包括驱动放大器的型号以及伺服环增益等参数,发现机床参数设定无误,由此判定故障原因是驱动系统硬件存在故障。

为了进一步分析原因,维修时将主轴驱动器的 00 号参数设定为"1",让主轴驱动系统进行开环运行;转动主轴后,发现噪声消失,运行平稳,由此可以判定故障原因是在速度检测器件 PLG 上。

进一步检查发现 PLG 的安装位置不正确,重新调整 PLG 安装位置后,再进行闭环运行,噪声消失。

重新安装机械传动系统,机床恢复正常工作。

例 5-17 三菱 FR 主轴驱动器高速时出现断路器跳闸的故障维修。

故障现象 一台配置 MAZATROL CAM-2 系统、三菱 FR 主轴驱动器的立式加工中心,由于操作者失误,在主轴旋转过程中发生碰撞,导致在运行加工程序时,只要主轴在 150 r/min 以上直接启动,主轴驱动器 FR-SE 内的断路器 CB1 就跳闸,驱动器控制板上的报警指示灯 AL8(LED13)、AL4(LED14)亮。

故障分析 根据报警显示,从 FR 主轴驱动器说明书可知,它是主轴驱动器主回路过电流报警,引起报警的最常见原因是逆变大功率晶体管组件损坏。但实际测量全部逆变大功率晶体管组件,发现元器件正常,且主回路不存在短路现象。由此可以初步判定故障原因是在电流检测回路本身。

检查电流检测回路元器件,最终发现驱动器中的电流互感器 RO-2 不良,更换后故障排除。

例 5-18 三菱 FR 主轴驱动器低速时出现尖叫的故障维修。

故障现象 一台使用三菱公司 FR-SF-11K 主轴驱动系统的设备,在低速运转时出现尖叫,但高速时运转正常。

故障分析 为了进一步分析原因,维修时将主轴驱动器的 00 号参数设定为"1",让主轴驱动系统进行开环运行,转动主轴后,无上述现象。考虑到高速运行正常,可以认为主轴驱动器和主轴均无问题,故障属于调整不当。调整步骤如下。

① 用直流电压表(毫伏挡)测量 SF-CA 板 CH40 与 CH9 测量端的电压,电压表显示 91 mV。

② 调整 VR2 使 HC40 与 CH9 间的电压小于 5 mV(最好为 0 V)。

③ 测量 CH41 与 CH9 间的电压,此时实际电压表显示 65 mV。

④ 调整 VR3,使 CH41 与 CH9 间的电压值小于 5 mV。

在进行以上调整后,再次开机,故障消失,主轴系统运行恢复正常。

例 5-19 SIEMENS 611A 主轴定位出现超调的故障维修。

故障现象 某采用 SIEMENS 810M 的龙门加工中心,配套 611A 主轴驱动器,在执行主轴定位指令时,发现主轴存在明显的位置超调,定位位置正确,系统无故障报警。

故障分析 由于系统无报警,主轴定位动作正确,可以确认故障是由于主轴驱动器或系统调整不良引起的。

解决超调的方法有很多种,如减小加/减速时间、提高速度环比例增益、降低速度环积分时间等等。检查本机床主轴驱动器参数,发现驱动器的加/减速时间设定为 2 s,此值明显过大;更改参数,设定加减速时间为 0.5 s 后,位置超调消除。

例 5-20 DYNAPATH 20M 系统主轴不能正常旋转的故障维修。

故障现象 一台配置美国 DYNAPATH 20M 系统的立式加工中心,在机床通电后,主轴便在逆时针方向以 100 r/min 的转速自行旋转。但输入 M03 或 M04 及 S××时,系统却不执行,亦无报警。

故障分析 由于 DYNAPATH 20M 系统为可编程控制器内置式系统,主轴正转、主轴反转信号由 PLC 程序输出。根据故障现象,为了区分故障部位,维修时首先断开 PLC 输出的 M03/M04 信号;再次启动机床,主轴无自动旋转现象。

根据以上分析,初步判定故障是由于主轴的 M03/M04 信号输出引起的,检查应从 PLC 梯形图入手。

通过检查 PLC 梯形图,发现该机床的程序设计思路是:在机床通电后,主轴应立即进行定向准停,以便更换刀具。因此,开机后主轴旋转不停,且不执行 M、S 代码的原因可能是主轴定向装置存在问题,导致主轴定向准停动作无法完成。

从开机后主轴以 100 r/min 的转速自行旋转的现象分析,说明 PLC 的主轴定向控制部分工作正常(主轴定向准停的转速为 100 r/min),因此故障可能是由主轴定向检测回路或检测器件的不良引起的。维修时,用示波器依次测试主轴定向检测器件的输入、输出信号波形,信号电缆的连接均无异常现象,因此可以判定故障原因在主轴位置检测信号的接口电路上。

进一步检测接口电路发现其中有一运放集成块(型号:CA747)不良,更换后,机床恢复正常。

5.5 交流伺服主轴驱动系统维护

为了使主轴伺服驱动系统长期可靠连续运行,防患于未然,应进行日常检查和定期检查(见表 5-27),同时注意以下的作业项目。

5.5.1 日常检查

通电和运行时不取去外盖,从外部目检变频器的运行,确认没有异常情况。通常检查以下几个方面。

① 运行性能符合标准规范。
② 周围环境符合标准规范。
③ 键盘面板显示正常。
④ 没有异常的噪声、振动和气味。

⑤ 没有过热或变色等异常情况。

表 5-27　检查项目一览表

检查部分		检查项目	检查方法	判断标准
周围环境		确认环境温度、湿度、振动和有无灰尘、气体、油雾、水等	目测和用仪器测量	符合技术规范
		检查周围有无放置工具等异物和危险品	依据目测	不能放置
电压		主电路、控制电路电压是否正常	用万用表等测量	符合技术规范
键盘显示面板		显示是否看得清楚	目测	需要时都能显示，没有异常
		是否缺少字符		
框架盖板等结构		有无异常声音、异常振动	依据目测、听觉	没有异常
		螺栓等(紧固件)是否松动	拧紧	
		有无变形损坏	依据目测	
		有无因过热而变色		
		有无沾着灰尘、污损		
主电路	公用	螺栓等有无松动和脱落	拧紧	没有异常(注意：铜排变色不表示有问题)
		机器、绝缘体有无变形、裂纹、破损或因过热和老化而变色	依据目测	
		有无附着污损、灰尘		
	导体导线	导体有无因过热而变色和变形等	依据目测	没有异常
		电线护层有无破裂和变色		
	端子排	有无损伤	依据目测	没有损伤
	滤波电容器	有无漏液、变色、裂纹和外壳膨胀	依据目测	没有异常
		安全阀是否出来，阀体是否显著膨胀	根据维护信息判断寿命或用静电容量测量测定电容量	静电容量≥初始值×0.85
		按照需要测量静电容量		

检查部分		检查项目	检查方法	判断标准
主电路	电阻器	有无因过热产生异味和绝缘体开裂	依据嗅觉或目测	没有异常
		有无断线	依据目测或卸开一端的连接,用万用表测量	电阻值在±10%标称值以内
	变压器、电抗器	有无异常的振动声和异味	依据听觉、目测、嗅觉	没有异常
	电磁接触器	工作时有无振动声音	依据听觉	没有异常
		接触点是否接触良好	依据目测	
控制电路	控制印刷电路板连接器	螺丝和连接器是否松动	拧紧	没有异常
		有无异味和变色	依据嗅觉或目测	
		有无裂缝、破损、变形、显著锈蚀	依据目测	
		电容器有无漏液和变形痕迹	目测并根据维护信息判断寿命	
冷却系统	冷却风扇	有无异常声音、振动	依据听觉、视觉,或用手转一下(必须切断电源)	平稳旋转
		螺栓等是否松动	拧紧	没有异常
		有无因过热而变色	依据目测,并按维护信息判断寿命	
	通风道	散热片和进气、排气口是否堵塞和附着异物	依据目测	没有异常

注:对于主轴伺服系统中污染的地方,请用化学上中性的清洁布擦拭干净,用电气清除器去除灰尘等。

5.5.2 定期检查

定期检查时,应注意以下事项。

① 维护检查时,务必先切断输入变频器(R、S、T)的电源。

② 确定变频器电源切断,显示消失后,等到内部高压指示灯熄灭后,方可实施维护、检查。

③ 在检查过程中，绝对不可以将内部电源及线材，排线拔起及误配，否则会造成变频器不工作或损坏。

④ 安装时，螺丝等配件不可置留在变频器内部，以免电路板造成短路现象。

⑤ 安装后保持变频器的干净，避免尘埃、油雾、湿气侵入。

特别注意：即使断开变频器的供电电源后，滤波电容器上仍有充电电压，放电需要一定时间①②③。

习题与思考题

1. 主轴驱动系统由哪几部分构成？简述各部分的功能。

2. 主轴驱动系统可分为哪几类？简述各自的特点。

3. 列表举出直流主轴驱动系统的主要故障。

4. 主轴通用变频器有哪些特性？应用了什么调速原理？

5. 结合实际，给通用变频主轴驱动系统总结出一份使用注意事项表。

6. 列举交流伺服主轴驱动系统的主要故障。

7. 结合实际，给交流伺服主轴驱动系统总结出一份使用注意事项表。

---

① 对于≤22 kW变频器，断开电源后经过 5 min；对于≥30 kW变频器，断开电源后经过 10 min，并确认充电指示器熄灭，测量端子 P-N 间直流电压低于 25 V，才能开始开盖检查作业。

② 非专业维修人员不能进行检查和更换部件等工作（作业时应取下手表及戒指等金属物品，作业时使用带绝缘的工具）。

③ 防止电动机和设备事故。

第6章 数控机床常见机械故障诊断与维修

数控机床机械部分的故障与普通机床机械部分的故障有许多共同点,因此,在对机床的机械故障进行诊断和维修时,有许多地方是相通的。但是,数控机床大量采用电气控制与电气驱动,这就使得数控机床的机械结构与普通机床的机械结构相比有很大的简化,使其机械结构的故障呈现出一些新的特征。在实际中,数控机床的机械故障种类繁多,本章只能介绍一些共性部件的故障,如主传动系统、进给系统、机床导轨等的故障。

本章首先介绍数控机床主传动系统与主轴部件的故障诊断与维修,然后介绍进给系统的两个主要部件——滚珠丝杠副和导轨副的故障诊断与维修。由于滚珠丝杠副和导轨副是为适应数控机床的特殊要求而特有的,因此,对它们的结构及材料性能做了一些介绍,以便读者了解。接着介绍刀库及换刀装置的故障及维修,最后介绍液压系统和气动系统的故障及维修。

6.1 主传动系统与主轴部件故障诊断与维修

数控机床的主传动系统承受主切削力,它的功率大小与回转速度直接影响着机床的加工效率。而主轴部件是保证机床加工精度和自动化程度的主要部件,对数控机床的性能有着决定性的影响。

由于数控机床的主轴驱动广泛采用交、直流主轴伺服电动机,这就使得主传动的功率和调速范围较普通机床大为增加。同时,为了进一步满足对主传动调速和转矩输出的要求,数控机床常采用机电结合的方法,即同时采用电动机调速和机械齿轮变速这两种方法。

6.1.1 主传动系统

数控机床的主传动系统常采用的配置形式有如下几种。

1. 采用变速齿轮

滑移齿轮的换挡常采用液压拨叉或直接由液压缸驱动,还可通过电磁离合器直接实现换挡。这种配置方式在大、中型数控机床中采用较多。

2. 电动机与主轴直联

这种形式的特点是结构紧凑,但主轴转速的变化及转矩的输出和电动机的输出特性一致,因而使用受到一定的限制。

3. 采用带传动

这种形式可避免齿轮传动引起的振动和噪声,但只能用在低扭矩的情况下。这种配置在小型数控机床中经常使用。

4. 电主轴

电主轴通常作为现代机电一体化的功能部件被用在高速数控机床上,其主轴部件结构紧凑,重量轻,惯量小,可提高启动、停止的响应特性,有利于控制振动和噪声,缺点是制造和维护困难,且成本较高。

6.1.2 主轴部件

数控机床主轴部件是影响机床加工精度的主要部件,要求主轴部件具有与本机床工作性能相适应的高回转精度、刚度、抗振性、耐磨性和低温升,其结构必须很好能解决刀具和工具的装夹、轴承的配置、轴承间隙调整和润滑密封等问题。

数控机床的主轴部件主要有以下几个部分:主轴本体及密封装置、支承主轴的轴承、配置在主轴内部的刀具卡进及吹屑装置、主轴的准停装置等。

根据数控机床的规格、精度,主轴结构采用不同的轴承。一般中小规格的数控机床的主轴部件多采用成组的高精度滚动轴承;重型数控机床采用液体静压轴承;高精度数控机床采用气体静压轴承;转速达 20000 r/min 以上的主轴采用磁力轴承或氮化硅材料的陶瓷滚珠轴承。

1. 主轴润滑

为了保证主轴良好的润滑,减少摩擦发热,同时又能把主轴组件的热量带走,通常采用循环式润滑系统,用液压泵供油强力润滑,在油箱中使用油温控制器控制油液温度。现在许多数控机床的主轴采用高级锂基润滑脂封闭方式润滑,每加一次油脂可以使用 7~10 年,简化了结构,降低了成本且维护保养简单,但是需要防止润滑油和油脂混合,通常采用迷宫式密封方式。为了适应主轴转速向高速化发展的需要,新的润滑冷却方式相继开发出来。这些新的润滑冷却方式不单要减少轴承温升,还要减少轴承内外圈的温差,以保证主轴热变形小,其方式如下。

①油气润滑方式。这种润滑方式近似于油雾润滑方式,所不同的是,油气润滑是定时定量地把油雾送进轴承空隙中,这样既实现了油雾润滑,又不至于油雾太多而污染周围空气;后者则是连续供给油雾。

②喷注润滑方式。它用较大流量的恒温油(每个轴承 3~4 L/min)喷注到主轴轴承以达到润滑冷却的目的。需要特别指出的是,较大流量的油不是自然回流,而是用排油泵强制排油,同时,采用专用高精度大容量恒温油箱,油温变动控制在 ± 0.5 ℃。

2. 防泄漏

在密封件中，被密封的介质往往是以渗漏、渗透或扩散的形式越界泄漏到密封连接处的彼侧。造成泄漏的基本原因是流体从密封面上的间隙中溢出。或是由于密封部件内、外两侧密封介质的压力差或浓度差，致使流体向压力或浓度低的一侧流动。

图 6-1 所示为卧式加工中心主轴前支承的密封结构。卧式加工中心主轴前支承处采用双层小间隙密封装置。主轴前端车出两组锯齿形护油槽，在法兰盘 4 和 5 上开沟槽及泄漏孔；当喷入轴承 2 内的油液流出后被法兰盘 4 内壁挡住，并经过其下部的泄油孔 9 和套筒 3 上的回油斜孔 8 流回油箱；少量油液沿着主轴 6 流出时，主轴护油槽在离心力的作用下被甩至法兰盘 4 的沟槽内，经过回油斜孔 8 重新流回油箱，达到了防润滑介质泄漏的目的。

当外部切削液、切屑及灰尘等沿主轴 6 与法兰盘 5 之间的间隙进入时，经法兰盘 5 的沟槽由泄漏孔 7 排出；少量的切削液、切屑及灰尘进入前锯齿沟槽，在主轴 6 高速旋转的离心力作用下仍被甩至法兰盘 5 的沟槽内由泄油孔 7 排出，从而达到了主轴端部密封的目的。

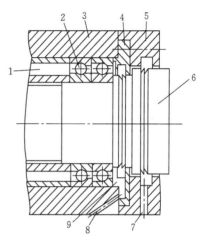

图 6-1 卧式加工中心主轴前支承的密封结构

1—进油口；2—轴承；3—套筒；
4,5—法兰盘；6—主轴；7—泄漏孔；
8—回油斜孔；9—泄油孔

要使间隙密封结构能在一定的压力和温度范围内具有良好的密封防泄漏性能，必须保证法兰盘 4 和 5 与主轴及轴承端面的配合间隙符合如下条件。

① 法兰盘 4 与主轴 6 的配合间隙应控制在 0.1～0.2 mm（单边）范围内。如果间隙偏大，则泄漏量将按照间隙的 3 次方扩大；若间隙过小，由于加工及安装的误差，容易与主轴局部接触使主轴局部升温并产生噪声。

② 法兰盘 4 内端与轴承端面的间隙应控制在 0.15～0.3 mm 之间。小间隙可使压力油直接被挡住并沿法兰盘 4 内端面下部的泄油孔经回油斜孔 8 与泄油孔 9 流回油箱。

③ 法兰盘 5 与主轴的配合间隙应控制在 0.15～0.25 mm（单边）范围内。间隙太大，进入主轴 6 内的切削液及杂物会显著增多；间隙太小，则容易与主轴接触。法兰盘 5 沟槽深度应大于 10 mm（单边），泄漏孔 7 应大于 Φ6 mm，并位于主轴下端靠近沟槽内壁处。

④ 法兰盘 4 的沟槽深度应大于 12 mm（单边），主轴上的锯齿尖而深；一般在 5～7 mm 范围内，以确保具有足够的甩油空间。法兰盘 4 处的主轴锯齿向后倾斜，法兰盘 5 处的主轴锯齿向前倾斜。

⑤ 法兰盘 4 上的沟槽与主轴 6 上的护油槽对齐，以保证被主轴甩至法兰盘沟槽内腔的油液能可靠地流回油箱。

⑥ 套筒前端的回油斜孔 8 及法兰盘 4 的泄油孔 9 流量为进油孔 1 的 2～3 倍，以保证压力油能顺利地流回油箱。

3．刀具夹紧

在自动换刀机床的刀具自动夹紧装置中，刀具自动夹紧装置的刀杆常采用 7：24 的大锥度锥柄，既利于定心，也为松刀带来方便。用蝶形弹簧通过拉杆及夹头拉住刀柄的尾部，使刀具锥柄和主轴锥孔紧密配合，夹紧力达 10 000 N 以上。松刀时，通过液压缸活塞推动拉杆来压缩蝶形弹簧使夹头张开，夹头与刀柄上的拉钉脱离，刀具就可拔出进行新、旧刀具的更换；新刀装入后，液压缸活塞后移，新刀具又被蝶形弹簧拉紧。在活塞推动拉杆松开刀柄的过程中，压缩空气由喷气头经过活塞中心孔和拉杆中的孔吹出，将锥孔清理干净，防止主轴锥孔中掉入切屑和灰尘，划伤主轴锥孔表面和刀杆的锥柄，同时保证刀具的正确位置。

6.1.3　主传动系统的常见故障及排除（见表 6-1）

表 6-1　主传动系统的常见故障及排除

序号	故障现象	故 障 原 因	排 除 方 法
1	主轴发热	主轴轴承损伤或轴承不清洁	更换轴承，清除脏物
		主轴前端盖与主轴箱体压盖研伤	修磨主轴前端盖，使其压紧主轴前轴承，轴承与后盖有 0.02～0.05 mm 间隙
		轴承润滑油脂耗尽或润滑油脂涂抹过多	涂抹润滑油脂，每个 3 ml
2	主轴在强力切削时停转	电动机与主轴连接的皮带过松	移动电动机机座，拉紧皮带，然后将电动机机座重新锁紧
		皮带表面有油	用汽油清洗后擦干净，再装上
		皮带使用过久失效	更换新皮带
		摩擦离合器调整过松或磨损	调整摩擦离合器，修磨或更换摩擦片

序号	故障现象	故 障 原 因	排 除 方 法
3	主轴噪声	缺少润滑	涂抹润滑脂保证每个轴承涂抹润滑脂量不得超过 3 ml
		小带轮与大带轮传动不平稳	带轮上的平衡块脱落,重新进行动平衡
		主轴与电动机连接的皮带过紧	移动电动机机座,使皮带松紧度合适
		齿轮啮合间隙不均匀或齿轮损坏	调整啮合间隙或更换新齿轮
		传动轴承损坏或传动轴弯曲	修复或更换轴承,校直传动轴
4	主轴没有润滑油循环或润滑不足	油泵转向不正确或间隙太大	改变油泵转向或修理油泵
		吸油管没有插入油箱的油面下面	将吸油管插入油面以下 2/3 处
		油管和滤油器堵塞	清除堵塞物
		润滑油压力不足	调整供油压力
5	润滑油泄漏	润滑油过量	调整供油量
		密封件损坏	更换密封件
		管件损坏	更换管件
6	刀具不能夹紧	蝶形弹簧位移量较小	调整蝶形弹簧行程长度
		刀具松紧弹簧上的螺母松动	顺时针旋转松夹刀具弹簧上的螺母使其最大工作载荷不得超过 13 kN
7	刀具夹紧后不能松开	松刀弹簧压合过紧	逆时针旋转松夹刀具弹簧上的螺母使其最大工作载荷不得超过 13 kN
		液压缸压力和行程不够	调整液压压力和活塞行程开关位置

6.1.4 主传动系统维修实例

例 6-1 主轴噪声的故障维修。

故障现象 CK6140 车床运行在 1 200 r/min 时,主轴噪声变大。

故障分析 CK6140 车床采用的是齿轮变速传动。一般来讲主轴产生噪声的噪声源主要有:齿轮在啮合时的冲击和摩擦产生的噪声;主轴润滑油箱的油不到位产生的噪声;主轴轴承的不良引起的噪声。将主轴箱上盖的固定螺钉松开,卸下上盖,发现油箱的油在正常水平。检查该挡位的齿轮及变速用的拨叉,看看齿轮有没有毛刺及啮合硬点,结果正常,拨叉上的铜块没有摩擦痕迹,且移动灵活。在排除以上故障后,卸下皮带轮及卡盘,松开前后锁紧螺母,卸下主轴,检查主轴轴承,发现轴承的外环滚道表面上有一个细小的凹坑碰伤;更换轴承,重新安装好后,用声级计检测,主轴噪声降到 73.5 dB。

例 6-2 主轴漏油。

故障现象 ZJK7532 铣钻床加工过程中出现漏油。

故障分析 该铣钻床为手动换挡变速,通过主轴箱盖上方的注油孔加入冷却润滑油。在加工时只要速度达到 400 r/min,油就会顺着主轴流下来。观察油箱油标,油标显示,油在上限位置。拆开主轴箱上盖,发现冷却油已注满了主轴箱(还未超过主轴轴承端),游标也被油浸没。可以肯定是油加得过多,在达到一定速度时油弥漫所致。放掉多余的油后主轴运转时漏油问题解决。外部观察油标正常,是因为加油过急导致游标的空气来不及排出,油将游标浸没,从而给加油者假象,导致加油过多,从而漏油。

例 6-3 主轴箱渗油。

故障现象 CJK6032 车床主轴箱部位有油渗出。

故障分析 将主轴外部防护罩拆下,发现油从主轴编码器处渗出。CJK6032 车床的编码器安装在主轴箱内,属于第三轴,该编码器的油密封采用 O 形密封圈的密封方式。拆下编码器,将编码器轴卸下,发现 O 形密封圈的橡胶已磨损,弹簧已露出来,属于安装 O 形密封圈不当所致。更换密封圈后问题解决。

例 6-4 加工件粗糙度不合格。

故障现象 CK6136 车床车削工件粗糙度不合格。

故障分析 该机床在车削外圆时,车削纹路不清晰,精车后粗糙度达不到 ∟6。在排除工艺方面的因素(如刀具、转速、材质、进给量、吃刀量等)后,将主轴挡位挂到空挡,用手旋转主轴,感觉主轴较松。打开主轴防护罩,松开主轴止退螺钉,收紧主轴锁紧螺母。用手旋转主轴,感觉主轴合适后,锁紧主轴止退螺钉,重新精车,问题得到解决。

6.2 进给系统的结构及维修

数控机床的进给系统的任务是实现执行机构(如刀架、工作台等)的运动。大部分数控机床的进给系统是由伺服电动机经过联轴器与滚珠丝杠直接相连,然后由滚珠丝杠螺母副驱动工作台运动,其机械结构比较简单。

数控机床进给系统中的机械传动装置和器件具有高寿命、高刚度、无间隙、高灵敏度和低摩擦阻力等特点。

6.2.1　滚珠丝杠副

滚珠丝杠副是在丝杠和螺母之间以滚珠为滚动体的螺旋传动元件。它将电动机的旋转运动转化为工作台的直线运动。

1. 滚珠丝杠副的安装

数控机床的进给系统要获得较高的传动刚度,除了加强滚珠丝杠螺母本身的刚度之外,滚珠丝杠正确的安装及其支承的结构刚度也是不可忽视的因素。螺母座及支承座都应具有足够的刚度和精度。通常都适当加大和机床结合部件的接触面积,以提高螺母座的局部刚度和接触刚度,新设计的机床在工艺条件允许时常常把螺母座或支承座与机床本体做成整体来增大刚度。

滚珠丝杠副的安装方式最常用的通常有以下几种。

(1) 双推—自由方式。如图 6-2(a)所示,丝杠一端固定,另一端自由。固定端轴承同时承受轴向力和径向力。这种支承方式用于行程短的短丝杠。

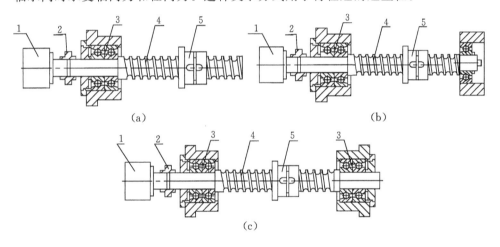

图 6-2　滚珠丝杠副的 3 种安装方式

1—电动机;2—弹性联轴器;3—轴承;4—滚珠丝杠;5—滚珠丝杠螺母

(2) 双推—支承方式。如图 6-2(b)所示,丝杠一端固定,另一端支承。固定端同时承受轴向力和径向力;支承端只承受径向力,而且能做微量的轴向浮动,可以减少或避免因丝杠自重而出现的弯曲,同时丝杠热变形可以自由地向一端伸长。

(3) 双推—双推方式。如图 6-2(c)所示,丝杠两端均固定。固定端轴承都可以同时承受轴向力,这种支承方式可以对丝杠施加适当的预紧力,提高丝杠支承刚度,部分补偿丝杠的热变形。

2. 滚珠丝杠副的防护及润滑

(1) 滚珠丝杠副的防护。

滚珠丝杠副和其他滚动摩擦的传动器件一样,应避免硬质灰尘或切屑污物进入,因此必须装有防护装置。如果滚珠丝杠副在机床上外露,则应采用封闭的防护罩,如采用螺旋弹簧钢带套管、伸缩套管以及折叠式套管等。安装时将防护罩的一端连接在滚珠螺母的侧面,另一端固定在滚珠丝杠的支承座上。如果滚珠丝杠副处于隐蔽的位置,则可采用密封圈防护,密封圈装在螺母的两端。接触式的弹性密封圈采用耐油橡胶或尼龙制成,其内孔做成与丝杠螺纹滚道相配的形状;接触式密封圈的防尘效果好,但由于存在接触压力,使摩擦力矩略有增加。非接触式密封圈又称迷宫式密封圈,它采用硬质塑料制成,其内孔与丝杠螺纹滚道的形状相反,并稍有间隙,这样可避免摩擦力矩,但是防尘效果差。工作中应避免碰击防护装置,防护装置若有损坏应及时更换。

(2) 轴向间隙的调整。

为了保证反向传动精度和轴向刚度,必须消除轴向间隙。双螺母滚珠丝杠副消除间隙的方法是,利用两个螺母的相对轴向位移,使两个滚珠螺母中的滚珠分别贴紧在螺旋滚道的两个相反的侧面上。此外还要消除丝杠安装部分和驱动部分的间隙。常用的双螺母丝杠间隙的调整方法有:垫片调隙式、螺纹调隙式及齿差调隙式。如图 6-3 所示,图(a)为垫片调隙式结构;图(b)为螺母调隙式结构;图(c)为齿差调隙式结构。

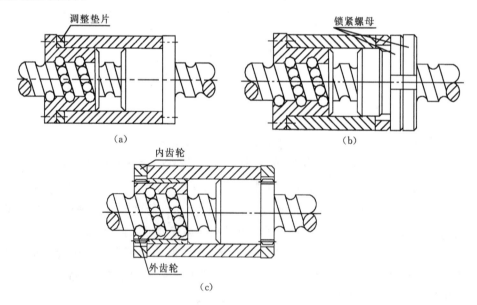

图 6-3 滚珠丝杠副调隙结构

图 6-3 的基本原理都是使两个螺母间产生轴向位移,以达到消除间隙和产生预紧力的目的。但此时应切实控制好预紧力的大小。如预紧力过小,不能完全消除轴向间隙,起不到预紧的作用;如预紧力过大,又会使空载力矩增加,从而降低传动效率,缩短使用寿命。

(3)滚珠丝杠螺母副的润滑。

润滑剂可提高耐磨性及传动效率。润滑剂可分为润滑油和润滑脂两大类。润滑油一般为全损耗系统用油;润滑脂可采用锂基润滑脂。润滑脂一般加在螺纹滚道和安装螺母的壳体空间内,而润滑油则经过壳体上的油孔注入螺母的空间内。每半年对滚珠丝杠上的润滑脂更换一次,清洗丝杠上的旧润滑脂,涂上新的润滑脂。用润滑油润滑的滚珠丝杠副,可在每次机床工作前加油一次。

(4)支承轴承的定期检查。

应定期检查丝杠支承与床身的连接是否有松动以及支承轴承是否损坏等。如有以上问题,要及时紧固松动部件并更换支承轴承。

3. 滚珠丝杠副的常见故障及排除(见表 6-2)

表 6-2　滚珠丝杠副的常见故障及排除

序号	故障现象	故 障 原 因	排 除 方 法
1	滚珠丝杠螺母副噪声	丝杠支承轴承的压盖压合情况不好	调整轴承压盖,使其压紧轴承端面
		丝杠支承轴承可能破损	如轴承破损,更换新轴承
		电动机与丝杠联轴器松动	拧紧联轴器锁紧螺钉
		丝杠润滑不良	改善润滑条件,使润滑油量充足
		滚珠丝杠螺母副滚珠有破损	更换新滚珠
2	滚珠丝杠运动不灵活	轴向预加载荷太大	调整轴向间隙和预加载荷
		丝杠与导轨不平行	调整丝杠支座的位置,使丝杠与导轨平行
		螺母轴线与导轨不平行	调整螺母座的位置
		丝杠弯曲变形	校直丝杠
3	滚珠丝杠螺母副传动状况不良	滚珠丝杠螺母副润滑状况不良	用润滑脂润滑的丝杠需要移动工作台,取下套罩,涂上润滑脂

6.2.2　滚珠丝杠副维修实例

例 6-5　跟踪误差过大报警。

故障现象　XK713 铣床加工过程中 X 轴出现跟踪误差过大报警。

故障分析　该机床采用闭环控制系统,伺服电动机与丝杠采用直联的连接方式。在检查系统控制参数无误后,拆开电动机防护罩,在电动机伺服带电的情况下,用手拧动丝杠,发现丝杠与电动机有相对位移,可以判断是由电动机与丝杠连接的胀紧套松动所致;紧固紧定螺钉后,故障消除。

例 6-6　机械抖动。

故障现象　CK6136 车床在 Z 向移动时有明显的机械抖动。

故障分析　该机床在 Z 向移动时,明显感受到机械抖动;在检查系统参数无误后,将 Z 轴电动机卸下,单独转动电动机,电动机运行平稳。用扳手转动丝杠,振动手感明显。拆下 Z 轴丝杠防护罩,发现丝杠上有很多小铁屑及脏物,初步判断为丝杠故障引起的机械抖动。拆下滚珠丝杠副,打开丝杠螺母,发现螺母反向器内也有很多小铁屑及脏物,造成钢球运转流动不畅,时有阻滞现象。用汽油认真清洗,清除杂物,重新安装,调整好间隙,故障排除。

6.3　导轨副的结构及维修

6.3.1　导轨副的结构

导轨副是数控机床的重要部件之一,它在很大程度上决定数控机床的刚度、精度和精度保持性。

数控机床导轨必须具有较高的导向精度、高刚度、高耐磨性,这样机床在高速进给时才具备不振动、低速进给不爬行等特性。

目前数控机床使用的导轨主要有 3 种:贴塑滑动导轨、滚动导轨和静压导轨。

1. 贴塑滑动导轨

贴塑滑动导轨结构如图 6-4 所示。如不仔细观察,从表面上看,它与普通滑动导轨没有多少区别。它是在两个金属滑动面之间粘贴了一层特制的复合工程塑料带,这样将导轨的金属与金属的摩擦副改变为金属与塑料的摩擦副,因而改变了数控机床导轨的摩擦特性。

目前,贴塑材料常采用聚四氟乙烯导轨软带和环氧型耐磨导轨涂层两类。

1)聚四氟乙烯导轨软带的特点

(1)摩擦性能好:金属对聚四氟乙烯导轨软带的动、静摩擦系数基本不变。

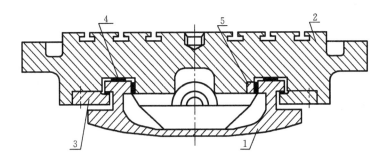

图 6-4 工作台和滑座剖面图

1—床身;2—工作台;3—下压板;4—导轨软带;5—贴有导轨软带的镶条

（2）耐磨特性好：聚四氟乙烯导轨软带材料中含有青铜、二硫化铜和石墨，因此其本身就具有润滑作用，故对润滑的要求不高。此外，塑料质地较软，即使嵌入金属碎屑、灰尘等，也不致损伤金属导轨面和软带本身，可延长导轨副的使用寿命。

（3）减振性好：塑料的阻尼性能好，其减振效果、消声的性能较好，有利于提高运动速度。

（4）工艺性能好：可以降低对粘贴塑料的金属基体的硬度和表面质量要求，而且塑料易于加工，使得导轨副接触面易获得优良的表面质量。

2）环氧型耐磨导轨涂层

环氧型耐磨导轨涂层是以环氧树脂和二硫化钼为基体，加入增塑剂，混合成液状或膏状为一组份和固化剂为另一组份的双组分塑料涂层。德国生产的 SKIC3 和我国生产的 HNT 环氧型耐磨涂层都具有以下特点。

（1）良好的加工性：可经车、铣、刨、钻、磨削和刮削。

（2）良好的摩擦性。

（3）耐磨性好。

（4）使用工艺简单。

2．滚动导轨

滚动导轨作为滚动摩擦副的一类，具有以下特点。

（1）摩擦系数小（0.003～0.005），运动灵活。

（2）动、静摩擦系数基本相同，因而启动阻力小，而且不易产生爬行。

（3）可以预紧，刚度高；寿命长，精度高，润滑方便。

滚动导轨有多种形式，目前数控机床常用的滚动导轨为直线滚动导轨，其结构如图 6-5 所示。它主要由导轨体、滑块、滚柱或滚珠、保持器、端盖等组成。当滑

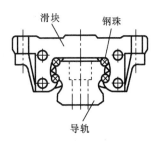

图 6-5 直线滚动导轨结构

块与导轨体相对移动时,滚动体在导轨体和滑块之间的圆弧直槽内滚动,并通过端盖内的滚道,从工作负荷区滚到非工作负荷区,然后再滚动回工作负荷区,不断循环,从而把导轨体和滑块之间的移动变成滚动体的滚动。为防止灰尘和脏物进入导轨滚道,滑块两端及下部均装有塑料密封垫,滑块上还有润滑油杯。

3. 液体静压导轨

液体静压导轨是将具有一定压力的油液经节流器输送到导轨面的油腔,形成承载油膜,将相互接触的金属表面隔开,实现液体摩擦。这种导轨的摩擦系数小(约 0.0005),机械效率高;由于导轨面间有一层油膜,吸振性好;导轨面不相互接触,不会磨损,寿命长,而且在低速下运行也不易产生爬行。但是静压导轨结构复杂,制造成本较高,一般用于大型或重型数控机床。

6.3.2 导轨副的维护

1. 间隙调整

导轨副维护很重要的一项工作是保证导轨面之间具有合理的间隙。间隙过小,则摩擦阻力大,导轨磨损加剧;间隙过大,则运动失去准确性和平稳性,失去导向精度。下面介绍几种间隙的调整方法。

(1)压板调整间隙。图 6-6 所示为矩形导轨上常用的几种压板装置。压板用螺钉固定在动导轨上,常用钳工配合刮研及选用调整垫片、平镶条等机构,使导轨面与支承面之间的间隙均匀,达到规定的接触点数。对图 6-6(a)所示的压板结构,如间隙过大,应修磨和刮研 B 面;间隙过小或压板与导轨压得太紧,则可刮研或修磨 A 面;图 6-6(b)所示的是采用镶条式调整间隙;图 6-6(c)所示的是采用垫片式调整间隙。

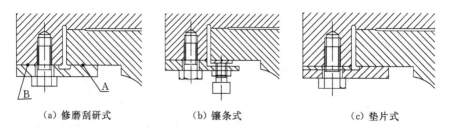

(a) 修磨刮研式　　　　　　(b) 镶条式　　　　　　(c) 垫片式

图 6-6　压板调整间隙

(2)镶条调整间隙。图 6-7(a)所示为一种全长厚度相等、横截面为平行四边形(用于燕尾形导轨)或矩形的平镶条,通过侧面的螺钉调节和螺母锁紧,以其横向位移调整间隙。由于收紧力不均匀,故在螺钉的着力点有挠曲。图 6-7(b)所示为一种全长厚度变化的斜镶条及三种用于斜镶条的调节螺钉,以其斜镶条的纵向位移来调整间隙。斜镶条在全长上支承,其斜度为1∶40或1∶100,由于锲形的增压作用会产生过大的横向压力,因此调整时应细心。

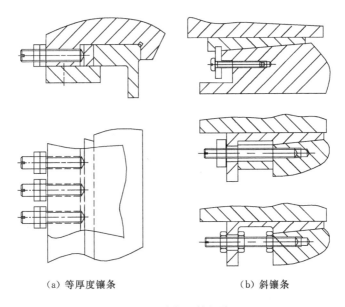

（a）等厚度镶条　　　　　　　　（b）斜镶条

图 6-7　镶条调整间隙

(3) 压板镶条调整间隙。如图 6-8 所示,T 形压板用螺钉固定在运动部件上,运动部件内侧和 T 形压板之间放置斜镶条;镶条不是在纵向有斜度,而是在高度方面做成倾斜。调整时,借助压板上几个推拉螺钉,使镶条上、下移动,从而调整间隙。三角形导轨的上滑动面能自动补偿,下滑动面的间隙调整的方法和矩形导轨的下压板底面间隙调整的方法相同;圆形导轨的间隙不能调整。

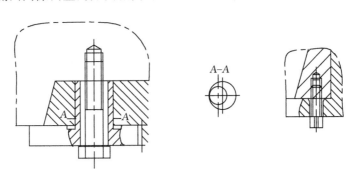

图 6-8　压板镶条调整间隙

2. 滚动导轨的预紧

为了提高滚动导轨的刚度,对滚动导轨应进行预紧。预紧可提高接触刚度和消除间隙;在立式滚动导轨上,预紧可防止滚动体脱落和歪斜。常见的预紧方法有两种。

(1) 采用过盈配合。预加载荷大于外载荷,预紧力产生过盈量为 $2\sim3\ \mu m$,过大会使牵引力增加。若运动部件较重,其重力可起预加载荷作用;若刚度满足要求,可不施加预紧载荷。客户在订货时提出预紧载荷的大小要求,由导轨制造厂商解决。

(2) 调整法。利于螺钉、斜块或偏心轮调整来进行预紧。

3. 导轨的润滑

导轨面上进行润滑后,可降低摩擦系数,减少磨损,并且可防止导轨面锈蚀。导轨常用的润滑剂有润滑油和润滑脂,前者用于滑动导轨,而滚动导轨两者都用。

(1) 润滑方法。导轨最简单的润滑方式是人工定期加油或用油杯供油,这种方法简单、成本低,但不可靠,一般用于调节辅助导轨及运动速度低、工作不频繁的滚动导轨。对运动速度较高的导轨大都采用润滑泵以压力强制润滑。这样不但可连续或间歇供油给导轨进行润滑,而且可利用油的流动冲洗和冷却导轨表面。为实现强制润滑,必须有专门的供油系统。

(2) 对润滑油的要求。在工作温度变化时,润滑油黏度变化要小,要有良好的润滑性能和足够的油膜刚度,油中杂质尽量少且不侵蚀机件。常用的全损耗系统用油有 L-AN10、L-AN15、L-AN32、L-AN42、L-AN67,精密机床导轨油 L-TSA32、L-TSA46 等。

4. 导轨的防护

为了防止切屑、磨粒或冷却液散落在导轨面上而引起磨损、擦伤和锈蚀,导轨面上应有可靠的防护装置。常用的刮板式、卷帘式和叠层式防护罩大多用于长导轨上。在机床使用过程中应防止损坏防护罩,对叠层式防护罩应经常用刷子蘸机油清理移动接缝,以避免碰壳现象的产生。

6.3.3 导轨副的常见故障及排除

影响机床正常运行和加工质量的主要环节是:导轨副间隙;滚动导轨副的预紧力;导轨的直线度和平行度以及导轨的润滑、防护装置。导轨副的常见故障及排除见表 6-3。

表 6-3　导轨副的常见故障及排除

序号	故障现象	故障原因	排除方法
1	导轨研伤	机床经长时间使用,地基与床身水平度有变化,使得导轨局部单位面积负荷过大	定期进行床身导轨的水平调整,或者修复导轨精度
		长期加工短工件或承受过分集中的负荷,使得导轨局部磨损严重	注意合理分布短工件的安装位置,避免负荷过分集中
		导轨润滑不良	调整导轨润滑油量,保证润滑油压力
		导轨材质不佳	采用电加热自冷淬火对导轨进行处理,导轨上增加锌铝铜合金板,以改善摩擦情况
		刮研质量不符合要求	提高刮研修复的质量
		机床维护不良,导轨里面落入脏物	加强机床保养,保护好机床防护装置
2	导轨上移动部件运动不良或不能移动	导轨面研伤	用 170# 砂布修磨导轨面上的研伤部分
		导轨压板研伤	卸下压板,调整压板与导轨间隙
		导轨镶条与导轨间隙太小,调的太紧	松开镶条防松螺钉,调整镶条螺栓,使得运动部件运动灵活,但保证 0.03 mm 的塞尺不得塞入,然后锁紧防松螺钉
3	加工面在接刀处不平	导轨直线度超差	调整或刮研导轨允差 0.015/500
		工作台镶条松动或镶条弯度太大	调整镶条间隙,镶条弯度在自然状态下小于 0.05 mm/全长
		机床水平度差,使得导轨发生弯曲	调整机床安装水平度,保证平行度、垂直度在 0.02/1000

6.3.4　导轨副维修实例

例 6-7　车床 X 轴反向间隙过大。

故障现象　CK6140 数控机床加工圆弧过程中 X 轴出现加工误差过大。

故障分析　在自动加工过程中,从直线到圆弧时接刀处出现明显的加工痕迹。

用千分表分别对车床的 Z、X 轴的反向间隙进行检测,发现 Z 轴为 0.008 mm,而 X 轴有 0.08 mm。可以确定该现象是由 X 轴间隙过大引起的。分别对电动机连接的同步带、带轮等检查无误后,将 X 轴分别移动至正、负极限处,将千分表压在 X 轴侧面,用手左右推拉 X 轴中拖板,发现有 0.06 mm 的移动值。可以判断是 X 轴导轨镶条引起的间隙。松开镶条止退螺钉,调整镶条调整螺母,移动 X 轴,X 轴移动灵活,间隙测试值还有 0.01 mm;锁紧止退螺钉,在系统参数里将"反向间隙补偿"值设为相当于 0.01 mm 的值,重新启动系统运行程序,上述故障现象消失。

例 6-8 跟踪误差过大报警。

故障现象 CJK6136 数控机床运动过程中 Z 轴出现跟踪误差过大报警。

故障分析 该机床采用半闭环控制系统,在 Z 轴移动时产生跟踪误差报警,在参数检查无误后,对电动机与丝杠的连接等部位进行检查,结果正常。将系统的显示方式设为负载电流显示,在空载时发现电流为额定电流的 40% 左右,在快速移动时就出现跟踪误差过大报警。用手触摸 Z 轴电动机,明显感受到电动机发热。检查 Z 轴导轨上的压板,发现压板与导轨间隙不到 0.01 mm。可以判断是由于压板压得太紧而导致摩擦力太大,使得 Z 轴移动受阻,导致电动机电流过大而发热,快速移动时产生丢步而造成跟踪误差过大报警。松开压板,使得压板与导轨间的间隙在 0.02～0.04 mm 之间,锁紧紧定螺母,重新运行,机床故障排除。

6.4 刀库及换刀装置的故障诊断与维修

6.4.1 自动换刀装置的形式

自动换刀装置目前的主要形式有回转刀架及刀库。

1. 回转刀架换刀

数控车床上用得最多的就是电动回转刀架。主要有四工位转位刀架、六工位转位刀架及八工位转位刀架。其主要工作原理是选刀时刀架电动机正转,刀架转位,刀位信号到达后刀架电动机反转,刀架定位压紧。

2. 刀库

刀库是加工中心机床的关键部件之一,在加工中心机床中用来存储和运送刀具的装置,其结构主要有盘式和链式两种。盘式刀库存储容量小(30 把刀以下),链式刀库的存储量较大。

6.4.2 刀架及刀库常见故障及排除

刀架及刀库常见故障及排除见表 6-4。

表 6-4　刀架及刀库的常见故障及排除

序号	故障现象	故障原因	排除方法
1	刀架在某个刀位不停	磁钢磁极装反,磁钢与霍尔元件高度位置不准	调整磁钢磁极方向,调整磁钢与霍尔元件的位置
2	刀库中的刀套不能卡紧刀具	刀套上的调整螺母松动	顺时针旋转刀套两边的调整螺母压紧弹簧,顶紧卡紧销
3	刀具交换时掉刀	换刀时主轴箱没有回到换刀点或换刀点漂移;机械手抓刀时没有到位就开始拔刀	重新操作主轴箱运动,使其回到换刀点位置,重新设定换刀点
4	刀库不能转动	连接电动机轴与蜗杆轴的联轴器松动	紧固联轴器上的螺钉
5	转动不到位	电动机转动故障,传动机构误差	更换电动机,调整传动机构
6	机械手换刀速度过快或过慢	气压太高或太低,换刀气阀节流开口太大或太小	调整气压大小和节流阀开口

6.4.3　刀架及刀库维修实例

例 6-9　车床刀架转不到位。

故障现象　CK6140 数控机床换刀时 3 号刀位转不到位。

故障分析　一般有两种原因,第一种是电动机相位接反,但调整电动机相位线后故障不能排除。第二种是磁钢与霍尔元件高度位置不准。拆开刀架上盖,发现3 号磁钢与霍尔元件高度位置相差距离较大,用尖嘴钳调整 3 号磁钢与霍尔元件高度与其他刀号位基本一致,重新启动系统,故障排除。

例 6-10　自动换刀时刀链运转不到位。

故障现象　TH42160 龙门加工中心自动换刀时刀链运转不到位,刀库就停止运转,机床报警。

故障分析　由故障报警知道刀库伺服电动机过载,检查电气控制系统,没有发现什么异常。可以假设:刀库链内有异物卡住;刀库链上的刀具太重;润滑不良。经过检查排除了上述可能。卸下伺服电动机,发现伺服电动机不能正常运转,更换电动机,故障排除。

6.5　液压系统的故障诊断与维修

液压系统在数控机床中占有很重要的位置,加工中心的刀具自动交换系统

（ATC）、托盘自动交换系统、主轴箱的平衡、主轴箱齿轮的变挡以及回转工作台的夹紧等一般都采用液压系统来实现。

　　机床液压设备是由机械、液压、电气及仪表等组成的统一体,液压系统的故障往往因为液压装置内部的情况难以观察,而不能像有些机械故障那样一目了然,给故障诊断及其维修带来困难,但两者也有其共性。分析系统的故障之前必须弄清楚整个液压系统的传动原理、结构特点,然后根据故障现象进行分析、判断,确定区域、部位、以至于某个元件。液压系统的工作总是由压力、流量、液流方向来实现的,可按照这些特征找出故障的原因并及时给予排除。

6.5.1　液压系统常见故障的特征

　　除机械、电气问题外,一般液压系统常见故障有如下几种。
　　（1）接头连接处泄漏。
　　（2）运动速度不稳定。
　　（3）阀心卡死或运动不灵活,造成执行机构动作失灵。
　　（4）阻尼小孔被堵,造成系统压力不稳定或压力调不上去。
　　（5）长期工作,密封件老化,以及易损元件磨损等,造成系统中内外泄漏量增加,系统效率明显下降。

6.5.2　液压元件常见故障及排除

1. 液压泵故障

　　液压泵主要有齿轮泵、叶片泵等,下面以齿轮泵为例介绍故障及其诊断。
　　在机器运行过程中,齿轮泵常见的故障有:噪声严重及压力波动;输油量不足;泵工作不正常或有咬死现象。上述故障及排除见表 6-5。

表 6-5　液压泵故障及排除

序号	故障现象	故障原因	排除方法
1	噪声严重及压力波动	过滤器被阻塞	用干净的清洗油将过滤器污物去除
		油位不足,吸油位置太高,吸油管露出油面	加油到油标位,降低吸油位置
		泵的主动轴与电动机联轴器不同心,存在扭曲摩擦	调整同心度,误差不超过 0.2 mm
		泵齿轮的啮合精度不够	对研齿轮,达到齿轮啮合精度
		泵轴的油封骨架脱落,泵体不密封	更换合格泵轴油封

序号	故障现象	故 障 原 因	排 除 方 法
2	输油不足	轴向间隙与径向间隙过大	由于运动磨损造成,更换零件
		泵体裂纹与气孔泄漏	更换泵体
		油液黏度太高或油温过高	20#机械油适于10～50 ℃的温度工作,若三班工作,应装冷却装置
		电动机反转	纠正电动机旋转方向
		过滤器有污物,管道不畅通	清除污物,更换油液保持油液清洁
		压力阀失灵	修理或更换压力阀
3	液压泵运转不正常或有咬死现象	轴向间隙或径向间隙过小	更换零件,调整轴向或径向间隙
		滚针轴承转动不灵活	更换滚针轴承
		盖板和轴的同心度不好	更换盖板,使其与轴同心
		压力阀失灵	修理压力阀或更换
		泵与电动机轴间联轴器同心度不够	调整同心度,误差不超过0.2 mm
		泵中有杂质	清除杂质,去除污物

2. 整体多路阀常见故障及排除

整体多路阀常见故障及排除见表6-6。

表6-6 整体多路阀故障及排除

序号	故障现象	故 障 原 因	排 除 方 法
1	工作压力不足	溢流阀调定压力偏低	调整溢流阀压力
		溢流阀的滑阀卡死	拆开清洗,重新组装
		调压弹簧损坏	更换弹簧
		管路压力损失太大	更换管路或在允许压力范围内调整溢流阀压力
2	工作油量不足	系统供油不足	检查油源
		阀内泄漏量大	若由于油温过高,黏度下降引起,则降低油温;若油液选择不当,则更换油液;若滑阀与阀体配合间隙过大,则应更换相应零件
		复位失灵由弹簧损坏引起	更换弹簧
		Y形密封圈损坏	更换Y形密封圈
		油口安装法兰面密封不良	检查相应部位紧固与密封
		各结合面紧固螺钉、调压螺钉背帽松动	紧固相应部件

3. 电磁换向阀常见故障及排除

电磁换向阀常见故障及排除见表 6-7。

表 6-7　电磁换向阀常见故障及排除

序号	故障现象	故 障 原 因	排 除 方 法
1	滑阀动作不灵活	滑阀被拉坏	修整滑阀与阀孔的毛刺及拉坏表面
		阀体变形	调整安装螺钉的压紧力,安装转矩不得大于规定值
		复位弹簧折断	更换弹簧
2	电磁线圈烧损	线圈绝缘不良	更换电磁铁
		电压太低	使用电压应在额定电压的 90% 以上
		工作压力和流量超过规定值	调整工作压力,或采用性能更高的阀
		回油压力过高	检查背压,应在规定值以下,如 16 MPa

4. 液压缸常见故障及排除

液压缸常见故障及排除见表 6-8。

表 6-8　液压缸常见故障及排除

序号	故障现象	故 障 原 因	排 除 方 法
1	外部漏油	活塞杆碰伤拉毛	用极细的砂纸或油石修磨,或更换新件
		防尘密封圈被挤出和反唇	拆开检查,更换密封圈
		活塞和活塞杆上的密封件磨损与损伤	更换新密封件
		液压缸安装定心不良,使活塞杆伸出困难	安装应符合要求
2	活塞杆爬行和蠕动	缸内进入空气或油中有气泡	松开接头,将空气排出
		液压缸的安装位置偏移	安装时应检查,使之与主机运动方向平行
		活塞杆全长或局部弯曲	活塞杆全长校正直线度误差应小于等于 0.03/100 mm 或更换
		缸内锈蚀或拉伤	去除锈蚀和毛刺,严重时更换缸筒

6.5.3　常用液压回路故障维修

例 6-11　供油回路的故障维修。

故障现象　供油回路不输出压力油。

故障分析　图 6-9 所示为一种常见的供油装置回路。液压泵为限压式变量叶片泵,换向阀为三位四通 M 型电磁换向阀。启动液压系统,调节溢流阀,压力表指针不动作,说明无压力;启动电磁阀,使其置于右位或左位,液压缸均不动作。电磁换向阀置于中位时,系统没有液压油回油箱。检测溢流阀和液压缸,其工作性能参数均正常。而液压系统没有压力油输出,显然液压泵没有吸进液压油,其原因可能会有:液压泵的转向不对;吸油滤油器严重堵塞或容量过小;油液的黏度过高或温度过低;吸油管路严重漏气;滤油器没有全部浸入油液的液面以下或油箱液面过低;叶片在转子槽中卡死;液压泵至油箱液面高度大于 500 mm 等。经检查,泵的转向正确,滤油器工作正常,油液的黏度、温度合适,泵运转时无异常噪声,说明没有过量空气进入系统,泵的安装位置也符合要

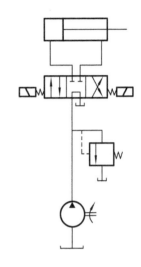

图 6-9　变量泵供油装置回路

求。将液压泵解体,检查泵内各运动副,叶片在转子槽中滑动灵活,但发现可移动的定子环卡死于零位附近。变量叶片泵的输出流量与定子相对转子的偏心距成正比。定子卡死于零位,即偏心距为零,因此泵的输出流量为零。

故障原因查明,相应排除方法就好操作了。排除步骤是:将叶片泵解体,清洗并正确装配,重新调整泵的上支承盖和下支承盖螺钉,使定子、转子和泵体的水平中心线互相重合,使定子在泵体内调整灵活,并无较大的上下窜动,从而避免定子卡死而不能调整的故障出现。

例 6-12　压力控制回路的故障维修。

故障现象　压力控制回路中溢流不正常。

故障分析　溢流阀主阀心卡住,如图 6-10 所示的压力控制回路中,液压泵为定量泵,采用三位四通换向阀,中位机能为 Y 型。所以,液压缸停止工作运行时,系统不卸荷,液压泵输出的压力油全部由溢流阀溢回油箱。系统中的溢流阀通常为先导式溢流阀,这种溢流阀的结构为三级同心式。三处同轴度要求较高,但这种溢流阀用在高压大流量系统中,调压溢流性能较好。将系统中换向阀置于中位,调整溢流阀的压力时发现,当压力值调在 10 MPa 以下时,溢流阀工作正常;而当压

力调整到高于 10 MPa 的任一压力值时,系统会发出像吹笛一样的尖叫声,此时可看到压力表指针剧烈振动,并发现噪声来自溢流阀。其原因是因为在三级同轴高压溢流阀中,主阀心与阀体、阀盖有两处滑动配合,如果阀体和阀盖装配后的内孔同轴度超出规定要求,主阀心就不能灵活地动作,而是贴在内孔的某一侧做不正常运动。当压力调整到一定值时,就必然激起主阀心振动。这种振动不是主阀心在工作运动中出现的常规振动,而是主阀心卡在某一位置(此时因主阀心同时承受着液压卡紧力)而激起的高频振动。这种高频振动必将引起弹簧、特别是调压弹簧的强烈振动,并出现共振噪声。另外,由于高压油不通过正常的溢流口溢流,而是通过被卡住的

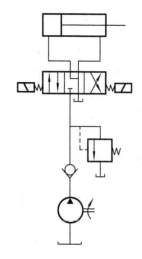

图 6-10　定量泵压力控制回路

溢流口和内泄油道溢回油箱,这股高压油流将发出高频率的流体噪声。而这种振动和噪声是在系统特定的运行条件下激发出来的,这就是为什么在压力低于 10 MPa 时不发出尖叫声的原因。

经过分析之后,排除故障就有方向了。首先可以调整阀盖,因为阀盖与阀体配合处有调整余地;装配时,调整同轴度,使主阀心能灵活运动,无卡紧现象,然后按装配工艺要求,依照一定的顺序用定转矩扳手拧紧,使拧紧力矩基本相同。当阀盖孔有偏心时,应进行修磨,消除偏心。主阀心与阀体配合滑动面若有污物,应清洗干净,目的就是保证主阀心滑动灵活的工作状态,避免产生振动和噪声。另外,主阀心上的阻尼孔,在主阀心振动时有阻尼作用,当工作油液黏度降低,或温度过高时,阻尼作用将相应减小。因此,选用合适黏度的油液和控制系统温升过高也有利于减振降噪。

例 6-13　速度控制回路的故障维修。

故障现象　速度控制回路中速度不稳定。

故障分析　节流阀前后压差小致使速度不稳定,在图 6-11 所示系统中,液压泵为定量泵,属于进口节流调速系统,采用三位四通电动换向阀,中位机能为 O 型。系统回油路上设置单向阀以起背压阀作用。系统的故障是液压缸推动负载运动时,运动速度达不到调定

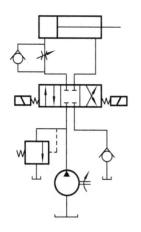

图 6-11　进口节流调速回路示意图

值。经检查,系统中各元件工作正常,油液温度属正常范围。但发现溢流阀的调节压力只比液压缸工作压力高 0.3 MPa,压力差值偏小,即溢流阀的调节压力较低,再加上回路中,油液通过换向阀的压力损失为0.2 MPa,这样造成节流阀前后压差值低于 0.2～0.3 MPa,致使通过节流阀的流量达不到设计要求的数值,于是液压缸的运动速度就不可能达到调定值。

提高溢流阀的调节压力,使节流阀的前后压差达到合理压力值后,故障消除。

例 6-14 方向控制回路的故障维修。

故障现象 方向控制回路中滑阀没有完全回位。

故障分析 在方向控制回路中,换向阀的滑阀因回位阻力增大而没有完全回位是最常见的故障,将造成液压缸回程速度变慢。排除故障首先应更换合格的弹簧;如果是由于滑阀精度差,而使径向卡紧,应对滑阀进行修磨或重新配制。一般阀心的圆度和锥度允差为 0.003～0.005 mm,最好使阀心有微量的锥度,并使它的大端在低压腔一边,这样可以自动减小偏心量,从而减小摩擦力,减小或避免径向卡紧力。引起卡紧的原因还可能有:脏物进入滑阀缝隙中而使阀心移动困难;间隙配合过小,以致当油温升高时阀心膨胀而卡死;电磁铁推杆的密封圈处阻力过大,以及安装紧固电动阀时使阀孔变形等。找到卡紧的原因,就好排除故障了。

例 6-15 阀换向滞后引起的故障维修。

故障现象 在图 6-12(a)所示系统中,液压泵为定量泵,三位四通换向阀中位机能为 Y 型。系统为进口节流调速。液压缸快进、快退时,二位二通阀接通。系统故障是液压缸在开始完成快退动作时,首先出现向工件方向前冲,然后再完成快退动作。此种现象影响加工精度,严重时还可能损坏工件和刀具。

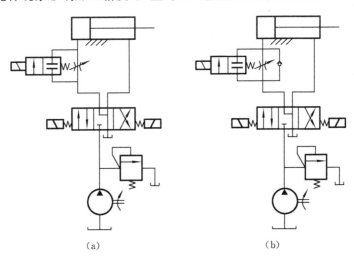

（a）　　　　　　　　　　（b）

图 6-12　液压系统原理图

故障分析 从系统中可以看出:在执行快退动作时,三位四通电动换向阀和二位二通换向阀必须同时换向。由于三位四通换向阀换向时间的滞后,即在二位二通换向阀接通的一瞬间,有部分压力油进入液压缸工作腔,使液压缸出现前冲。当三位四通换向阀换向终了时,压力油才全部进入液压缸的有杆腔,无杆腔的油液才经二位二通阀回油箱。

改进后的系统如图 6-12(b)所示。在二位二通换向阀和节流阀上并联一个单向阀,液压缸快退时,无杆腔油液经单向阀回油箱,二位二通阀仍处于关闭状态,这样就避免了液压缸前冲的故障。

6.6 气动系统的故障诊断与维修

气动系统工作原理与液压系统工作原理类似。由于气动装置的气源容易获得,且结构简单,工作介质不污染环境,工作速度快,动作频率高,因此在数控机床上也得到广泛应用,通常用来完成频繁启动的辅助工作。如机床防护门的自动开关,主轴锥孔的吹气,自动吹屑,清理定位基准面等。

6.6.1 气动系统维护与检查

1. 气动系统维护的要点

(1) 保证供给洁净的压缩空气。

压缩空气中通常都含有水分、油分和粉尘等杂质。水分会使管道、阀和气缸腐蚀;油分会使橡胶、塑料和密封材料变质;粉尘造成阀体动作失灵。选用合适的过滤器,可以清除压缩空气中的杂质,使用过滤器时应及时排除积存的液体,否则当积存液体接近挡水板时,气流仍可将积存物卷起。

(2) 保证空气中含有适量的润滑油。

大多数气动执行元件和控制元件都要求适度的润滑。如果润滑不良将会发生以下故障:

① 由于摩擦阻力增大而造成气缸推力不足,阀心动作失灵;

② 由于密封材料的磨损而造成空气泄漏;

③ 由于生锈造成元件的损伤及动作失灵。

润滑的方法一般采用油雾器进行喷雾润滑,油雾器一般安装在过滤器和减压阀之后。油雾器的供油量一般不宜过多,通常每 10 m^3 的自由空气供 1 ml 的油量(即 $40\sim50$ 滴油)。检查润滑是否良好的一个方法是:找一张清洁的白纸放在换向阀的排气口附近,如果阀在工作三至四个循环后,白纸上只有很轻的斑点时,则表明润滑是良好的。

(3) 保持气动系统的密封性。

漏气不仅增加了能量的消耗,也会导致供气压力的下降,甚至造成气动元件工作失常。严重的漏气在气动系统停止运行时,由漏气引起的响声很容易发现;轻微的漏气则利用仪表,或用涂抹肥皂水的办法进行检查。

(4) 保证气动元件中运动零件的灵敏性。

从空气压缩机排出的压缩空气,包含有粒度为 $0.01\sim0.08~\mu m$ 的压缩机油微粒,在排气温度为 $120\sim220~℃$ 的高温下,这些油粒会迅速氧化,氧化后油粒颜色变深,黏性增大,并逐步由液态固化成油泥。这种微米级以下的颗粒,一般过滤器无法滤除。当它们进入到换向阀后便附着在阀心上,使阀的灵敏度逐步降低,甚至出现动作失灵。为了清除油泥,保证灵敏度,可在气动系统的过滤器之后,安装油雾分离器,将油泥分离出来。此外,定期清洗阀也可以保证阀的灵敏度。

(5) 保证气动装置具有合适的工作压力和运动速度。

调节工作压力时,压力表应当工作可靠,读数准确。减压阀与节流阀调节好后,必须紧固调压阀盖或锁紧螺母,防止松动。

2. 气动系统的点检与定检

(1) 管路系统点检。

主要内容是对冷凝水和润滑油的管理。冷凝水的排放,一般应当在气动装置运行之前进行。但是当夜间温度低于 0 ℃时,为防止冷凝水冻结,气动装置运行结束后,应开启放水阀门排放冷凝水。补水润滑油时,要检查油雾器中油的质量和滴油量是否符合要求。此外,点检还应包括检查供气压力是否正常,有无漏气现象等。

(2) 气动元件的定检。

主要内容是彻底处理系统的漏气现象。例如更换密封元件,处理管接头或连接螺钉松动等,定期检验测量仪表、安全阀和压力继电器等。具体可参见表 6-9。

表 6-9　气动元件的定检

元 件 名 称	点 检 内 容
气　缸	① 活塞杆与端面之间是否漏气; ② 活塞杆是否划伤、变形; ③ 管接头、配管是否划伤、损坏; ④ 气缸动作时有无异常声音; ⑤ 缓冲效果是否合乎要求
电磁阀	① 电磁阀外壳温度是否过高; ② 电磁阀动作时,工作是否正常; ③ 气缸行程到末端时,通过检查阀的排气口是否有漏气来确诊电磁阀是否漏气; ④ 紧固螺栓及管接头是否松动; ⑤ 电压是否正常,电线有无损伤; ⑥ 通过检查排气口是否被油润湿,或排气是否会在白纸上留下油雾斑点来判断润滑是否正常

元 件 名 称	点 检 内 容
油雾器	① 油杯内油量是否足够,润滑油是否变色、混浊,油杯底部是否沉积有灰尘和水; ② 滴油量是否合适
调压阀	① 压力表读数是否在规定范围内; ② 调压阀盖或锁紧螺母是否锁紧; ③ 有无漏气
过滤器	① 储水杯中是否积存冷凝水; ② 滤芯是否应该清洗或更换; ③ 冷凝水排放阀动作是否可靠
安全阀及压力继电器	① 在调定压力下动作是否可靠; ② 校验合格后,是否有铅封或锁紧; ③ 电线是否损伤,绝缘是否可靠

6.6.2 气动系统故障维修

例 6-16 刀柄和主轴的故障维修。

故障现象 TH5840 立式加工中心换刀时,向主轴锥孔吹气,把含有铁锈的水滴吹出,并附着在主轴锥孔和刀柄上致使刀柄和主轴接触不良。

故障分析 TH5840 立式加工中心气动控制原理图如图 6-13 所示。故障产生的原因是压缩空气中含有水分。如采用空气干燥机,使用干燥后的压缩空气问题即可解决。若受条件限制没有空气干燥机,也可在主轴锥孔吹气的管路上进行两次水分过滤,设置自动放水装置,并对气路中相关零件进行防锈处理,故障即可排除。

例 6-17 松刀动作缓慢的故障维修。

故障现象 TH5840 立式加工中心换刀时,主轴松刀动作缓慢。

故意分析 根据图 6-13 所示的气动控制原理图进行分析,主轴松刀动作缓慢的原因有:气动系统压力太低或流量不足;机床主轴拉刀系统有故障,如碟型弹簧破损等;主轴松刀气缸有故障。根据分析,首先检查气动系统的压力,压力表显示气压为 0.6 MPa,压力正常;将机床操作转为手动,手动控制主轴松刀,发现系统压力下降明显,气缸的活塞杆缓慢伸出,故判定气缸内部漏气。拆下气缸,打开端盖,压出活塞和活塞环,发现密封环破损,气缸内壁拉毛。更换新的气缸后,故障排除。

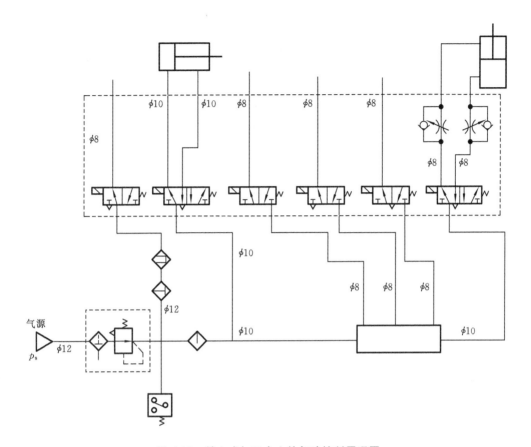

图 6-13 某立式加工中心的气动控制原理图

例 6-18 变速无法实现的故障维修。

故障现象 TH5840 立式加工中心换挡变速时,变速气缸不动作,无法变速。

故障分析 根据图 6-13 所示的气动控制原理图进行分析,变速气缸不动作的原因有:①气动系统压力太低或流量不足;②气动换向阀未得电或换向阀有故障;③变速气缸有故障。根据分析,首先检查气动系统的压力,压力表显示气压为 0.6 MPa,压力正常;检查换向阀电磁铁已带电,用手动换向阀,变速气缸动作,故判定气动换向阀有故障。拆下气动换向阀,检查发现有污物卡住阀心。进行清洗后,重新装好,故障排除。

习题与思考题

1. 试与普通机床比较数控机床机械结构的特点,举一例说明。
2. 数控机床主传动系统常采用的配置方式有哪些?

3. 数控机床运行中主轴发热的可能原因是什么？如何排除？

4. 数控机床运行中主轴噪声的可能原因是什么？如何排除？

5. 滚珠丝杠副常见的故障有哪些？如何排除？

6. 数控机床滑动导轨副的间隙过大或过小可能引起的故障是什么？

7. 数控机床液压系统常见故障的特征是什么？

8. 数控机床液压元件常见故障及排除方法是什么？

9. 数控机床气动系统维护的要点是什么？

第7章 数控机床电磁干扰故障诊断与维修

对数控机床而言,数控系统的稳定性、可靠性是保证其稳定、可靠运行的重要条件。数控系统一般在电磁环境较恶劣的工业现场使用,为了保证系统的正常工作,系统在设计时对电磁骚扰应有足够的抗干扰度要求。

1. 电磁干扰三要素

电磁兼容的主要内容是围绕造成干扰的三要素进行的,即电磁骚扰源、传输途径和敏感设备。

(1) 电磁骚扰源。

电磁干扰和电磁骚扰经常被人们混同起来,实际上电磁干扰和电磁骚扰是两个不同的概念,电磁干扰是指由电磁骚扰引起的设备、传输通道或系统性能的下降,而电磁骚扰是一种客观存在,只有在影响敏感设备正常工作时才构成电磁干扰。

电磁骚扰源有多种,有的来自自然界,有的是人为造成的。来自自然界的电磁骚扰源主要有由雷电产生的大气噪声、宇宙射电噪声和太阳辐射等等。人为造成的电磁骚扰源又分为有意的和无意的两种:所谓有意的,是指那些必须发射电磁波的电子设备等等;所谓无意的,包括计算机设备、电气传动设备、电力电子器件组成的变流装置等等。

(2) 传输途径。

电磁骚扰可能以电流的形式沿电源线和电缆传播,或是以辐射波的形式通过空间传播。传导发射可以由差模电流产生,也可以由共模电流产生,或者二者兼而有之。差模电流发射源包括同一电源上的其他用电设备,比如计算机设备、电器、电机等等。耦合到电源线上的所有辐射源,可以通过杂散电容和电磁感应耦合到设备机架或外壳上产生共模电流。

辐射是由高阻抗的电场源(比如单极子)或者低阻抗磁场源(比如变压器)造成的。空间场的强弱取决于与源之间的距离、频率和源的性质。

(3) 敏感设备。

电磁骚扰可以通过传导、辐射等各种途径传输到设备,但能否对设备产生干扰,影响设备的正常工作,取决于电磁骚扰的强度和设备的抗干扰能力,即设备的电磁敏感性。而设备的抗干扰能力通常由设备内部所含的最敏感电路或元件的抗干扰能力所决定,各类设备结构不同、电路不同、元件不同,所以抗干扰能力也不同。通常容易受电磁干扰影响的敏感设备有计算机设备等等。

2. 数控系统电磁兼容性要求

数控系统一般在电磁环境较恶劣的工业现场使用,为了保证系统在此环境中能够正常工作,系统必须达到 JB/T 8832—2001"机床数控系统通用技术条件"中的电磁兼容性要求。

(1) 电压暂降和短时中断抗扰度。

数控系统运行时,交流输入电源在任意时间内电压幅值降为额定值的 70%,持续 500 ms,相继降落间隔时间为 10 s;交流输入电源在任意时间内电压短时中断 3 ms,相继中断间隔时间为 10 s,电压暂降和短时中断各进行 3 次,数控系统应能正常工作。

(2) 浪涌(冲击)抗扰度。

数控系统运行时,分别在交流输入电源相线之间叠加峰值为 1 kV 的浪涌(冲击)电压,在交流输入电源相线与保护接地端(PE)间叠加峰值为 2 kV 的浪涌(冲击)电压。浪涌(冲击)重复率为 1 次/min,极性为正、负极。试验时正、负各进行 5 次,数控系统应能正常工作。

(3) 电快速瞬变脉冲群抗扰度。

①数控系统运行时,分别在交流供电电源端和保护接地端之间,加入峰值 2 kV、重复频率 5 kHz 的脉冲群,时间 1 min。试验时,数控系统应能正常工作。

②数控系统运行时,在 I/O 信号、数据和控制端口电缆上用耦合夹加入峰值 1kV、重复频率 5kHz 的脉冲群,时间 1 min。试验时,数控系统应能正常工作。

(4) 静电放电抗扰度。

数控系统运行时,对操作人员经常触及的所有部位和保护接地端之间进行静电放电试验,接触放电电压 6 kV,空气放电电压 8 kV,试验中数控系统应能正常运行。

3. 机床数控系统抗干扰措施

从机床数控系统组成来看,如图 7-1 所示,系统中既包含高电压、大电流的强电设备,如各种交、直流伺服驱动器,步进电动机驱动器,各种交、直流伺服电动机,步进电动机等;又包含低电压、小电流的控制与信号处理设备和传感器,即弱电设备,如工控机等。强电设备产生的强烈电磁骚扰对弱电设备的正常工作构成极大的威胁。此外,系统所在的生产现场的电磁环境较恶劣,系统外各种动力负载的骚扰、供电系统的骚扰、大气中的骚扰等都会对系统内的弱电设备产生严重影响。由于弱电设备是控制强电设备的,所以一旦弱电设备受到干扰,最终将导致整个系统的瘫痪。

针对电磁干扰的三个要素,通过抑制电磁骚扰的发射,切断电磁骚扰的传输途

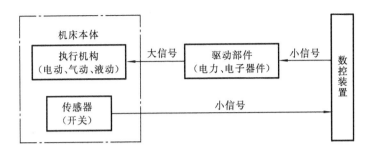

图 7-1 机床数控系统组成

径,提高敏感设备的抗干扰能力是数控系统达到电磁兼容性要求的主要手段,最常采用的是屏蔽、滤波、接地三大技术。屏蔽用于切断空间的辐射发射途径,滤波用于切断通过导线的传导发射途径,接地的好坏则直接影响到设备内部和外部的电磁兼容性。

7.1 接 地 技 术

接地的含义是提供一个等电位点或电位面。为了防止共地线阻抗干扰,在每个设备中可能有多种接地线,但概括起来可以分为三类,即保护地线(安全接地)、工作地线(工作接地)、屏蔽地线(屏蔽接地)。

7.1.1 安全接地

为了保护人身和设备的安全,免遭雷击、漏电、静电等危害,设备的机壳、底盘所接地线称保护地线,应与真正大地连接。保护地线的基本要求参见标准GB5226.1—2002有关章节的内容。

安全接地应用要点如下。

(1) 电气设备都应设计专门的保护导线接线端子(保护接地端子),并且采用符号"⏚"标记,也可用黄绿双色标记。不允许用螺丝在外壳、底盘等部位代替保护接地端子。

② 在电气控制柜内部不允许中线与地线连接,也不允许共用一个端子 PEN(PE 与 N 短接的端子称 PEN 端子)。

③ 保护接地端子与电气设备的机壳、底盘等应实现良好的搭接,设备的机壳(机箱)、底盘等应保持电气上连续,保护接地电路的连续性应符合标准GB5226.1—2002 的要求。

④ 数控系统控制柜内应安装有接地排(可采用厚度≥3 mm 铜板),接地排接入大地,接地电阻应小于 4 Ω。

⑤ 系统内各电气设备的保护接地端子应用尽量粗和短的黄绿双色线连接到接地排上,如图 7-2 所示。

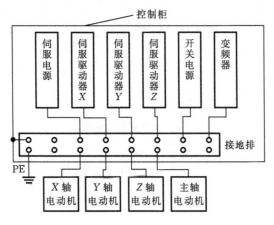

图 7-2　保护接地

⑥ 保护接地线不要构成环路,保护接地方法如图 7-3 所示。

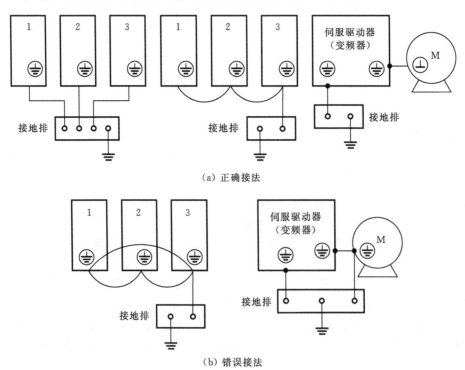

（a）正确接法

（b）错误接法

图 7-3　保护接地方法

⑦ 设备金属外壳(或机箱)良好接地(大地),是抑制静电放电干扰的最主要措施。一旦发生静电放电,放电电流可以由机箱外层流入大地,不会影响内部电路。

⑧ 设备外壳接地,可起到屏蔽作用,减少与其他设备的相互电磁干扰。

7.1.2 工作接地

为了保证设备的正常工作,直流电源常需要有一极接地作为参考零电位,其他极与之比较,例如±15 V、±5 V、±24 V等。信号传输也常需要有一根线接地作为基准电位,传输信号的大小与该基准电位相比较,这类地线称做工作地线。在系统中一定要注意工作地线的正确接法,否则非但起不到作用反而可能产生干扰,如共地线阻抗干扰、地环路干扰、共模电流辐射等等。工作接地方式有浮地、单点接地和多点接地。

工作接地应用要点如下。

(1) 设备地线不能布置成封闭的环状,一定要留有开口。因为封闭环在外界电磁场影响下会产生感应电动势,从而产生电流,电流在地线阻抗上有电压降,容易导致共阻抗干扰。

(2) 采用光电耦合、隔离变压器、继电器、共模扼流圈等隔离措施,切断设备或电路间的地环路,抑制地环路引起的共阻抗耦合干扰。

(3) 设备内的各种电路,如模拟电路、数字电路、功率电路、噪声电路等都应设置各自独立的地线(分地),最后汇总到一个总的接地点。

(4) 低频电路($f<1$ MHz)一般采用树叉型放射式的单点接地方式,地线的长度不应该超过地线中高频电流波长($\lambda=c/f$)的1/20,即$l<\lambda/20$。较长的地线应尽量减小其阻抗,特别是减小电感,例如增加地线的宽度,采用矩形截面导体代替圆导体作地线等。

(5) 高频电路($f>1$ MHz)一般采用平面式多点接地方式,或采用混合接地方式,如工控机电路底板的工作地线与机箱采用多点接地方式。

(6) 工作地线浮置方式(工作地线与金属机箱绝缘)仅适用小规模设备(这时电路对机壳的分布电容较小)和工作速度较低的电路(频率较低),而对于规模较大、电路较复杂、工作速度较高的控制设备不应采用这种方式。

(7) 在机柜内同时装有多个电气设备(或电路单元)的情况下,工作地线、保护地线和屏蔽地线一般都接至机柜的中心接地点(接地排),然后接大地。这种接法可使柜体、设备、机箱、屏蔽和工作地都保持在同一电位上。

7.1.3 屏蔽接地

为了抑制噪声,电缆、变压器等的屏蔽层需接地,相应的地线称为屏蔽地线。

在低阻抗网络中,利用低电阻导体可以降低干扰作用,故低阻抗网络常用做电气设备内部高频信号的基准电平(如机壳或接地板),这种端接点应标明符号"⌇⌇⌇"。公共基准电位的连接应使用单独点尽可能靠近 PE 端子直接接地,或连接它自己的外部(无噪声)大地导体端子。设备中的"⌇⌇⌇"端子一般作为屏蔽地。

采用屏蔽电缆时应用要点如下。

(1) 对于低频电路($f<1$ MHz),电路通常是单端接地,屏蔽电缆的屏蔽层也应单端接地;单端接地对电场起到主动屏蔽的作用,也能起到被动屏蔽作用,但对磁场没有屏蔽作用。

(2) 当电缆的长度 $l<0.15\lambda$ 时,则要求单点接地。无论是单芯或是多芯屏蔽电缆,在电源和负载电路中,一端为接地点,另一端与地绝缘,其中接地点就是屏蔽层的接地。一般均在输出端接地,不存在接地环路,屏蔽效果好,这是电缆层屏蔽最佳接地形式。也可在输入端接地,如图 7-4、图 7-5 所示。

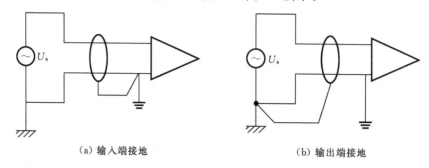

(a) 输入端接地   (b) 输出端接地

图 7-4 低频电路的屏蔽层接地方法

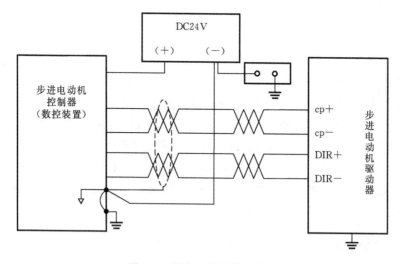

图 7-5 屏蔽层单端接地示例

（3）对于高频电路（$f > 1$ MHz），电路通常是双端接地，屏蔽电缆的屏蔽层也应双端接地；双端接地能对电场产生屏蔽，对高频磁场也能产生屏蔽作用。屏蔽的电力电缆的屏蔽层应在电缆两端接地，如图7-6、图7-7所示。

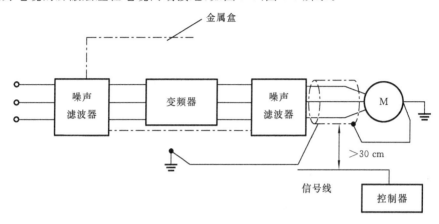

图 7-6　变频器电动机电缆屏蔽层双端接地

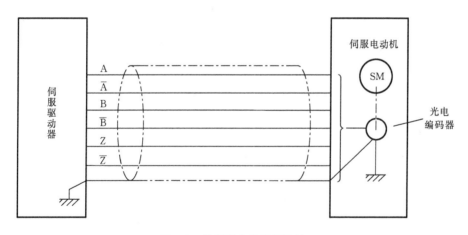

图 7-7　编码器电缆双端接地

（4）当电缆的长度 $l > 0.15\lambda$ 时，则采用多点接地。一般屏蔽层按 0.05λ 或 0.1λ 的间隔接地，至少应该在屏蔽层两端接地，以降低地线阻抗，减少地电位引起的干扰电压。

（5）数控系统中数控装置与伺服驱动器、变频器间的信号传输线一般推荐采用屏蔽双绞线，且屏蔽层采用双端接地方式。

（6）当输入信号电缆的屏蔽层不能在机壳内接地，只能在机壳的入口处接地时，屏蔽层上的外加干扰信号直接在机壳入口处入地，避免屏蔽层上的外加干扰信号带入设备内部的信号电路上。

（7）对于高输入或高输出阻抗电路,尤其是在高静电环境中,可能需要使用双层屏蔽的电缆,这时内屏蔽层可以在信号源端接地,外屏蔽层则在负载端接地。

（8）在实现屏蔽层接地时应尽量避免产生所谓"猪尾巴"效应（即屏蔽层接头处未整理,呈毛团状）,多芯电缆屏蔽层一般用电缆金属夹钳接地。

7.2 电网干扰抑制

良好的电网环境是保证设备安全可靠工作的关键环节之一。为了减少电网干扰,常采用以下四种电网干扰抑制法。

7.2.1 采用电源滤波器

电源滤波器的作用是双向的,它不仅可以阻止电网中的噪声进入设备,也可以抑制设备产生的噪声污染电网。

电源滤波器应用要点如下。

（1）滤波器一般安装在机柜底部交流电线入口处,不能让输入交流电源线在机柜内绕行很长距离后再接滤波器,以免该线在机柜内产生辐射噪声。

（2）如果电源进线必须经过熔断器和电源开关等器件后才能接到滤波器上,则这段线路应施加屏蔽措施。

（3）滤波器金属机壳最好直接安装在金属机柜上,而且应与机柜的接地端子靠得越近越好。

（4）滤波器的输入/输出线要分开布置,不能平行走线,更不应该捆扎在一起,否则输入线中的噪声将不经过滤波器直接耦合到输出线上。

（5）滤波器输出线最好采用双绞线,加强抗磁场干扰能力。

（6）如果电源中高电压脉冲噪声比较多,则应选用能在更宽的频率上有较大衰减的电源滤波器,或者与铁氧体磁环线滤波器串联使用,以取得好的滤波效果。

（7）流过滤波器的电流不允许超过滤波器最大额定电流,否则由于电感器的磁芯产生饱合,从而使电感量大大降低,失去抑制作用。

7.2.2 采用吸收型滤波器

吸收型滤波器由有耗器件构成,将在阻带内吸收的噪声能量转化为热损耗,从而起到滤波效果。

由铁、镍、锌氧化物混合而成的铁氧体是一种磁性材料,和穿过其中的导线即成为吸收型低通滤波器,能有效地抑制快速瞬变脉冲串干扰。线噪声滤波器就是由铁氧体构成的。

线噪声滤波器应用要点如下。

（1）电缆或导线应紧贴环内径，不要留太大的空隙，这样导线上电流产生的磁通可基本上都集中在磁环内，从而增加滤波效果。

（2）铁氧体磁环套在交流电源线和直流电源线上用于抑制快速瞬变脉冲串干扰。

（3）应将导线以同样方向和圈数绕在磁环上，绕的圈数越多，滤波效果越好，在强电设备（伺服驱动器、变频器）的输入侧一般为4～5圈。电线太粗时，可以用两个以上的磁环，如图7-9所示，使总圈数达到4～5圈，但输出侧的圈数必须在4圈以下，如图7-8所示。

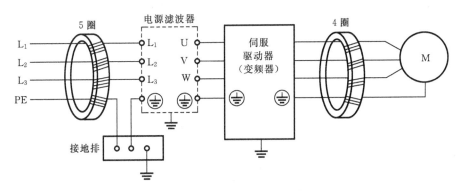

图 7-8　伺服驱动器或变频器滤波电路

（图中电源滤波器只允许用在伺服驱动器（或变频器）的输入侧，而不允许用在输出侧。图中的接地线也可不绕在磁环上，在某些场合，地线不绕在磁环上的滤波效果更佳。）

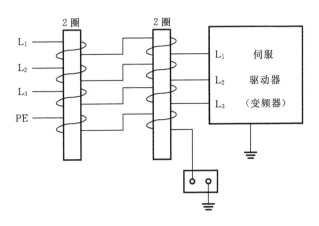

图 7-9　使用两个磁环串联

（4）磁环与电源滤波器串联使用构成 EMC 滤波器,滤波效果更佳。

（5）在用磁环抑制直流电源和信号线共模噪声电流时,最好把正、负电源线对或正、负信号线对都穿过磁环,这样磁环就不易产生饱和,如图 7-10 所示。

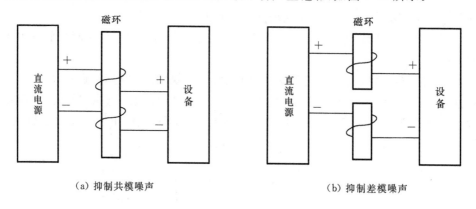

（a）抑制共模噪声 　　　　　　　　　（b）抑制差模噪声

图 7-10　直流电源滤波电路

⑥ 如果使用磁珠或磁环的线路负载阻抗很高,则磁环很可能起不到作用,因为磁环的阻抗在几百兆赫时也只有几百欧。因此磁环比较适用于低阻抗电路。如果能在磁环后再并联电容组成类似 L-C 滤波器,则会大大降低负载阻抗,从而增加滤波效果,如图 7-11 所示。

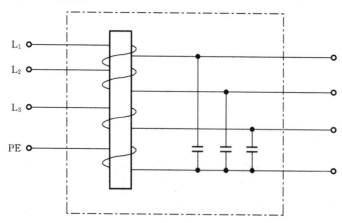

图 7-11　典型交流电源瞬变脉冲干扰抑制电路

7.2.3　采用隔离变压器

隔离变压器是一种用得相当广泛的电源线抗干扰设备,它最基本的作用是实现电路与电路之间的电气隔离,从而解决地线环路电流带来的设备与设备之间的干扰,同时,隔离变压器对于抗共模干扰也有一定作用,对瞬变脉冲串和雷击浪涌干扰能起到很好的抑制作用。

隔离变压器应用要点如下。

（1）一般系统中选用带屏蔽的隔离变压器,特殊场合才选用超级隔离变压器。

（2）屏蔽层必须接地,屏蔽层的连接线必须粗短而直,否则在高频时的共模干扰抑制效果将变差。

（3）隔离变压器初级进线与次级出线要分开布置,不能平行走线,更不能捆在一起,次级出线最好选用双绞线,加强抗磁场干扰能力。

（4）隔离变压器对雷击浪涌高压脉冲具有良好的抑制作用,交流电源变压器加上浪涌抑制器件后就变成防雷变压器,如图 7-12 所示。

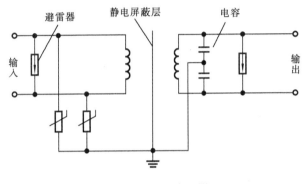

图 7-12　防雷变压器

图 7-12 中避雷器即气体放电管,浪涌吸收器用压敏电阻,变压器带有屏蔽层,次级侧的电容器可进一步抑制浪涌中的残留共模噪声。

⑤ 隔离变压器与磁环等配合使用,可以有效地抑制快速瞬变脉冲串干扰。

对于电网电压较长时间的欠电压、过电压和电压波动,则需要安装交流稳压器给机床数控系统供电,如图 7-13 所示。

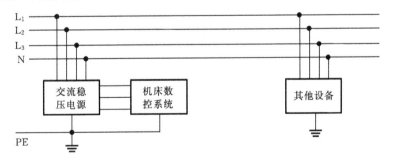

图 7-13　采用交流稳压器供电

7.2.4 感性负载加吸收电路抑制瞬态噪声

系统中的感性负载,如继电器、接触器、电磁阀、电动机等在关断时会产生强烈的脉冲噪声,影响其他电路的正常工作,必须在感性负载处加吸收电路抑制瞬态噪声,其吸收电路的接线法如图 7-14 所示。

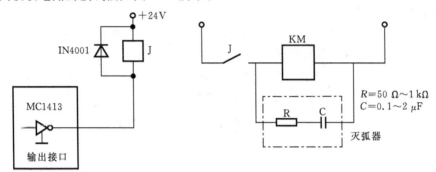

(a) 直流继电器线圈并联二极管　　　(b) 交流继电器、接触器、电磁阀等线圈并联灭弧器

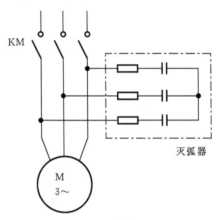

(c) 三相交流异步电动机并联灭弧器

图 7-14　感性负载并联吸收器件

(根据不同要求,感性负载两端也可并联电阻、压敏电阻、稳压管等吸收回路,但 R-C 吸收回路(灭弧器)具有很好的抑制作用,推荐采用灭弧器进行吸收,灭弧器应尽量靠近感性负载进行安装。)

7.3　信号线的干扰抑制

数控系统中,各种信号线最容易受到干扰而引起设备工作不正常。信号传输线常采用绝缘隔离、阻抗匹配、平衡传输、屏蔽与接地、合理布线等措施来抑制干扰,而信号线采取滤波是抗干扰的另一重要措施。

7.3.1 模拟信号线干扰抑制

（1）模拟信号传输线特别容易受外部干扰影响，所以配线应尽可能短，并应使用屏蔽线，如图 7-15 所示。

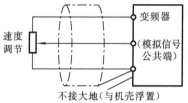

图 7-15 变频器速度调节

（2）伺服驱动器或变频器连接模拟信号输出设备（数控装置）时，有时会由于模拟信号输出设备或由伺服驱动器（或变频器）产生的干扰引起误动作。发生这种情况时，可在外部模拟信号输出设备后连接铁氧体磁环，再连接电容器，如图 7-16 所示。

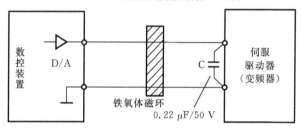

图 7-16 模拟信号线滤波

（3）对变化缓慢的模拟信号可以采用 RC 低通滤波，如图 7-17 所示。

（4）用电流传输代替电压在传输线上传输，然后通过长线终端的并联电阻再变成电压信号，此时传输线一定要屏蔽并"单端接地"，如图 7-18 所示。

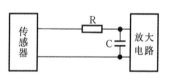

图 7-17 RC 低通滤波

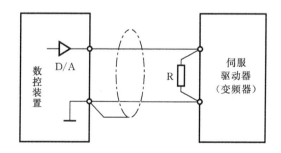

图 7-18 模拟信号电流传输

7.3.2 数字信号线干扰抑制

（1）布线不当、信号环路面积较大可引起数字信号波形振荡，采取串电阻或插入低通滤波器的方法来抑制干扰，如图 7-19 所示。

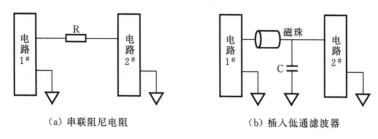

（a）串联阻尼电阻　　　　　　　（b）插入低通滤波器

图 7-19　抑制数字信号振荡的方法

（2）输入/输出传输线在连接器端口处应加高频去耦电容。通常 I/O 信号的频率要低于时钟频率，高频去耦电容的选择应能保证 I/O 信号正常传输而滤除高频时钟频率及其谐波。电容应接在 I/O 线和地线之间。

（3）在信号线上，安装数据线滤波器，可有效抑制高频共模干扰。数据线滤波器由铁氧体磁环或穿心电容构成，例如将铁氧体磁环在靠近插头处套住输入电缆。最好的办法是直接安装带滤波器的连接器。这种连接器的插座上每个引脚带有铁氧体磁珠和穿心电容组成的滤波器。

④ 在光电编码器、手摇脉冲发生器、光栅尺等输出信号接收电路端并联电容可以有效抑制高频干扰，如图 7-20 所示。

⑤ 降低敏感线路的输入阻抗，如在 CMOS 电路的入口端对地并联一个电容或一个阻值较低的电阻，可以降低因静电容而引入的干扰；对于差动传输的数字信号，在信号输入端并接电阻和电容，可提高干扰抑制能力，如图 7-21 所示。

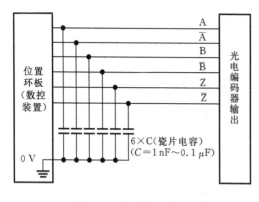

图 7-20　并联电容电路

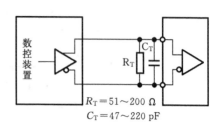

$R_T = 51 \sim 200 \ \Omega$

$C_T = 47 \sim 220 \ pF$

图 7-21　降低输入阻抗

7.4 骚扰源的干扰抑制

数控系统在采用各种方法抑制外来干扰的同时,还必须采取适当的措施减少自身对外界其他设备以及电网的干扰,如增加屏蔽措施、对感性负载加入吸收电路等。

屏蔽是目前采用最多也是最有效的一种方式。屏蔽技术用来抑制电磁噪声沿着空间的传播,即切断辐射电磁噪声的传输途径。通常用金属材料或磁性材料把所需屏蔽的区域包围起来,使屏蔽体内、外的"场"相互隔离。

屏蔽按其机理可分为电场屏蔽、磁场屏蔽和电磁场屏蔽。

7.4.1 电场屏蔽

当噪声源是高电压、小电流时,其辐射场主要表现为电场;电场屏蔽是为了抑制噪声源和敏感设备之间由于存在电场耦合而产生的干扰。

电场屏蔽应用如下所述。

(1)良好接地是金属板产生电场屏蔽的先决条件,如不接地或接地不良,则可能产生比没有金属板时更严重的干扰。

(2)系统中的强电设备金属外壳(伺服驱动器、变频器、步进驱动器、开关电源、电动机)可靠接地,实现主动屏蔽。

(3)敏感设备(如数控装置等)外壳应可靠接地,实现被动屏蔽。

(4)强电设备与敏感设备之间距离尽可能远,一般在电柜内,强、弱电设备尽量保持 30 cm 以上的距离,最小距离为 10 cm。

(5)高电压、大电流动力线与信号线应分开走线(例如使用独立线槽等),距离尽可能保持在 30 cm 以上,最小距离为 5~7.5 cm,同时尽量避免平行走线,不能将强电线与信号线捆扎在一起。

(6)信号线应尽量靠近地线(或接地平板)或者用地线将其包围。

(7)屏蔽电缆既能对电场起到被动屏蔽作用,也能起到主动屏蔽作用,条件是屏蔽层接地。如果屏蔽层不接地,则有可能造成比不用屏蔽线时更大的电场耦合。

(8)强电线如不能与信号线分开走线,则强电线应采用屏蔽线,屏蔽层应可靠接地。

7.4.2 磁场屏蔽

当噪声源具有低电压和大电流性能时,其辐射场主要表现为磁场,磁场屏蔽是为了抑制噪声源和敏感设备之间由于磁场耦合所产生的干扰。磁场屏蔽主要是依赖高导磁材料所具有的低磁阻特性,对磁通起到分路的作用,使得屏蔽体内部的磁场大大减弱。

磁场屏蔽使用要点如下所述。

(1)选用高导磁率的材料,如坡莫合金等,并适当增加屏蔽体的壁厚。

(2)被屏蔽的物体不要安排在紧靠屏蔽体的位置上,以尽量减少通过被屏蔽物体体内的磁通。

(3)注意磁屏蔽体的结构设计,对于强磁场的屏蔽可采用双层磁屏蔽体结构。

(4)减少干扰源和敏感电路的环路面积。最好的办法是使用双绞线和屏蔽线,让信号线与接地线(或载流回线)扭绞在一起,以便使信号与接地(或载流回线)之间的距离最近。

(5)增大线间距使干扰源与受感应的线路之间的互感尽可能地小。

(6)如有可能,使干扰源的线路与受感应线的线路呈直角(或接近直角)布线,这样可大大降低两线路间的磁场耦合。

(7)敏感设备应远离干扰源(如强电设备、变压器等)布置,距离应在 30 cm 以上。

7.4.3　电磁场屏蔽

电磁场屏蔽用于抑制噪声源和敏感设备距离较远时通过电磁场耦合产生的干扰。电磁场屏蔽必须同时屏蔽电场和磁场。通常采用电阻率小的导体材料,空间电磁波在入射到金属体表面时会被反射和吸收,电磁能量被大大衰减,从而起到屏蔽作用。

屏蔽机箱(屏蔽盒)设计要点如下所述。

1. 结构材料

(1)机箱的屏蔽材料一般采用铜板、铁板、铝板、镀锌铁板等,厚度为 0.2~0.8 mm,这些金属板对电场、高频磁场和电磁场屏蔽效能都很大,可达 100 dB 以上。

(2)用于低频磁场屏蔽的高磁导率铁磁性材料,一般不用做机箱,而是直接用在需要进行低频磁屏蔽的元件上。

(3)对于塑料壳体,在其内壁喷涂一层薄膜导电层或在注塑时掺入高导电率的金属粉或金属纤维,使之成为导电塑料。

2. 搭接

机箱的电气连续性是壳体屏蔽效能的决定性因素。因此,必须尽量减少机箱结构的电气不连续性,以便控制经底板和机壳缝隙产生的电磁场泄漏和辐射。

(1)在底板和机壳的缝隙和不连续处要尽可能好地搭接。

（2）保证接缝处金属对金属的接触，以防电磁场的泄漏和辐射。

（3）在可能的情况下，接缝应焊接。在条件受限制的情况下，可用点焊、小间距的铆接和用螺钉来固定。

（4）保证紧固方法有足够的压力，以便在有变形应力、冲击、振动时保持表面良好接触。

（5）在接缝不平整的地方或在可移动的面板等处，必须使用导电衬垫或指形弹簧材料。

（6）保证同衬垫①配合的金属表面没有非导电保护层（如油漆、喷塑）。

（7）当需要活动接触时，使用指形压簧（而不用网状衬垫），并要注意保持弹性指簧的压力。

3. 穿透和开口

机箱中通常都有电源线和控制线的引入和引出，在面板部分还有操作键、显示屏的开孔，还有通风孔等，这些孔隙都可能造成电磁波的严重泄漏。

（1）要注意由于电缆穿过机壳使整体屏蔽效能降低的程度。典型的未滤波导线穿过屏蔽体时，屏蔽效能降低 30 dB 以上。

（2）电源线进入机壳时应全部通过滤波器盒。

（3）信号线、控制线进入/穿出机壳时，要通过适当的滤波器。

（4）为保险丝、插孔等加金属帽。

（5）用导电衬垫和垫圈、螺母等实现钮开关防止泄漏安装。

（6）在屏蔽、通风和强度要求高而重量要求不苛刻时，用蜂窝板屏蔽通风口，最好用焊接方式保持线连接，防止泄漏。

（7）尽可能在指示器、显示器后面加屏蔽，并对所有引线用穿心电容滤波；在不能从后面屏蔽指示器/显示器和对引线滤波时，要用与机壳连接的金属网或导电玻璃屏蔽在指示器/显示器的前面（采用夹金属丝的屏蔽玻璃或在透明塑料或玻璃上镀透明导电膜）。

7.5　干扰故障维修实例

例 7-1　某数控机床，应用西门子 611A 伺服驱动与电动机，当伺服上强电允许时，在 CNC 装置上发现进给轴实际坐标值缓慢变化，而此时 CNC 并没有发出运动指令。

故障分析　该故障的主要原因是编码器受到干扰或指令漂移。由于伺服系统

---

① 衬垫种类有金属网射频衬垫，镀铜合金、导电橡皮、导电蒙布、泡沫衬垫。

是强干扰源,当伺服系统使能信号有效时,实际位置发生漂移,可能是受到伺服系统的干扰。经过检查发现电动机到驱动的保护地线没有接好;将保护地线接好后,故障消除。

例 7-2 某 CK6130 数控车床加工螺纹时,偶尔发现有乱扣现象。

故障分析 检查程序和电路后,仍找不到原因,注意到车间环境恶劣,且旁边机床工作时,故障出现的概率较大,故判断是干扰故障,分别对机床接地和采用屏蔽线后,恢复正常。

例 7-3 某数控机床,在运行过程中偶尔发生死机现象。

故障分析 造成该故障的原因有很多,其中干扰也是其中之一。首先将其他原因,包括硬件和软件方面的原因排除,然后检查连接线,发现接线时误将中线当成地线接入控制电柜中,将中线取消,并重新进行良好接地,此故障现象消除。

例 7-4 某数控机床在利用 RS232 接口与 PC 传送数据与程序时,经常出现报警。

故障分析 造成此种现象的原因较多,经过检查与分析,硬件与操作方面都没有什么问题,但是计算机的机箱的保护地与机床的保护地没有连接在一起,计算机受到干扰造成通讯故障,将计算机的保护地线与机床电柜的保护地线连接在一起后,故障排除。

特别应该注意的是,当外部设备与机床电柜不共地时,容易造成外部设备或 CNC 接口的损坏及干扰。

例 7-5 某改造的数控铣床,调试的过程中经常报跟踪误差过大的报警(X、Y、Z 轴随机出现)。

故障分析 由于是改造的数控系统,考虑到可能是电磁兼容设计不合理的原因,检查接地、屏蔽,都没有任何问题,但发现电动机与伺服驱动的连接线过长,在电动机端测试编码器的 +5 V 电源只有 4.7 V,在伺服输出端测量 5 V 电源有 5.02 V。由于编码器的供电电压偏低,容易受到干扰,现在把编码器的连接线更换成多芯绞合并用的方法,再次测量编码器的电源电压达到了 4.94 V,运行机床时故障现象消失。

例 7-6 某数控机床,进给轴采用的是交流伺服驱动,在加工过程中,偶尔会出现零件尺寸超差现象,且无规律。

故障分析 根据上述现象,初步判断可能是受到干扰,由于伺服驱动器的编码器是最容易受到干扰的位置,重新检查该信号线,发现该编码器的反馈线采用的是单端接地的方式,把接线更改为双端接地的方式后,机床工作正常。

例 7-7 某数控龙门铣床在调试的过程中发现,只要伺服及主轴上了强电以后,(伺服使能有效)显示屏有很多水纹。

故障分析 经过检查发现,CNC 控制单元与显示屏的距离较远,达到 15 m,且连线没有屏蔽,现在将 CNC 至显示屏的屏蔽线换成屏蔽双绞线,并采用屏蔽层两端接地的方式,故障排除。

例 7-8 某数控车床,车螺纹有时会出现乱扣。

故障分析 经测量发现主轴编码器 Z 脉冲有时会出现脉冲干扰信号,检查发现其编码器采用普通屏蔽线,且屏蔽层的接地线已经脱落,经换用屏蔽双绞线并采用双端接地的方式,故障排除。

例 7-9 某数控机床与 PC 机通讯时经常出现报警或死机。

故障分析 经检查发现 PC 机与机床 CNC 通讯线为自制,线长超过 10 m,经换用屏蔽双绞线并采用双端接地的方式,故障排除。

例 7-10 某数控机床在运行的过程中偶尔会出现死机的现象,且无规律。

故障分析 考虑到该机床工作在比较恶劣的环境,电网存在着较强的干扰,在电源的进线部位加扣上磁环,滤除电源进线中的高频脉冲控制信号,经过此处理后系统一直处在比较稳定的工作状态。

例 7-11 某数控机床换刀时经常出现错位,并经常出现刀架电动机热保护的动作,且无规律。

故障分析 经过检查,发现刀位信号线未用屏蔽线且与刀架电动机线走在了一起,特别是刀架电动机上没有增加灭弧器,刀架在换刀时产生的强干扰信号造成了刀位信号的错乱,因此在刀架电动机的控制接触器上安装了灭弧器,并且采用了软件滤波的方式,故障排除。

例 7-12 某高精度数控机床分度头在分度定位时,实际位置反馈漂移。

故障分析 检查接地屏蔽均没有问题,采用磁环滤波,效果也不理想,然后将 A、A−,B、B−,Z、Z−,+5 V 信号线在 CNC 输入端对 0 V 各并联一个 1 000 pF 的磁片电容,故障排除。

提示:信号线采用电容滤波,对高频干扰有很好的抑制作用。

例 7-13 某带变频主轴的数控车床,主轴低速旋转时发现主轴速度波动很大。

故障分析 用示波器观察变频器的速度给定信号,纹波较大,在变频器的速度给定信号端并联一个 2 200 pF 的一个磁片电容和一个 10 kΩ 的电阻,再次检查变频器的速度给定模拟量信号,纹波基本消除,运行主轴时速度也比较平稳。

提示:在模拟信号端采用电容滤波是一种有效和经济的手段,一些主轴驱动单元和伺服驱动单元内部都采用了磁珠(磁环)与电容相配合的滤波方式,可以有效抑制高频脉冲的干扰。

例 7-14 某数控激光焊机,有时会在激光器启动时出现误动作。

故障分析 经过检查发现电柜中一继电器在激光器启动电压跌落的瞬间,本已吸合的继电器跳开,造成误动作,把继电器换成另外一种型号(抗电压跌落的能力较强),故障排除。

注意:一般 CNC 及伺服的驱动单元电源由开关电源提供,抗电压跌落的能力较强,但是继电器接触器较差,当电压跌落时有可能误动作造成工作不正常,甚至损坏设备。经过权威部门统计,由于电网电压不正常而造成计算机或其他设备的损坏率占到相当高的比例。

习题与思考题

1. 电磁兼容的主要内容是围绕造成干扰的哪三个要素进行的?
2. 数控系统有哪些电磁兼容性要求?
3. 数控系统有哪些抗干扰措施?
4. 接地线分为哪几类? 各有哪些应用要点?
5. 电场、磁场以及电磁场屏蔽有哪些应用要点?
6. 本章所列电磁干扰故障维修实例中,哪几例是属于系统没有接地或接地不良的?

参 考 文 献

[1] 杨克冲,陈吉红,郑小年. 数控机床电气控制[M]. 武汉:华中科技大学出版社,2005.

[2] 中国机械工程学会生产工程分会,北京机械工程学会设备维修分会. 数控设备故障分析[M]. 北京:电子工业出版社,2004.

[3] 龚仲华. 数控机床故障诊断与维修500例[M]. 北京:机械工业出版社,2004.

[4] 陈吉红,杨克冲. 数控机床实验指南[M]. 武汉:华中科技大学出版社,2003.

[5] 《数控机床数控系统维修技术与实例》编委会. 数控机床数控系统维修技术与实例[M]. 北京:机械工业出版社,2003.

[6] 任建平,白恩远,王俊元,等. 现代数控机床故障诊断及维修[M]. 北京:国防工业出版社,2003.

[7] 武友德. 数控设备故障诊断与维修技术[M]. 北京:化学工业出版社,2003.

[8] 沈兵. 数控机床数控系统维修技术与实例[M]. 北京:机械工业出版社,2003.

[9] 王侃夫. 数控机床故障诊断及维修[M]. 北京:机械工业出版社,2000.

[10] 叶伯生,等. 计算机数控系统原理、编程与操作[M]. 武汉:华中理工大学出版社,1999.

[11] 钟秉林. 机械故障诊断学[M]. 北京:机械工业出版社,1998.

[12] 沙斐. 机电一体化系统的电磁兼容技术[M]. 北京:中国电力出版社,1999.

[13] 钱振宇,等. 电磁兼容测试和对策技术[J]. 电器技术,增刊,1999.